KB238016

디코딩 유어 캣

일러두기

* 외래어, 맞춤법 및 띄어쓰기는 국립국어원 표준국어대사전을 따랐다.
  다만, 관용적으로 쓰이는 말은 그대로 사용했다.
* 이 책의 집필진은 모두 수의행동학자이다.

DVM: Doctor of Veterinary Medicine, 수의사

MS: Master of Science, 이학 석사

DACVB: Diplomate of American College of Veterinary Behaviorists, 미국수의행동학회 전문의

BVSc: Bachelor of Veterinary Science, 수의사

MRCVS: Member of the Royal College of Veterinary Surgeons, (영국)왕립수의학회 수의사

MA: Master of Arts, 문학 석사

FANZCVS: Fellowship of Australian and New Zealand College of Veterinary Scientists
호주 뉴질랜드 수의학회 펠로우

DECAWBM: Diplomate of the European College of Animal Welfare and Behavioural Medicine
유럽 동물복지 행동의학회 전문의

FAVA: Federation of Asian Veterinary Associations, 아시아 수의사회

CDBC: Certified Dog Behavior Consultant, 공인 반려견 행동 컨설턴트

PhD: 박사

DECODING YOUR CAT

과학으로 반려묘를 해석하다

디코딩 유어 캣

미국수의행동학회 지음 임태현 옮김
서울대학교 수의과대학 명예교수 신남식 감수

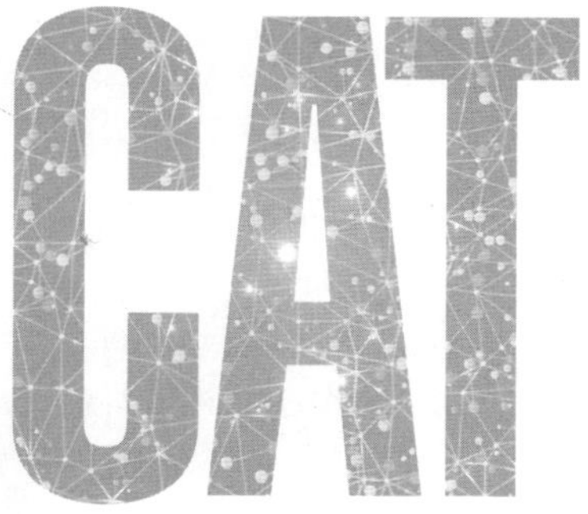

페티앙북스

목차

1장 고양이의 언어 배우기   021

코끝에서 꼬리까지, 고양이가 말하는 법

고양이는 인간과 다른 형태로 소통한다 | '저리 가'와 '이리 와'에 해당하는 자세 | '저리 가'와 '이리 와'를 표현하는 음성 신호 | 좋지만 싫어, 상충된 신호 보내기 | 고양이는 사냥꾼이자 사냥감이다 | 당황했을 때도 그루밍을 한다 | 고양이와 대화하는 법, 어떻게 시작할까? | 중요 포인트 | 요점 정리

2장 새 가족 맞이하기   055

평생 건강하고 행복하게 키우기 위한 준비

어디서 데려와야 할까? | 고양이 고르기 | 새끼 고양이의 행동에 영향을 미치는 요소 | 입양과 관련된 궁금증과 진실 | 완벽한 고양이를 찾기 위해 가장 먼저 할 일 | 가장 먼저 동물병원에 데려간다 | 새 식구맞이 쇼핑리스트 | 요점 정리

3장 고양이 드림 하우스   083

고양이의 몸과 마음 모두를 만족시키는 풍부한 환경 조성법

고양이는 손이 가지 않는 동물이다? | 고양이에 대한 잘못된 속설과 진실 | 완벽한 환경 풍부화를 시작하는 방법 | 문제 해결하기 | 요점 정리

고양이도 교육이 가능하다

고양이의 행동 문제는 보고 있자면 어처구니없고 우습지만, 따지고 보면 무척 심각하다. 한 가지 상황을 가정해 보자(실은 가정이 아니라 실제로 있었던 일이다). 우리 가족은 여행 갈 때 고양이 루시와 스퀴지를 펫시터에게 맡긴다. 여행에서 돌아오면 루시는 좋아서 난리법석이다. 달려와 그동안 못한 뺨 비비기를 하고, 큰 소리로 야옹거리며 나를 졸졸 따라다닌다. 그러다 내가 자려고 누우면 내 베개에 자리를 잡고는 내 눈을 똑바로 쳐다보며 변을 본다.

의심의 여지없이 가정 위생을 심각하게 위협하는 행동 문제이다. 당연히 이 책과 같은 참고 서적을 뒤져 해결책을 찾아봐야 할 테지만, 나는 그러는 대신 "하, 정말 어처구니없네!" 하고 만다(실제로 정말 어처구니가 없으니까). 당황해하는 가족들에게는 이렇게 말한다. "봤어? 내가 얼마나 보고 싶었으면 이러겠어. 자길 두고 갔다고 화나서 내 베개에 응가를 한 거야! 나에 대한 애정을 저렇게 표현하는 거지!" 이런다고 분위기가 나아지는 건 아니지만.

혹시라도 내가 고양이 행동 박사처럼 보인다면 다 이들 덕분이다. 시나몬, 페퍼, 베이비 비스트, 리사와 사이, 루시와 스퀴지. 행동 문제에 나름 일가견이 있는 이 녀석들 말이다. 이들은 내가 뭘 하든 상관 안 하고 푹신한 방석에 누워 있다가, 내가 자기들에게 신경을 전혀 쓰지 않는다 싶으면 어김없이 내 일에 끼어든다.

예를 들어 내가 직소 퍼즐을 하고 있으면 루시는 테이블로 뛰어올라 퍼즐 조각을 밟는다. 내 관심이 쏠려 있는 데가 거기니까. 그러다 발에 퍼즐 조각 뒷면의 테이프가 붙기라도 하면 그걸 떼려고 난리를 친다. 있는 힘껏 발을 흔들고 방 안을 미친 듯이 뛰어다닌다. 그러다 보면 조각이 떨어져 환기구 같은 데로 쏙 들어가 버리기도 한다. 진짜 우습다! 퍼즐이야 또 사면 그만이고, 사실 나는 어차피 퍼즐 맞추기를 그다지 좋아하는 편도 아니다. 그보다는 루시가 던진 조각이 환기구로 들어가는 걸 보는 게 훨씬 더 즐겁다.

고양이들이 이러는 이유가 도대체 뭘까? 나는 도무지 모르겠다! 모르니까 이 책의 추천사를 쓰고 있는 것이다. 내가 고양이에 대해 알았다면 추천사가 아니라 본문에서 행동학 부분을 썼겠지. 그러니 내게서 신뢰할 만한 답변이 나오리라는 기대는 하지 않기를 바란다. 그 대신 그동안 관찰하고 생각해 온 바를 얘기할 테니, 이 책을 읽으면서 내 말이 맞는 구석이 있는지 확인해 보시라.

아마도 이런 의구심이 들 것이다. "고양이도 교육이 가능하다고?" 이에 대한 내 답은 이렇다. 첫째, 나는 모른다. 내가 고양이 행동학에 대해 아는 게 없다고 이미 말했다. 둘째, 그렇다. 가능하다.

지금 함께 지내는 고양이 두 마리 모두 내가 직접 교육했다. 예를 들어 내가 거실을 뛰어다니며 이 가구 저 가구를 툭툭 치면 루시는 내 뒤를 쫓아 이미 엉망진창 걸레짝이 된 소파 사이를 다람쥐처럼 우아하게 날아다닌다. 정신 나간 남자와 고양이가 선보이는 서커스다. 거실에서 연출되는 장면 가운데 이보다 더 멋진 장관은 없을 것이다.

자, 이제 스퀴지 차례. 스퀴지는 아예 차원이 다르다. 진정 천재묘다. 나는 스퀴지한테 무심하게 내 어깨에 누워 스카프마냥 그대로 있는 것을 가르쳤다. 내가 걷든 계단을 오르내리든 마당에 나가든, 스퀴지는 내 어깨에서 가만히 있을 수 있다. 그게 어떻게 가능할까?

이제 그 비결을 밝히겠다. 먼저 루시의 경우. 언뜻 보기에는 내가 루시에게 이 서커스를 가르친 것 같지만, 사실은 루시가 가구들 사이를 뛰어다니는 걸 좋아한다는 걸 깨닫고 루시가 뛸 때마다 내가 따라 뛴 것이다. 쇼의 마무리는 루시 턱을 긁어 주는 것이었는데, 루시한테 이게 제일 잘 먹히기 때문이다.

스퀴지는 이보다는 좀 복잡했다. 먼저 스퀴지는 한번 누우면 웬만해서는 움직이지 않는다는 사실을 알게 되었다(이것이 가장 중요한 포인트다). 게다가 아무 데서나 잘 누웠다. 그래서 내 어깨에 눕게만 한다면 스카프처럼 있는 게 가능할 거라 여겼다. 처음 몇 달 동안은 스퀴지를 어깨에 두른 채 돌아다니며, 스퀴지가 제일 좋아하는 '오븐 로스트 치킨' 간식을 한 움큼씩 주었다(근데 오븐에 구운 닭고기는 왜 녹색 알로 나오는 걸까? 정말 궁금하지만 이 책은 오븐 요리를 다루는 책이 아니니 넘어가겠다). 어쨌든, 그렇게 몇 달이 지나자 스퀴지도 내 어깨에 둘러진 채 있는 데 익숙해졌는지 일단 올려 두면 굳이 내려올 생각을 하지 않았다. 짜잔, 이렇게 교육이 완료됐다!

나는 이런 말을 자주 한다. 고양이를 보면서 안 즐거울 때가 없다고. 나는 고양이가 발가락을 벌린 채 정신없이 발톱 핥는 것만 봐도 미치게 즐겁다. 식탁에 올라가 내 샐러드를 할짝거려도 너무나 사랑스럽다(사람 음식이 고양이 밥보다 나으니까 괜찮다). 안 좋아하는 것을 주면 싫다고 고개를 홱 돌리고는 모래로 묻어 버리려는 듯이 뒷발질을 하는 건 정말이지 귀여워 죽겠다.

왜 고양이는 우리에게 이렇게 행복을 안겨 주는 걸까? 내 생각은 이렇
다. 고양이를 보며 우리가 행복을 느끼는 건 그들이 우리를 행복하게 하는
데 관심이 없기 때문이다. 그것도 그냥 관심이 없는 게 아니라 전혀, 아예
없다. 고양이는 세상에서 제일 솔직하고 가식 없는 태도로 자신만을 생각
한다. 우리 배 위에 올라와 앉거나, 안겨서 가르릉거리는 건 우리를 행복하
게 해 주고 싶어서가 아니다. 반대로 우리가 고양이들을 행복하게 해 주기
때문이다. 그런데 이보다 기쁜 일이 있을까? (이렇게 말하면 과장된 느낌이 없
잖아 있지만) 이것이야말로 의미 있는 작은 행복이 아닐까?

앞서 말했듯이 나는 사실 잘 모른다. 하지만 아는 분들이 있다. 바로 반
려동물 분야 최고의 과학자인, 수의행동학자들이다. 나와 여러분과 같이
잘 모르는 이들을 위해, 내 고양이와 비슷한 행동 문제를 보이는 고양이들
을 위해, 매일같이 세탁기에 들어가야만 하는 이불과 침대 시트를 위해, 수
의행동학자들이 모여 이 책을 썼다. 그러니 함께 읽어 보자.

데이비드 X. 코헨David X. Cohen
〈심슨 가족〉을 쓴 코미디 작가

세계 최고 수의행동학자들이 집대성한
과학 기반의 반려묘 양육서

고양이에 대한 우리의 인식은 지난 수십 년 동안 계속 변해 왔다. 예전에는 고양이를 '집에서 아무렇게나 키우는' 동물로 여겼다. 고양이를 혼자 둔 채 집을 오래 비워도 상관없고, 집에서도 별다른 관심을 주지 않아도 괜찮다고 생각했다. 하지만 지금은 이게 옳지 않다는 것을 안다. 이제 우리는 고양이들마다 개성이 있으며, 개 혹은 사람 아이와 마찬가지로 고양이도 애정과 정성을 쏟고 시간과 노력을 들이고 존중하며 인정해야 하는 가족 구성원이라는 사실을 잘 알고 있다.

고양이가 우리 인간에게 이로운 존재라는 사실은 과학적 연구를 통해 속속들이 증명되고 있다. 어릴 때 고양이와 함께 지내면 천식 같은 질환의 발병 위험이 줄어든다. 고양이와 함께 지내거나 혹은 고양이를 그저 쓰다듬기만 해도 스트레스가 줄고 심박수와 혈압이 낮아져 삶의 질이 좋아진다. 고양이는 우리에게 웃음을 주기도 한다. 손바닥만 한 상자에 어떻게든 들어가 보겠다고 낑낑대는 고양이를 보며 웃지 않을 사람이 있을까?

고양이는 사회에 득이 되는 일도 많이 한다. 농경 지역에서 설치류 개체수를 조절하는 것은 물론, 영화나 광고, 무대에 등장해 우리에게 즐거움을 준다. 고양이 질병 연구를 통해 인간의 의학에 대한 새로운 사실을 알게 되기도 한다.

그 보답으로, 우리는 고양이의 본성을 '과학적으로' 탐구하고 있다. 지금까지는 다른 종의 연구 자료를 바탕으로 고양이 특성을 추론했지만, 고양이는 별도의 종으로서 존중받을 자격이 충분하다. 고양이는 사람 아이도 아니고, 토끼도 아니요, 크기만 작은 개는 더더욱 아니다. 고양이는 고양이다.

그래서 이 책을 집필했다. 가장 최근의 연구 결과를 바탕으로 과학적이고 정확한 고양이 행동학 정보를 대중에게 전달하기 위해서. 관심 있는 사람이라면 누구나 고양이의 마음속에 들어가 볼 수 있도록 하기 위해서 말이다.

미국수의행동학회American College of Veterinary Behaviorists는 동물행동학과 수의학 분야에서 수백 년간 축적된 집단 연구와 지식, 현장 경험을 지닌 단체이다. 학회에는 토끼 애호가도 있고, 반려견 훈련사도 있으며, 도그쇼 및 어질리티 참가자도 있다. 승마 선수와 파충류 학자, 경찰, 군인, 교수, 약학 종사자 등 다양한 분야의 전문가들이 있다. 배경은 다르지만 동물행동에 대한 지식을 나누고자 하는 뜨거운 열의는 모두 같다. 우리는 우리와 함께하는 동물, 수의학 현장에서 만나는 동물을 무척 사랑한다. 동시에 사랑이 전부가 아니라는 사실도 알고 있다. 우리는 올바르고 정확한 정보의 중요성을 믿는다. 그래서 고양이와 인간의 조화로운 삶을 도와줄 도구로 동물행동학을 선택했다.

고양이를 아끼고 사랑하는 이들이 그 애정을 담아 과학과 객관적인 사실을 바탕으로 이 책을 썼다. 고양이에게 바치는 찬사와도 같은 이 책을 통해 고양이에 대한 그릇된 편견이 깨지길 바란다.

이 책은 새끼 고양이부터 초고령묘까지 다양한 연령대의 고양이 행동에 관해 다룬다. 일반적인 보디랭귀지나 고양이 행동뿐만 아니라 여러 의학적·환경적 원인으로 나타나는 이상 행동은 물론, 길고양이와 보호소 고양이를 다루는 법, 다묘 가정에서 다툼을 방지하고 조화롭게 지낼 수 있는 방법 또한 알려 준다. 이는 여느 고양이 서적에서는 보기 힘든 내용들이다. 나아가 고양이 교육 방법도 여럿 제시한다(고양이도 당연히 교육이 가능하다!). 고양이를 돌보는 사람이라면 누구나 이 책에서 힘을 얻고 문제 상황에 대처할 수 있게 될 것이다. 무엇보다도 고양이의 삶을 풍요롭게 하는 내용이 가득해 여러분의 고양이가 두려움과 스트레스 없는 행복한 반려동물의 삶을 사는 데 도움이 될 것이다.

우리가 이 책을 쓰며 즐거웠던 만큼 여러분도 이 책을 읽으며 즐거웠으면 좋겠다. 여러분이 고양이를 지금보다 조금 더 이해하고 따뜻한 시선으로 바라보는 데 이 책이 도움이 된다면 더 바랄 것이 없겠다.

로어 I. 하우그Lore I. Haug, DVM, MS, DACVB

미국수의행동학회ACVB 전 회장

과학을 중시한다면
고양이의 행동은 쉽게 이해할 수 있다

수의행동학자는 최후의 보루다. 모든 노력이 수포로 돌아가 절망에 빠졌을 때, 수의행동학자가 '짠' 하고 나타나 상황을 해결한다. 미국수의행동학회는 공인 회원수가 백 명도 채 되지 않는 무척 작은 그룹이지만, 이들 덕분에 삶을 이어갈 수 있게 된 동물은 셀 수 없이 많다.

흔한 예를 들어 보겠다. 몇 달 혹은 몇 년 동안 대소변을 못 가리고 가구를 죄다 긁어 놓은 고양이가 있다. 견디다 못한 가족이 행동학자에게 이 고양이를 데려가 "이대로는 못 키우겠으니 고쳐 주세요"라고 말한다. 이때 이 행동학자의 임무는 고양이의 문제를 '고치는' 것만이 아니다. 보호자와 고양이 사이의 유대를 다시 강화해야 한다.

물론 인터넷에서 정보를 얻을 수도 있다. 하지만 그런 정보로는 일반적인 행동 문제를 알 수 있을 뿐, 여러분의 고양이가 가진 특정 행동 문제의 이유는 알 수 없다. 이 책의 공동 편집위원인 수의행동학자 메간 헤론 Meghan Herron은 반려동물의 행동 문제로 찾아오는 사례 중 절반 정도가 의학적 원인에서 비롯된 것이라 말한 적 있다. 그 원인이 직접적이나 간접적이냐 하는 차이는 있지만 말이다. 그러니 고양이가 이상 행동을 보인다면 '왜 하필 지금일까?'를 생각해야 한다. 겉으로 드러나는 행동으로만 판단하지 말고, 웹사이트가 아닌 실력 있는 전문가에게 문의를 해야 한다.

세상에는 고양이에 관한 그릇된 선입견이 정말 많다. 많은 이가, 심지어 고양이를 키우며 아끼고 사랑하는 이들조차도 고양이가 앙갚음을 하는 동물이라고 믿는다. 고양이는 결코 사람을 믿고 의지하지 않는다고 믿는 이도 많다. 하지만 이는 사실이 아니다. 실은 나도 한때 고양이와는 깊은 유대가 불가능하다고 믿었다.

리키는 잘생긴 하얀 데본 렉스로, 사람을 무척 좋아했다. 가르쳐준 적도 없는데 처음 보는 사람을 친근하게 대했고 집에 오는 사람들을 반겼다. 전혀 예상치 못한 상황에서 손님 어깨에 올라가거나 귀에 대고 가르릉거렸고 사람들은 너무 좋아 기절하곤 했다. 데본 렉스 종의 특성이기도 하겠지만, 리키가 이 정도로 사람을 친근하게 대하게 된 건 브리더였던 레슬리 스필러가 초기 사회화에 신경을 써 준 덕분이었다. 우리 가족은 그걸 쭉 이어 갔을 뿐이다.

어느 날, 오스트레일리안 셰퍼드, 루시와 함께 동물보조요법 세션을 마치고 온 아내 로빈이 내게 루시에게 새로운 개인기를 가르쳐 볼 것을 제안했다. 루시는 시카고 재활병원의 아이들에게 노래를 불러 주는 재주가 있던 터라, 이참에 피아노 치는 것도 가르쳐 보기로 했다. 나는 루시와 교육실(작은 침실)로 들어가 문을 닫았다. 그리고 피아노 앞에 앉아 루시의 앞발이 건반에 가까이 다가가면 클리커로 이를 포착하고 간식을 주었다. 그렇게 점차 루시는 피아노 건반에 앞발을 올릴 수 있는 정도가 되었다. 그런데 문을 제대로 닫지 않았던 모양인지, 어느샌가 리키가 방에 들어와 있었다. 나와 눈이 마주친 리키는 자기보다 못한 종(개)을 흘끗 보더니, 피아노에 올라가 건반을 누르기 시작했다. 클리커도 간식도 필요 없었다(물론 내가 얼른 정신을 차리고 보상으로 행동을 강화하기는 했지만 말이다).

그때부터 리키는 교육에 불이 붙어, 후프도 통과하고 엎드려 있는 개도 뛰어넘고 하이파이브도 했다. 하여튼 엄청났다. '이리 와' 같은 건 기본이었다. 보는 사람들마다 경탄을 금치 못했다.

어떻게 고양이가 이럴 수 있을까? 많은 이가 고양이는 교육이 불가능하다고 말한다. 하지만 고양이도 교육할 수 있다. 우리가 교육하는 건지 아니면 리키가 그랬듯 고양이가 우리로 하여금 자신에게 협력하게 만드는 건지는 확실하지 않지만 말이다.

얼마 지나지 않아 리키는 동네 반려동물 용품 숍에서 발표회도 하고 애니멀 플래닛 채널, 내셔널 지오그래픽 채널을 비롯한 TV 쇼에도 출연했다. 리키는 수많은 반려묘 가족에게 고양이도 교육이 가능하다는 사실을 가르쳐 주었다. 나와 리키 사이에 맺어진 유대는 너무나도 뚜렷해, TV 화면상으로도 생생히 느껴질 정도였다.

어느 날 건강 검진을 하러 동물병원에 간 리키는 수의사의 요청에 즉석 재즈 공연을 펼쳤다. 병원 스태프와 보호자 모두 옹기종기 모여 리키의 공연을 감상했다. 우레와 같은 박수갈채가 쏟아졌다. 공연 후 진찰을 시작한 도나 솔로몬이 리키의 몸을 여기저기 보더니 심장 소리를 주의 깊게 들었다. 말은 없었지만 표정으로 알 수 있었다. 이상음을 확인한 것이다. 심장 전문의 마이클 루에티에게 재차 검진을 받은 결과, 리키에게 심장 심실벽이 비정상적으로 두꺼워지는 비대심근병증hypertrophic cardiomyopathy, HCM이 있다는 사실이 확인되었다. 약물을 통해 진행 속도를 늦출 수는 있지만 근본적으로 병의 진행을 멈출 방법은 없었다. 간혹 비대심근병증을 가지고도 천수를 누리는 고양이도 있지만 대부분 오래 살지 못하고 이른 나이에 사망할 정도로 무서운 병이다.

천만다행으로 리키는 진단서를 읽을 줄 몰랐고, 마지막 몇 달 동안 증세가 악화되기 전까지 비교적 건강하게 지냈다. 나름 유명세를 타 '데이비드 레터맨 쇼'의 반려동물 개인기 코너 출연도 요청받았지만 거절할 수밖에 없었다. 리키를 비행기에 태우고 싶지 않았고, 시카고에서 뉴욕까지 차로 이동할 수도 없었기 때문이다.

2002년, 병세가 갑자기 악화되어 무지개 다리를 건넜을 당시 리키는 고작 네 살 반이었다. 리키는 어느 날 아무런 전조 없이 쓰러졌다. 나는 지금도 그날이 어제 일처럼 생생하다.

나는 리키를 기리는 의미에서 뭔가를 하기로 결심했다. 비대심근병증은 세 살에서 열 살 사이의 고양이가 사망하는 가장 흔한 원인 중 하나다. 그런데 어떻게 이렇게 흔한 병에 제대로 된 치료법이 없을 수가 있을까?

나는 고양이 건강과 행동을 연구하는 비영리 단체 '윈 펠라인 파운데이션Winn Feline Foundation'과 협업하여 리키 펀드를 만들고, 비대심근병증 연구를 위한 기금을 모으기 시작했다. 그렇게 쌓인 기금이 현재 25만 달러 이상이 되었다. 좋은 소식은 이 기금을 자원 삼아 연구한 끝에 메인 쿤과 랙돌에게서 비대심근병증 유전자 요인 테스트가 가능해졌다는 것이다. 이 간단하고 저렴한 테스트를 통해 브리더들은 미리 발병 가능성을 확인할 수 있었고, 덕분에 수많은 생명을 구할 수 있었다. 그럼에도 나는 아직 마음이 아프다. 여러분이 이 글을 읽고 있는 지금도 어디선가 비대심근병증으로 고통받는 고양이가 있을 것이기 때문이다.

짧은 생애를 통해 리키가 몸소 보여 주었듯이, 이 책 역시 세상에 만연한 그릇된 믿음을 깨 줄 것이다. 리키는 나를 비롯해 온 세상에 고양이가 얼마나 멋진 동물인지 보여 줬다. 이 책 역시 마찬가지다.

고양이도 다른 반려동물과 마찬가지로 존중받을 자격이 있다. 고양이를 사랑하는 사람은 많지만 고양이라는 동물을 이해하려는 노력은 부족하지 않았나 싶다. 흔한 사회적 통설과는 달리 고양이를 올바르게 이해하는 게 그리 어려운 일도 아닌데 말이다.

영광스럽게도 나는 이 책의 전편인 《디코딩 유어 도그》의 공동 편집위원이었다. 《디코딩 유어 도그》는 이 책과 마찬가지로 최정예 미국수의행동학회 회원들이 썼고, 지금은 고인이 된 R. K. 앤더슨R. K. Anderson의 업적에서 영감을 받아 펴냈다. 정적 강화 교육계의 상징과도 같은 앤더슨 박사는 언젠가 내게 이렇게 말했다. "강아지 책을 내고 거기서 끝내지 말게. 부디 고양이 책도 내 주었으면 하네. 사람들은 잘 모르지만, 실은 나는 개보다 고양이를 더 좋아한다네. 사람들은 자신이 기르는 고양이가 문제를 보여도 별 조치를 취하지 않는 경향이 있어. 혹은 자신이 고양이에 대해 잘 안다고 생각하지만 실제로는 그렇지 않지. 그러니 부디, 비록 어려운 과업이겠으나, 우리 과학자들이 고양이 문제도 도와줄 수 있다는 사실을 세상에 널리 알려 주게."

수의행동학자들은 과학을 종교처럼 따르며, 과학을 바탕으로 모든 것을 판단한다. 여러분이 이 책에서 읽을 내용 역시 모두 과학을 바탕으로 했다. 애초에 수의행동학자들이 과학을 중시하지 않았다면 지금처럼 고양이를 이해하는 일도 불가능했을 것이다.

고양이가 우리 사회에 편입되어 실내 생활을 하기 시작한 지는 그리 오래되지 않았다. 오늘날 상당수의 고양이가 실내에서만 생활한다. 북미에서는 개보다 고양이가 더 인기가 있고, 애묘인들은 대체로 두 마리 이상의 고양이와 산다. 그럼에도 아직 우리는 고양이의 행동에 대해 모르는 것이 많다. 이 책은 이 분야 최고의 전문가들이 모여서 썼다. 친애하는 앤더슨 박사가 이 책을 보았다면 기뻐서 고양이처럼 펄쩍 뛰었을 것이다. 내가 지금 그러는 것처럼 말이다.

스티브 데일Steve Dale

공인동물행동컨설턴트

고양이의
언어 배우기

코끝에서 꼬리까지, 고양이가 말하는 법

레이첼 말라메드Rachel Malamed, DVM, DACVB

캐런 린 치에코 수에다Karen Lynn Chieko Sueda, DVM, DACVB

미스티가 천천히 거실로 나오는 모습을 보자 에이미는 기뻤다. 미스티가 가족이 된 지는 15년이 되었다. 최근 들어 미스티는 대부분의 시간을 손님방에 있었고, 방 밖으로 잘 나오지 않으려 했다. 미스티를 탓할 수는 없었다. 에이미는 일로 바빴고, 아이들이 정신없이 뛰노는 거실은 미스티에게 더 이상 편안한 곳이 아니었다.

에이미는 미스티가 소파 위로 뛰어올라 자기 옆에 자리 잡는 걸 바라봤다. 간만에 찾아온 평화로운 순간, 에이미는 미스티를 안아 들고 얼굴을 묻었다. 미스티는 힘없이 야옹 소리를 낸 뒤 에이미의 무릎에 앉았다. 에이미가 미스티 등을 쓰다듬자 미스티의 귀가 양옆으로 향하며 꼬리 끝이 조금씩 떨리기 시작했다. 에이미는 미스티의 기분이 좋지 않다는 걸 눈치챘지만 그 이유까지는 알지 못했다.

"왜 그러니, 미스티?"

미스티는 그 말에 답하듯 에이미의 손을 핥았다.

"와, 미스티가 날 그루밍해 주네."

그런 생각에 에이미는 애정 어린 손으로 미스티의 등을 쓰다듬었다. 그런데 미스티가 갑자기 하악 소리를 내며 에이미의 손을 찰싹 때리더니 뛰어내려 거실 밖으로 달아났다. 에이미는 방금 긁힌 상처에서 피가 나는 걸 멍하니 바라보았다.

에이미는 혼란스러웠다. 도대체 왜 저러는 거지? 조금 전까지만 해도 미스티 등을 쓰다듬고 있었는데. 할퀸 상대가 에이미가 아니라 아이들이었다면? 에이미는 아이들이 염려되었다.

이번에는 같은 상황을 미스티의 관점에서 살펴보자. 미스티는 한동안 기분이 좋지 않았다. 무릎과 허리가 아픈 데다가 온 집 안을 뛰어다니는 아이들을 피해 다니느라 무척 힘들었다. 그래서 가급적 손님방에서 나오지 않았다. 그러다가 간만에 거실이 조용하고 소파에 햇살이 내리쬐어 나가 볼 마음이 생겼다. 소파 위로 뛰어오르는 건 꽤 버겁겠지만 그래도 햇볕의 유혹을 떨쳐 내기 쉽지 않았다.

에이미가 미스티를 안아 올린 순간, 갑작스레 허리를 찌르는 통증에 미스티는 움찔했다. 아야! 다행히 아픔은 금세 사라졌고 에이미의 무릎은 따스했다. 에이미의 온기도 나쁘지 않았다. 하지만 에이미가 안 그래도 아픈 허리를 자꾸 쓰다듬어 신경이 쓰였다. 미스티는 귀를 뒤로 젖히고 꼬리를 탁탁 쳐 경고 신호를 보냈다. 그냥 자리를 피할까도 싶었지만 무릎이 시큰했다.

에이미의 손이 허리에서 멀어지는가 싶더니 이번에는 뺨을 문질렀다. 미스티는 불편함을 알릴 생각으로 에이미의 손을 핥았다. '따뜻한 무릎은 좋아. 하지만 허리를 건드리는 건 싫어.' 그런데 에이미가 또다시 허리를 쳤다. 아프다고! 미스티는 에이미의 손을 찰싹 때린 뒤 그대로 방으로 달아났다.

미스티는 혼란스러웠다. 도대체 왜 저러는 거지? 에이미가 자꾸 아프게 했기 때문에 미스티는 스스로를 보호해야만 했다. 에이미의 손길을 이제 신뢰하지 못할 것 같았다.

이 사례에서 볼 수 있듯, 서로 다른 언어를 쓰는 고양이와 인간이 소통한다는 건 매우 어려운 일이다. 그러나 고양이가 어떻게 (그리고 왜) 메시지를 보내는지를 알고 나면, 그 메시지를 좀 더 잘 이해하고 바르게 해석할 수 있다. 그러면 지금보다 바람직한 방법으로 고양이를 대할 수 있고, 오해를 최소한으로 줄일 수 있을 것이다.

고양이는 인간과 다른 형태로 소통한다

이집트의 신 바스테트Bastet, 마녀들이 데리고 다니는 동반자, 가필드, 그럼피 캣[1] 등에서 알 수 있듯이 역사적으로 고양이는 인류에게 이기적인 생물의 대명사 혹은 수수께끼 같은 존재였다. 그로 인해 때로는 신성시되고 때로는 온갖 비난을 받았다. 어쩌면 예측 불가능성 때문에 이런 인식이 굳어진 것일지도 모른다. 방금 전까지만 해도 엄청 친절했는데 갑자기 아무 관심도 보이지 않거나 혹은 난데없이 방어적 태도를 취하는 고양이. 반짝이는 그 눈망울에 도대체 무슨 생각이 담겨 있는지 궁금해하지 않을 사람이 있을까?

인간은 주로 감정을 드러내는 존재에게 익숙하다. 얼굴을 핥아 주는 개나 자신이 쓴 트윗 한 줄에 경탄해 주는 친구처럼 말이다. 만일 소통이라는 개념을 소리 볼륨으로 나타낸다면 인간은 소리치는 존재이고 개는 말하는 존재이며 고양이는 속삭이는 존재라 할 수 있다. 고양이는 인간에 비해 훨씬 미묘한 소통 수단을 사용한다. 하지만 우리가 무엇을 보고 들어야 하는지 알게 된다면 베일에 싸인 고양이의 언어를 해독할 수 있을 것이다.

용어 정리

- **친화 행동affiliative behaviors**: 일반적으로 친근한 의도가 담긴, '가까이 다가오는' 행동. 이를 통해 고양이는 긴장을 완화하며 곁에 있고자 하는 욕구를 드러낸다.

  * 상호 그루밍allogrooming: 사이좋은 두 고양이가 서로를 핥는 행동.

  * 상호 비비기allorubbing: 고양이가 다른 고양이나 사람에게 자신의 몸을 비비는 행동.

  * 뺨 문지르기bunting: 고양이가 자신의 뺨을 어떤 대상에 비비는 행동. 뺨에 냄새 분비선이 있어서 특정 사물이나 사람이 안전하고 편안하다고 판단되면 뺨을 문질러 페로몬을 묻힌다.

- **공격성aggression**: 고양이가 상대방을 위협하거나 놀라게 할 목적으로 사용하는 '저리 가' 행동들. 이런 행동의 목적은 상대와 거리를 두는 것이다. '공격성'이라는 표현에서 상대방을 적극적으로 공격하는 장면이 연상되지만, 실제로는 대부분 자기방어를 위한 행동이며, 간혹 필요에 의해 나오는 일반적 반응으로 여겨진다. 이런 공격성이 발현되는 원인으로는 공포, 자기방어, 자원이나 영역 보호, 새끼 보호 등이 있다. 공격성의 범주는 상대를 겁주거나 위협하기 위한 가벼운 보디랭귀지(예를 들어 노려보기 등)에서 실제로 부상이나 사망으로 이어지는 심각한 공격 행위까지 다양하다.

- **털 세우기piloerection**: 몸과 꼬리에 난 털을 반사적으로 세우는 행동으로, 고양이가 감정적으로 크게 자극을 받거나 두려운 상태에 있음을 나타낸다.

- **전위 행동displacement behaviors**: 행동 자체는 일반적이지만 엉뚱한 상황이나 맥락에서 나타나는 행동을 말한다. 동물은 보통 불안할 때, 혼란스러울 때, 좌절했을 때 전위 행동을 보이는데, 고양이의 경우 그루밍과 스크래칭이 이에 해당한다. 사람에 비유하자면 불안하거나 긴장될 때 다리를 떨거나 손톱을 물어뜯는 것과 같다.

- **캐터월caterwaul**: 고양이 특유의 크고 날카롭고 새된 울음소리로, 짝짓기 시기에 흔히 들린다.

- **트릴trill**: 어미 고양이가 새끼와 소통할 때 쓰는 소리이다. 또한 사람이나 다른 고양이와 우호적인 상호작용 중에 쓰는 긍정적인 표현이다. 벨소리 같은 울음소리나 질문하듯 끝을 올리는 소리로 들린다.

- **페로몬**pheromones: 같은 종 내에서 서로 소통하기 위해 동물들이 사용하는 종 특정 화학물질 신호다. 오직 같은 종끼리만 인식할 수 있다는 점에서 일반적인 냄새나 체취와 구분된다. 고양이는 몇 가지 다른 페로몬을 통해 상대에게 메시지를 전달하는데, 이런 페로몬에는 고양이 얼굴 페로몬, 모성 안정 페로몬(수유기인 암컷 유선에서 분비), 고양이 지간 페로몬(발에서 분비), 소변에 함유된 페로몬 등이 있다.

- **사회적 거리**social spacing: 고양이들이 살고 있는 영역에서의 시간적, 공간적 고양이 분포를 말한다. 개체 간 거리를 유지하는 것을 의미하며 이는 집 안에서도 적용된다. 시각적 의사소통과 마킹은 개별 고양이의 공간과 '구역'을 설정하는 데 유용할 수 있다. 자유롭게 돌아다니며 사는 고양이들의 경우, 사회적 거리는 주로 음식 같은 자원의 양과 분포에 크게 영향을 받는다. 아무래도 자원이 풍부하고 비교적 균등하게 분배된 공간에 고양이가 밀집될 수밖에 없다. 예를 들면 쥐 등의 소형 설치류의 수가 충분하고 균일하게 분포된 공간이 그렇다.

- **단두종**brachycephalic: 짧은 코와 납작한 얼굴을 가진 고양이로, 엑조틱 숏헤어와 페르시안이 이에 속한다.

고양이는 인간과 다른 형태로 소통하기 때문에, 그들의 행동을 이해하기란 쉽지 않다. 인간은 주로 언어, 즉 음성이나 문자 언어를 이용해 소통한다. 고양이 역시 소리를 사용하지만, 그와 동시에 우리에게는 친숙하지 않은 시각 요소와 후각(냄새), 촉각(접촉) 신호에 크게 의존하는 편이다.

고양이가 내는 가르릉purring 소리나 하악 소리는 우리도 자주 들어 쉽게 판단할 수 있지만, 얼굴 표정이나 동공 크기, 귀 모양 등을 보고 감정을 파악하기는 어렵다. 그러나 낙담할 일은 아니다. 동물 전문가들 역시 이런 시각 요소만으로 고양이의 기분을 판단하는 데 어려움을 겪는다. 글래스고 대학의 E. 홀든E.Holden도 수의사와 수의 전문가들이 참여한 연구를 통해 얼굴 표정만으로는 고양이가 고통을 느끼는지의 여부를 파악하는 것이 무척 어렵다는 사실을 증명한 바 있다.

디코딩 유어 캣

표 1.1 고양이의 의사소통 방식

	형태	예	거리 요소
후각 (냄새)	• 배설물 냄새 • 페로몬	• 소변 및 대변 마킹 • 고양이 얼굴 페로몬 • 고양이 발바닥에 있는 지간 페로몬	• 거리 및 지속 시간이 더 멀고 길게 의사소통이 유지됨 • 발신자가 신호를 남기고 현장을 떠나는 것이 가능함
시각 (시야)	• 보디랭귀지 • 행동 • 시각적 표시 (현장에서 면밀한 관찰이 필요)	• 귀가 뒤로 젖혀짐(두려움) • 숨기 • 나무나 의자에 스크래치 자국 남김 • 깃대처럼 위로 바짝 선 꼬리 • 쭉 뻗은 발 (놀이를 요구하는 신호)	• 소통하는 양측이 서로를 볼 수 있어야 함(그 자리에 남겨지는 시각적 표시 제외)
청각 (소리)	• 음성	• 야옹 • 가르릉 • 하악 • 울부짖음	• 중간 정도의 거리 • 발신자의 모습이 보이지 않아도 가능한 소통 방식
촉각 (접촉)	• 접촉하기	• 호의적 접촉 (상호비비기, 상호그루밍) • 공격적 접촉 (앞발로 때리기, 물기)	• 바로 옆에 접근한 상태여야 함

우리도 연습을 통해 고양이의 보디랭귀지와 행동을 좀 더 면밀히 관찰하고 해석할 수 있지만, 근본적으로 종의 차이에서 오는 물리적 한계가 분명 있다. 예를 들어 고양이는 사람에게 얼굴을 문지르거나 소파를 긁을 때 페로몬을 남기는데, 이 페로몬은 종 특정 화학물질로, 우리는 이 안에 담긴 소중한 냄새 정보를 절대 완전히 해독해 낼 수 없다. 하지만 고양이에게는 무척 쉬운 일이다.

고양이에게는 서골비기관vomeronasal organ이라는 특별한 감각 기관이 있는데, 이를 통해 페로몬에 함유된 정보를 감지하고 분석한다. 서골비기관은 위쪽 앞니 바로 뒤에 위치하며 미세한 흡입구가 있어 또 하나의 코처럼 작동한다. 호흡 과정에서 특이한 냄새나 페로몬을 감지한 고양이는 입을 열고 서골비기관으로 그 냄새를 들이마신다. 이를 '플레멘 반응flehmen'이라고 하는데, 옆에서 보면 입을 열고 멍하니 있는 모습이라 흔히 '멍 때리기'라고도 부른다. 고양이는 이를 통해 인간은 해독하지 못하는 자기들만의 정보를 해석해낸다.

시모어가 입을 벌린 채 집에 새 식구로 들어온 새끼 고양이의 페로몬 정보를 파악하고 있다. © Sara Bennt

고양이는 왜 이렇게 다양한 의사 소통 수단이 필요한 걸까? 메시지 종류에 따라 그에 가장 걸맞은 의사 소통 수단이 따로 있기 때문이다. 예를 들어 어떤 고양이가 어딘가에 스프레이를 하고 떠났다면, 이곳에 남겨진 페로몬을 감지한 다른 고양이들은 누군가 이곳에 왔었다는 사실과 그의 성별은 물론, 현재 만나는 고양이가 있는지에 관한 정보를 습득할 수 있다. '고양이 페이스북'이라고 하면 와닿을 것이다. 특정 장소에 정보를 남겨두고 떠나는 능력은 고양이들이 멀티태스킹을 할 수 있게 한다. 어딘가에 메시지를 남겨 두고 정작 본인은 다른 곳에서 먹이를 찾거나 쉴 곳을 찾거나 짝을 찾아 돌아다닐 수 있는 것이다. '쉬-메일'을 통한 소통에는 장점이 또 있는데, 바로 넓은 지역을 커버하면서도 포식자나 경쟁자를 피해 다닐 수 있다는 점이다. 냄새 남기기는 일종의 사회적 거리두기가 되어 원치 않는 만남을 자연스럽게 피할 수 있게 해 준다.

이번에는 이 소통 스펙트럼의 반대편에 있는 방식을 살펴보자. 보디랭귀지 같은 시각적 신호를 주고받으려면 비교적 가까운 거리에 있어야 한다. 상대와 다소 떨어져 있다면 고양이는 친근한 의도를 신호하는, 깃대처럼 꼬리 높이 세우기 같은 몸짓을 더 크게 한다. 거리가 가까워지면 귀를 젖히거나 꼬리를 타닥타닥 치는 등 비교적 미세한 움직임을 보인다.

이 길고양이는 캐런 수에다 박사가 자신의 영역인 작은 독일 마을에 들어오자 꼬리를 깃대처럼 높이 세우고 다가오더니 줄곧 따라다녔다.
© *Karen Lynn Chieko Sueda*

고양이는 분위기 변화를 감지함과 동시에 이에 맞는 보디랭귀지를 재빨리 구현한다. 우호적이었던 공기에 긴장감이 감돌면, 순간적으로 귀의 위치, 눈 모양, 꼬리 움직임, 몸 자세를 변화시켜 감정 변화를 드러낸다. 고양이와 열린 대화를 나누고자 한다면 우리 행동에 고양이가 어떤 보디랭귀지로 반응하는지를 계속해서 관찰해야 한다.

두 고양이는 장난을 치는 중이겠지만, 그와 동시에 캣타워 위의 삼색
고양이가 아래쪽 갈색 태비로부터 자신의 보금자리를 지키는 것일
가능성도 있다. 태비의 귀가 뒤로 젖혀진 채 살짝 벌어졌는데 이는 다
소 불안하고 불안정한 심정을 드러낸다. 바짝 선 채 앞을 향한 삼색이
의 귀는 신나서 흥분한 상태임을 보여 준다.

© Karen Lynn Chieko Sueda

촉각을 활용한 소통은 주로 가까운 사이에서(혹은 공격적인 대면 시에도)
관찰된다. 서로 그루밍해 주는 것(상호그루밍allogrooming)이나 페로몬을 교환하
기 위해 서로 비비는 것(상호비비기allorubbing)이 포함된다. 고양이는 개인 공
간을 많이 갖는 동물이기에 다른 고양이나 사람과 가까이 접촉하거나 자
리를 허락하는 것은 끈끈한 유대감의 표시이다.

두 암컷 고양이는 한배에서 태어나지는 않았지만, 보호소에서 같은
집에 입양된 후로 쭉 함께 살았다. 몸을 붙인 채 누워 상호그루밍하는
모습도 자주 관찰된다.

© Amy C. Sturlini

사람과 마찬가지로 고양이 역시 친족 관계이거나 자주 접촉하는 개체
들끼리 우호적인 사이가 되는 경우가 많다. 특히 꾸준히 곁을 내주거나 신
체적 접촉을 허락하는 건 아주 친한 고양이 혹은 가족에게만 해당된다. 사
람도 사랑하는 이와는 손을 얼마든지 오래 잡고 있지만 처음 만나는 사이

디코딩 유어 캣

와는 짧게 악수만 하듯이 말이다. 고양이 역시 자신의 냄새를 남기기 위해 잘 모르는 사람의 다리에 몸을 비빌 수는 있지만, 잘 아는 이가 아니라면 무릎 위에서 잠들거나 하는 일은 보기 힘들다.

'저리 가'와 '이리 와'에 해당하는 자세

자세는 크게 두 가지 유형으로 나뉜다. 상대방에게 가까이 오라고 하는 자세와 '저리 가'라고 말하는 자세이다. '이리 와'에 해당하는 자세, 즉 꼬리를 깃대처럼 바짝 세우고 접근하는 고양이에 대해서는 앞에서 간략히 살펴본 바 있다. 고양이는 상대와 소통을 시도하고 싶을 때 이런 보디랭귀지를 한다. 편안한 상태에서 뺨을 문지르거나 발을 쭉 뻗는(발톱은 거둔 채로) 행동 역시 비슷한 의미로, 상대와 상호작용을 시도하고자 하는 신호가 된다.

'저리 가' 자세에는 두 가지 목적이 담겨 있다. 하나는 스스로 몸을 작게 만들어 상대방의 시선으로부터 숨는 것이고, 다른 하나는 반대로 몸을 크고 위협적으로 보이게 해서 상대를 물러서게 하려는 것이다. 두려움을 느끼는 고양이는 귀를 뒤로 젖히고 다리를 몸 아래로 접는 동시에 꼬리를 몸 아래 혹은 옆으로 붙여 몸집을 최대한 작게 만든다. 즉 몸을 되도록 웅크려 상대의 시선을 피함으로써 '눈에서 멀어지면 마음에서도 멀어진다'는 격언을 몸소 실행하는 것이다.

그럼에도 만일 적(진짜 적이 아니라 해도 고양이 입장에서 적이라 생각되는 존재)이 이 고양이를 발견하고 다가온다면, 그때는 싸움-도주 반응fight-or-flight response[2]이 반사적으로 나타나게 된다. 달아날 수 없는 상황일 때 이 고양이에게 주어진 선택지 중 하나는 '저리 가' 자세, 즉 핼러윈 고양이로 대표되는 자세를 취하는 것이다. 겁먹은 고양이는 피부 속 특수 근육을 조여 털을 바짝 세우는데, 이를 흔히 '털 세우기piloerect'라고 부른다. 똑바로

선 채 등을 활처럼 둥그렇게 구부리고 털 세우기를 하면 몸이 커 보여 위협적으로 느껴진다. 여기에 하악 소리와 짧고 날카로운 캭spit 소리를 더하면 잠재적 적을 쫓아 버릴 나름의 전략을 다 갖추는 셈이다.

핼러윈 고양이. 등을 둥글게 구부리고, 털을 바짝 세우고, 귀를 평평히 낮추고, 입을 벌린 채 하악 소리를 내고, 동공을 팽창시킨 이 고양이는 명백히 두려움을 느끼고 있다.

© *Sharon Crowell-Davis*

고양이 보디랭귀지

고양이의 신호를 읽을 때는 행동과 몸자세, 모든 신체 부위의 움직임을 전체적으로 관찰해야 한다.

표 1.2 고양이의 보디랭귀지

신체 부위	위치 또는 상태	의미
눈	• 감고 있을 때	• 자는 중, 편안함 　긴장하고 있다면 어딘가 아프거나 불편할 가능성도 있음
	• 일상적인 응시	• 차분함
	• 천천히 깜박일 때	• 차분함, 편안함
	• 시선을 피할 때	• 긴장됨
	• 동공 팽창(크고 넓게)	• 두려움, 흥분함
	• 시선이 길게 고정될 때	• 심한 긴장. 공격성을 보일 가능성이 있음
귀	• 편안하고 자연스러운 위치	• 차분함
	• 전방	• 경계, 공격성을 보일 가능성이 있음
	• 바깥쪽으로 반쯤 돌아갔을 때	• 두려움
	• 머리와 평행하게 누운 채 양옆을 향하거나(비행기 날개 모양) 뒤로 젖혀졌을 때(귀가 사라진 것처럼)	• 상당히 두려움. 두려움으로 인한 공격성을 보일 가능성이 있음

신체 부위	위치 또는 상태	의미
입	• 꽉 다물고 있을 때 • 열고 있을 때 • 멍하니 열고 있을 때(플레멘 반응) • 헐떡일 때	• 긴장됨, 두려움 • 음성으로 감정을 표현하려는 의도. 주로 공격성 표출(예 : 두려움으로 인한 공격성을 하악 소리로 표현) • 페로몬 분석 중 • 호흡이 곤란한 상태
꼬리	• 자연스럽고 편안한 상태, 꼬리 끝이 살랑살랑 움직이기도 함 • 위로 세움(깃대처럼) • 몸에 딱 붙여 말거나 아래로 감출 때 • 움찔거리거나 빠르게 찰싹 휘두를 때	• 차분함 • 친근함 • 두려움, 불확실함 • 흥분함, 불안해함
몸자세	• 구부정하게 말거나 웅크릴 때 몸이 경직되어 작아 보일 때 • 길게 뻗을 때, 늘어질 때 • 핼러윈 고양이(등이 동그랗게 말리고 꼬리는 브러시처럼 털이 바짝 서 있음. 귀도 젖혀질 수 있음) • 등을 바닥에 대고 길게 뻗을 때 몸이 늘어질 때 • 등을 바닥에 댄 채 몸을 긴장시킬 때 • 긴장할 때	• 두려움, 불확실함 • 편안함 • 상당한 두려움으로 인해 공격성을 드러내는 상태 • 편안함, 인사 행동 • 두려움으로 인해 공격성을 드러내는 상태 • 경계, 흥분 상태

'저리 가'와 '이리 와'를 표현하는 음성 신호

고양이가 내는 음성 신호도 보디랭귀지와 마찬가지로 '이리 와'와 '저리 가' 두 종류로 구분된다. 하악hissing, 컉spitting, 으르렁growling, 울부짖음yowling은 일반적으로 '저리 가'에 해당한다. 고양이는 두려울 때 혹은 스스로를 지켜야 할 때 하악질을 하거나 빠르고 강하게 컉 소리를 낸다(방어적 공격성). 으르렁대거나 울부짖는 것 역시 스스로를 지켜야 할 때뿐만 아니라 주도적으로 상대방을 공격하고자 할 때 나타나는데(좀 더 확고한, 적극적인 공격성), 예를 들어 공간이나 음식, 짝과 같은 자원을 두고 다른 고양이와 싸울 때 이러한 행동을 보인다.

고양이의 '야옹'

고양이는 다른 고양이와 소통할 때 쓰는 언어로 우리와도 소통한다. 그중 하나 예외가 있다면 '야옹'이다. 성묘는 일반적으로 다른 고양이에게 야옹 소리를 내지 않는데 사람에게는 자주 야옹야옹 하며 말을 건다. 왜 고양이는 인간에게만 그 소리를 내는 걸까?

'야옹'은 원래 새끼 고양이가 내는 울음소리로, 고양이는 태어난 직후, 눈과 귀가 열리기도 전부터 야옹 소리를 낸다. 이 소리를 통해 어미의 주의를 끌고 자기에게 관심을 기울이게끔 자극한다.

성묘가 된 후에는 그다음 보호자인 인간의 주의를 끌려고 이를 이용한다. 인간은 주로 음성으로 소통하는 동물이기에, 시각 신호보다 음성 신호에 쉽게 주의를 기울이는 경향이 있다. 고양이가 야옹 하면 우리는 관심을 갖는데 이 행동은 고양이의 '야옹'을 강화한다. 흔히 말하는 정적 피드백 루프positive feedback loop[3]다.

고양이를 기르는 사람은 각각의 야옹 소리에 담긴 의미를 구분한다. 어떤 야옹은 "밥 줘"이고, 어떤 야옹은 "쓰다듬어 줘"다. 잉글랜드 링컨 대학의 새라 엘리스Sarah Ellis는 야옹 소리가 담긴 녹음 파일을 가족에게 들려주는 실험을 했는데, 이때 사람들은 배고픔, 음식 기다림, 구조(도움) 요청, 관심 필요 등 자신의 고양이가 '야옹' 하고 우는 이유를 구분해냈다. 반면 잘 알지 못하는 고양이가 내는 야옹 소리를 구분하는 데는 상당한 어려움을 겪었다. 이 실험 결과를 보면 보편적인 '야옹 사전'이 있다기보다는 각 고양이와 보호자 사이에서만 통하는 '야옹 언어'가 개발되는 듯하다.

고양이는 트릴링trilling이나 가르릉purring, 야옹 같은 다양한 음성 신호를 이용해 '이리 와'의 의미를 전달한다. 친한 사이(친구 고양이나 사람)를 만나면 트릴링 혹은 처핑chirping을 통해 인사하고, 주변에 고양이나 사람이 있을 때 퍼링 소리를 낸다. 고양이는 주로 만족스러울 때 혹은 불편하거나 어딘가 아플 때 퍼링 소리를 내므로, 이는 편안함을 원한다는 의미로 해석할 수 있다. 하지만 '야옹'은 다른 고양이에게 하는 일이 드문, 주로 인간에게만 사용하는 특별한 신호로 판단된다.

표 1.3 고양이 음성 신호

의도	음성 신호	상황
친근함 표시/교류	• 트릴링/처핑 • 가르릉 • 야옹	• 인사 • 기분 좋은 상황이나 불편한 상태를 드러내며 관심을 요구할 때 • 사람에게 관심을 끌고자 함
공격적인 심리	• 으르렁 • 하악 • 캭 • 울부짖음 • 비명	• 적극적 혹은 방어적 공격성 • 방어적 공격성 • 방어적 공격성 • 적극적 혹은 방어적 공격성 • 고통이나 공포
성적인 의미	• 캐터월	• 짝짓기 시기
사냥	• 채터링	• 포식/섭식 행동

좋지만 싫어, 상충된 신호 보내기

고양이는 자신의 메시지를 명확히 전달하기 위해 시각 신호와 음성 신호를 결합하여 자주 중복된 신호를 보낸다. 사람이 고개를 끄덕이며 "응"이라고 말하는 것과 같다. 예를 들어 친근함을 표시하려고 꼬리를 깃대처럼 세우는 동시에 트릴 소리를 내며 다가오고, 귀를 뒤로 잔뜩 젖히고 몸을 뒤로 기울이며 꼬리를 휘두름과 동시에 으르렁 소리를 내어 두려움을 표시한다.

여러 신호를 혼합해서 보내는 경우도 있다. 예를 들어 고양이가 바닥에 모로 누운 채 눈을 반쯤 감고 있다면 일단 편안해 보이지만, 동시에 귀를 살짝 뒤로 젖히고 꼬리를 움찔거릴 수도 있다. 그럼 어느 신호를 보고 판단해야 할까? 고양이가 모순되는 신호, 서로 상충되는 보디랭귀지를 내보인다면 지금 상황에 대한 양가감정 혹은 불확실성을 표현하는 것이다. 이 예에서 고양이는 따뜻한 햇볕에 누워 있는 게 편안하고 만족스러울 수 있지만, 당신이나 다른 고양이가 너무 가까이 다가오는 건 원치 않는 상태일 가능성이 높다.

상황에 따라 상충된 신호를 보내는 것은 인간도 마찬가지다. 바쁜 점심시간에 아는 사람을 만나 인사를 했다고 가정해 보자. 그 자리에서 난데없이 손주 사진을 보여 주려고 휴대폰을 꺼내 들면 상대방은 예의 바르게 미소를 지으며 친근함을 표시하는 동시에 몸을 뒤로 빼면서 손바닥을 펴 보여 무의식적으로 '가까이 오지 마' 하고 표현할 수 있다. 사람과 마찬가지로 고양이가 섞인 신호를 보내 혼란스러울 때는 일단 '가까이 오지 마'라는 뜻으로 받아들이는 편이 좋다. 이후에 상황을 재평가하고 메시지가 바뀌었는지 판단해도 되기 때문이다.

고양이를 전체적으로 관찰하고 읽는 것이 중요하다. 고양이의 의도가 명확하지 않을 때는 눈에 띄는 모든 신호를 파악해 같은 의미를 전달하고 있는지 확인한다.

고양이는 사냥꾼이자 사냥감이다

그는 잔뜩 긴장하여 몸을 숨긴 채 웅크리고 있었다. 움직이는 거라고는 꼬리 끝뿐이었다. 귀를 쫑긋 세우고 먹잇감을 노려보는 그는 최대한 많은 빛을 받아들일 요량으로 동공을 크게 열고 있었다. 마지막 순간, 그는 감춰 두었던 앞발을 빠르게 내뻗어 목표물을 덮쳤다. 드디어 장난감 공을 손에 넣었다!

자연은 고양이를 강력한 사냥꾼으로 만들었다. 고양이는 뛰어난 야간 시력, 양쪽이 따로 움직이는 귀, 초음파 영역대의 설치류 소리를 듣는 청각을 가진 덕분에 인간이 감지하지 못하는 먹잇감을 찾아낼 수 있다. 그러나 포식자인 고양이도 더 큰 동물의 사냥감이 된다. 퓨마, 밥캣Bobcat[4], 코요테, 개뿐만 아니라 독수리나 올빼미도 고양이를 공격하고 죽인다. 고양이는 무리 사냥꾼이 아닌 단독 사냥꾼이기 때문에 적을 만났을 때 보통 혼자다. 따라서 위험에 직면했을 때 달아나 숨는 것이 가장 좋은 전략이다.

그 결과 고양이는 '먼저 달아나고 나중에 생각하는' 습성이 발달했다. 고양이는 스트레스 상황을 정면 돌파하기보다 회피하는 방식으로 대처한다. 다른 고양이, 개 또는 수의사의 방문으로 스트레스를 받을 때 침대 아래나 책장 꼭대기와 같이 숨을 수 있는 안전한 장소로 도망간다.

잘 모르는 개가 나타나자 이 턱시도 고양이는 의자 위로 피했다. 웅크린 자세와 잔뜩 처진 꼬리는 이 고양이가 겁먹고 있음을 보여 준다. 척추를 따라 난 털 역시 바짝 서 있고(털 세우기) 꼬리도 브러시처럼 부풀어 있는데, 이는 원래보다 몸을 커 보이게 하려는 일종의 방어 전략이다. © *Karen Lynn Chieko Sueda*

반면 작은 위협이라 판단되면, 그저 떨어지는 것을 선택해 미묘한 회피 전략을 택한다. 이런 회피도 고양이에게는 의사소통의 하나다. 이 장의 시작 부분에 나오는 이야기에서도 미스티는 아이들이 있으면 거실에 나오지 않았다.

마찬가지로 사이가 좋지 않은 두 고양이는 서로 동선이 겹치지 않게 주의하여 직접적인 대치와 다툼을 피한다. 예를 들어 한 고양이가 통로에 누워 있다면 다른 고양이는 다른 길로 가고, 캣타워가 하나밖에 없다면 다른 고양이가 다른 방에서 자고 있을 때만 이를 이용하는 식이다. 두 고양이는 한 장소에 동시에 있지 않도록 각자 스케줄을 조정한다.

고양이는 집에 개가 있거나 손님이 방문하거나 일부 가족 구성원이 두려울 때도 이와 비슷한 회피 동작을 취한다. 그러니 회피 행동을 주의 깊게 관찰하면 긴장과 두려움의 초기 신호를 인지하고 상황이 더 악화되기 전에 해결할 수 있다.

또한 고양이가 먹잇감으로서 본의 아니게 발달시킨 능력이 있는데, 바로 질병을 숨기는 능력이다. 야생에서는 몸의 이상을 드러내지 않는 게 생존에 유리하다. 포식자가 약한 개체를 먼저 노리기 때문이다. 하지만 보호자는 이 때문에 고양이를 언제 수의사에게 데려가야 할지 알아차리기가 어렵다. 구토나 식욕부진 같은 확실한 이상 증상 외에도 고양이 행동에 눈에 띄는 변화가 생겼다면 몸의 이상 때문은 아닌지 살펴야 한다.

당황했을 때도 그루밍을 한다

어려서부터 개와 함께 자라온 케이트에게 '날라'는 첫 고양이였다. 날라는 따스한 햇볕에 누워 하품을 한 뒤 앞다리를 쭉 뻗고는 배를 드러낸 채 누웠고, 케이트는 그런 날라를 지그시 바라보았다. '아, 배 만져 달라는 거구나!' 하지만 케이트가 날라의 배를 쓰다듬는 순간, 날라는 케이트의 팔을 붙잡아 손을 콱 물고는 뒷다리로 걷어찼다. 케이트는 충격을 받았다. '아니, 먼저 만져 달라고 해 놓고는 왜 이러는 거지?' 정말 알 수가 없었다.

고양이가 배를 보인다고 해서 배를 만져 달라는 건 아니다. 일부 고양이는 가족을 맞이하거나 만족스럽고 편안할 때 바닥에 등을 대고 누워 배를 보인다. 이는 고양이가 하는 최고의 칭찬이다. 자기 신체에서 가장 취약한 부위를 드러냄으로써 보호자에 대한 신뢰를 보여 주는 것이다. 하지만 그렇다고 만져도 된다는 의미는 아니다. 간혹 예외가 있기는 하나, 일반적으로 고양이는 누군가 자기 배를 만지는 것을 좋아하지 않을뿐더러 불쾌해한다. 당신이 기지개를 켜는데 누군가 옆구리를 간질이면 어떻겠는가.

갈색 태비는 스스로 배를 보이고 누웠지만 만져 달라는 뜻은 아니다. 이때 누군가 배로 손을 뻗으면 물릴 가능성이 높다.
© Karen Lynn Chieko Sueda

이외에도 고양이는 겁먹었을 때 배를 보이고 눕기도 한다. 이때 자신의 의도를 명확히 전달하기 위해 여러 가지 두려움의 신호를 보일 수 있다. 귀를 뒤로 젖힌 채 상대방에게 하악 소리를 내거나 으르렁댈 수 있다. 바닥에 등을 대고 누워서 네 발의 발톱을 다 내세우고 있을 수도 있다. 이 자세를 취했다면 스스로를 보호할 준비를 마친 상태이니, 당신이 손을 뻗는다면 이를 위협으로 간주할 가능성이 크다.

또 하나 헷갈리는 신호가 있는데, 바로 고양이가 불쾌하고 기분이 좋지 않을 때 꼬리를 흔드는 행동이다. 꼬리를 빠르게 흔들고 있는 고양이에게는 가까이 가지 않는 것이 좋다. 일반적으로 꼬리를 빠르게 움찔거리거나 크게 휘젓고 있다면 심하게 흥분한 상태라고 볼 수 있다. 스트레스 정도가 가벼울 때는 꼬리 끝을 가볍게 톡톡 두드리는 것으로 짜증을 표시한다. 이는 사람이 짜증 섞인 태도로 손가락 끝을 두드리는 것과 비슷하다. 고양이는 좌절감이 쌓일수록 꼬리를 더 많이 움직인다. 고양이끼리 싸우기 직전이나 창문으로 낯선 고양이를 보고 있을 때 이런 행동을 하는 것을 볼 수 있다.

핥는 행동 역시 당혹감이나 귀찮음의 신호일 수 있다. 고양이는 자기 몸을 핥아서 단장한다는 사실은 잘 알려져 있다. 고양이 혀는 특수한 돌기가 있어서 그루밍에 최적화됐다. 고양이가 핥으면 까끌까끌한 느낌이 나는데 이 돌기 때문이다. 그런데 고양이는 어떤 이유로든 혼란스럽거나 불안할 때도 자신을 핥는다. 예를 들어 점프를 시도했다가 우스꽝스럽게 실패하면 잠시 앉아 스스로를 핥음으로써 무안함을 감춘다. 우리가 긴장할 때 머리카락을 꼬거나 만지는 것과 비슷하다. 이렇게 행동 자체는 정상적이지만 맥락과 무관하게 나타나는 행동을 전위 행동이라고 부른다. 이는 주로 고양이가 불안하거나 혼란스러워할 때 목격된다.

과도한 그루밍으로 탈모가 일어나 심지어 맨 피부가 드러나기도 한다. 과도한 그루밍은 스트레스나 불안감보다는, 미국수의행동학회 게리 랜즈버그Gary Landsberg가 주도한 한 연구에 따르면 알레르기나 위장질환 등으로 인한 통증 및 불편감이 가장 큰 원인이다(강박 행동에 관해서는 10장 참고).

고양이는 관심을 끌 목적으로 사람을 핥기도 한다. 친한 고양이끼리는 서로를 핥아 주는데, 이 상호그루밍은 유대를 돈독히 하는 데 도움이 된다. 여러분이 고양이를 쓰다듬을 때 고양이가 손을 핥는다면 이를 일종의 상호그루밍으로 보아도 좋다. 물론 핥는 행위가 다 친근함의 신호는 아니다. 때로는 불안하거나 불편할 때 나타나는 전위 행동일 수도 있다. 미스티와 에이미의 이야기에서 알 수 있듯이, 미스티는 에이미가 쓰다듬어 주는 것은 좋았지만 또한 아프기도 했다. 에이미는 미스티가 불안해한다는 것을 인지하지 못하고 계속 쓰다듬다가 결국 손을 얻어맞았다.

그렇다면 핥는 행위가 친근함이 담긴 상호그루밍인지 아니면 긴장과 불편함의 표현인지 어떻게 구분할 수 있을까? 고양이가 보여 주는 다른 보디랭귀지를 살핀다. 귀와 꼬리를 봤을 때 고양이가 편안한 상태인가? 한 가지 신체 부위나 행동만 보고 판단하지 말고, 신체와 행동을 전체적으로 관찰해 고양이의 감정을 파악해야 한다.

고양이와 대화하는 법,
어떻게 시작할까?

사람이든 고양이든 몇 가지 간단한 지침을 따르면 소통은 잘 이뤄진다. 상대의 행동을 관찰하고, 보디랭귀지를 해석하고, 모든 신체 부위가 일관된 메시지를 전달하는지 살핀 뒤 소통을 시도하고 다시 평가하는 것이다. 고양이와의 더 바람직한 소통은 여섯 가지 단계로 요약된다.

1. 고양이의 언어를 배운다.
2. 모든 감각을 동원해 '듣는다'.
3. 고양이에게 통하는 신호를 사용한다.
4. 오해의 함정을 피한다 - 전체적인 보디랭귀지를 읽는다.
5. 공통의 언어를 가르친다 - 교육하기
6. 기대치를 현실에 맞게 낮춘다.

고양이의 언어를 배운다

펄은 피터가 몇 주 전에 구조한 고양이다. 펄은 거의 종일 꼬리를 몸 아래로 말아 넣고 몸은 웅크리고 동공을 크게 확장한 채 눈에 잘 띄지 않는 곳에 숨어 지냈다. 그동안 피터가 알던 새끼 고양이들과는 달리, 펄은 털북숭이 쥐나 낚싯대 장난감에도 전혀 반응하지 않았고, 오히려 피터가 다가가면 하악질만 해댔다. 핼러윈 고양이처럼 등을 아치형으로 만들고 병 닦는 브러시처럼 꼬리를 부풀리는 건 예사였다.

피터는 펄이 자신을 리더로 인식하게 되면 좀 진정하지 않을까 싶어 인터넷을 열심히 뒤져 다음과 같은 정보를 찾아냈다. '어미 고양이가 하듯 고양이 목 뒤의 느슨한 피부를 단단히 움켜쥐고 몸을 들어 올리면 효과가 있다.' 피터는 즉시 이를 실천했고, 펄은 날카롭게 울부짖음과 동시에 피터의 살 깊이 이빨을 박았다.

이 경우, 고양이처럼 행동하고 '말하려는' 피터의 계획은 역효과를 낳았다. 안 그래도 두려움에 휩싸여 있던 펄은 방어적 공격성을 갖추게 되었고, 싸움-도주 모드로 들어갔다. 물론 어미 고양이가 새끼 고양이의 뒷목덜미를 물어서 집어 들기는 한다. 하지만 이는 장소를 옮길 때 쓰는 방법이지 훈육을 위해서가 아니다. 게다가 사람이 새끼 고양이이든 성묘든 뒷목덜미를 움켜쥐면 통증과 스트레스를 유발하기 쉽다.

애초에 인간은 고양이의 행동을 모방할 수 없고 고양이도 우리를 동족으로 여기지 않는다. 그러므로 고양이의 행동을 모방해서 '고양이어'를 구현해 보려는 시도는 통하지 않는다. 우리가 할 일은 고양이 언어에 대한 지식을 사용해 그들의 감정과 정서 상태를 이해하고 그들이 어떻게 반응할지 예측하는 것이다. 고양이의 행동을 이해하고 예측하는 능력은 의도치 않게 유대감을 약화시키거나 오해를 불러일으킬 수 있는 잘못된 소통을 예방하는 데 도움이 된다.

피터는 자신의 실수를 깨닫고 다른 접근 방식을 시도해 보기로 했다. 억지로 펄에게 다가가는 대신 펄만의 개인 공간을 만들어 주었다. 조용한 방에 화장실과 음식, 물, 몇 가지 장난감을 마련해 주고, 커다란 창 옆에 올라가 머물 공간도 만들어 주었다. 피터는 하루에 몇 번씩 몇 분 정도 문지방에 앉아 일부러 몸을 돌린 채 조용히 있거나 속삭이듯 작은 목소리로 말했다. 펄 쪽으로 손을 뻗기는커녕 움직이지도 않았다.

그렇게 며칠이 지나자 숨어 있던 펄이 아주 조금씩 피터에게 다가오기 시작했다. 펄이 피터의 무릎에 뺨을 비비자 피터는 펄이 예전보다 편안해졌다고 여겼다. 펄은 불안감이 사라지자 하루가 다르게 사교적으로 변했다. 몇 주가 지나자 피터가 복도에 던져 준 장난감 쥐인형을 쫓기 시작했다. 오랜 시간이 걸리기는 했지만 기다린 보람이 있었다.

피터는 펄의 보디랭귀지를 신중하게 관찰하고 해석했다. 그는 이 정보에 맞춰 펄과의 상호작용을 지속적으로 평가하고 자신의 행동을 조절했다. 그는 사람들이 서로 인사할 때 사용하는 직접적이고 솔직한 접근 방식이 고양이에게는 위협적으로 보일 수 있다는 것을 깨달았다.

펄이 안전하고 편안하게 느낄 수 있도록 환경을 수정한 결과, 펄의 스트레스를 줄이고 안정감을 높일 수 있었다. 피터는 상자, 선반, 높은 받침대를 설치해 위협이 느껴질 때면 언제든 숨거나 도망갈 수 있게 해주었다. 고양이는 높은 곳에서 내려다보는 것을 선호하는데, 그래야 포식자와 먹이를 쉽게 포착할 수 있기 때문이다. 만일 피터가 억지로 펄을 안아 올려 도망갈 수 있는 능력을 제한했다면, 펄의 두려움은 위협적인 울음소리와 행동으로 발전하고, 결국 신체적 공격으로 이어졌을 것이다.

모든 감각을 동원해 '듣는다'

고양이는 비언어적 의사소통에 크게 의존하는 만큼, 우리는 중요한 정보를 놓치지 않기 위해 모든 감각을 사용해 '들어야' 한다. 관찰력은 시간이 지남에 따

고양이가 높은 곳에서 주변 환경을 관찰 중이다. 수직으로 배치된 공간은 고양이에게 안정감을 주고 필요하다면 위협을 피해 달아날 장소가 되어 준다.

© Kathleen Spencer

라 발달하고 정교화되는 기술이다. 인간은 타고나길 미세한 몸자세나 얼굴 표정, 촉각 신호를 관찰하는 데 능숙하지 않다. 상대가 다른 종일 때는 더욱 그렇다. 그러니 고양이가 무엇을 말하는지 인식하고 해석하려면 많이 연습해야 한다.

우리의 행동과 주변 환경에 따라 고양이의 보디랭귀지가 어떻게 변화하는지 꾸준히 관찰하면 관찰력과 의사소통 기술을 강화할 수 있다. 이런 상호 행동적 대화 능력을 갖추면 훌륭한 고양이 통역사가 될 수 있을 것이다.

고양이에게 통하는 신호를 사용한다

고양이는 몸짓이나 목소리를 포함한 인간의 다양한 신호에 반응한다. 애덤 미클로시Adam Miklosi 휘하 연구진은 고양이가 보호자가 손가락으로 가리키는 의미를 정확하게 해석하고, 이를 통해 먼 거리에 숨겨진 음식도 찾아낸다는 사실을 발견했다. 실제로 고양이는 이 실험에서 개와 비슷한 성공률을 보였다.

사이토 아츠코Saito Atsuko와 시노즈카 가즈타카Shinozuka Kazutaka가 진행한 또 다른 연구에서는 고양이가 여러 사람의 목소리 중에서 보호자의 목소리를 구분해 낸다는 사실이 확인됐다. 고양이가 목소리만으로 사람을 구별할 수 있다는 뜻이다. 실험에서 고양이들은 보호자의 목소리가 들린 쪽으로 귀를 쫑긋하거나 고개를 돌렸지만, 소리 내어 대답하거나 부르면 오는 것 같은 반응은 보이지 않았다.

인간은 의식적으로 제스처나 언어 신호를 사용해 고양이와 의사소통을 시도하는데, 고양이는 우리가 표현하지 않은 감정도 포착할 수 있을까? 결론부터 말하자면 그렇다. 우리의 감정 상태는 고양이의 인식과 행동에 영향을 미친다. 이사벨라 메롤라Isabella Merola가 주도한 한 연구에서, 고양이는 낯선 것을 볼 때 보호자의 표정과 음성에서 나오는 감정적 반응에 주의

디코딩 유어 캣

를 기울일 뿐만 아니라, 이에 영향을 받아 행동을 바꿀 수 있다는 사실이 확인되었다. 예를 들면, 보호자가 고양이 앞에 처음 보는 선풍기를 가져다 놓고 두려운 것처럼 행동하자 고양이는 선풍기와 보호자를, 그리고 선풍기와 출구를 번갈아 쳐다보았다. 이렇듯 고양이가 낯선 상황에 놓였을 때 우리를 의지한다면, 우리가 차분하게 행동해야 고양이에게 안정감을 줄 수 있다.

오해의 함정을 피한다 - 전체적인 보디랭귀지를 읽는다

고양이에게 우리의 생김새와 행동은 포식자를 연상시키기 쉽다. 덩치가 크고 움직임이 빠르며 목소리도 크기 때문이다. 어떤 상황이든 고양이와 의사소통할 때는 천천히 움직이고 부드럽게 말하는 것이 좋다. 큰 소리로 외치고 싶을 때도 의식적으로 톤을 낮추어야 하며, 언제나 고양이가 쉽게 도망갈 수 있게 해 주어야 한다. 만일 고양이와의 대화가 생각한 방향으로 흐르지 않는다면, 멈추고 재평가한 뒤 다시 시도하면 된다.

앞서 핥기나 꼬리 흔들기, 배 보이기 같은 행동을 친근함이나 애정을 구하는 신호로 오해하기 쉽다는 이야기를 한 바 있다. 그렇다면 고양이가 정말로 쓰다듬는 손길을 원하는지 아니면 "제발 만지지 마!"라고 외치며 물기 직전인지 어떻게 구분할 수 있을까? 내 손을 핥는 게 친근한 상호그루밍인지 아니면 긴장감 가득한 전위 행동인지 어떻게 알 수 있을까?

그럴 때는 고양이의 전체적인 보디랭귀지를 관찰한다. 귀와 꼬리는 어떤가? 고양이가 편안한 상태인가? 아니면 걱정스러워하는가?

때로는 이런 보디랭귀지에 일관성이 부족해 혼란스럽기도 하다. 예를 들어 꼬리와 귀가 서로 다른 말을 하고 있다면 어떻게 해야 할까? 이는 고양이 역시 주어진 상황에 어떻게 반응해야 할지 잘 몰라서 내적 갈등을 겪고 있다는 의미이다. 이런 갈등은 스트레스 징후인 경우가 많다. 고양이의 감정을 바르게 파악하고 오해의 함정을 피하기 위해서는 한 가지 신체 부위 혹은 하나의 행동에 집중하기보다는 고양이의 전체적인 몸과 행동을 살펴야 한다.

공통의 언어를 가르친다 - 교육하기

교육training은 인간과 고양이가 더 효과적으로 소통할 수 있도록 하는 공통 언어다. 우리 메시지가 명확하고 그 결과가 긍정적이면 고양이는 우리 의도를 이해하고 신뢰한다. 고양이는 교육이 불가능하다고 믿는 사람들도 있지만 실제 고양이는 개와 마찬가지로 교육할 수 있다. 물론 인내심이 필요하다. 사람도 외국어를 배우지 않고는 이해할 수 없듯이, 고양이에게 아무것도 가르치지 않고 우리가 하는 말을 이해하길 기대해서는 안 된다.

신호가 수반된 행동이라면 고양이에게 가르칠 수 있다. 실용적 목적으로는 물론, 단지 재미를 위해서도 말이다. 고양이도 배우면 '침대로', '앉아', '기다려', '하이파이브'를 얼마든지 할 수 있다.

가장 안전하고 효과적으로 고양이를 가르치는 교육법은 정적 강화positive reinforcement를 사용하는 것이다. 예를 들어 고양이 침대에 간식을 던지며 "침대로"라고 말하고 고양이가 침대 위에 올라갔을 때 또 간식을 던지며 "옳지!"라고 말하기를 반복하면, 고양이는 "침대로"라는 말이 무엇을 의미하는지 학습하게 된다. 이렇듯 정적 강화는 우리가 원하는 행동을 고양이가 수행했을 때 그 행동에 보상을 주는 것이다. 그 행동을 더 자주 강화할수록 고양이는 보상을 기대하며 그 행동을 더 많이 반복하게 된다.

보상은 간식뿐만 아니라 고양이가 바라는 것이라면 장난감이나 칭찬, 쓰다듬기 등 무엇이든 좋다. 어떤 보상을 사용할지는 그 고양이가 무엇에 동기부여 되는지에 달렸다. 보상을 결정할 때는 고양이의 동기부여 수단이 우리 또는 다른 동물과 다를 수 있다는 사실을 염두에 두어야 한다. 간식을 좋아하는 고양이도 있을 테고, 쓰다듬기나 장난감 쥐를 쫓는 기회에 훨씬 더 즐겁게 반응하는 고양이도 있을 것이다.

기대치를 현실에 맞게 낮춘다

어떤 사람은 하루 종일 소파에 앉아 있고, 어떤 사람은 끊임없이 뭔가를 한다. '일찍 일어나는 새가 벌레를 잡는다'는 신념을 따르는 사람도 있고, 올빼미족으로 사는 사람도 있다. 고양이도 사람처럼 성격이 다 다르고 관심사도 다른데, 유전적 기질, 학습, 환경의 영향을 받는다. 품종별 일반화도 어느 정도는 가능하겠지만, 같은 품종이라고 해서 모든 고양이가 같은 방식으로 반응하는 것은 아니기에 개체 간 차이를 인정해야 한다. 비현실적인 기대는 고양이를 실패할 수밖에 없게 만든다.

벤저민 하트Benjamin Hart와 리넷 하트Lynette Hart는 다양한 혈통의 고양이를 연구해 주요 행동적 특성을 범주화하고 순위를 매겼다. 아비시니안Abysinians과 뱅갈Bengal이 가장 활동적이었으며 페르시안Persians이 가장 활동적이지 않았다. 목소리를 가장 많이 내는 종은 샴Siamese이었다. 다양한 품종의 일반적인 성격과 니즈를 잘 알면 고양이-보호자 간의 올바른 매칭 확률을 높일 수 있다. 예를 들어 정적이고 조용한 가정 환경은 뱅갈의 신체적 욕구를 충족시키지 못할 것이다. 마찬가지로 모든 고양이는 스크래칭, 높은 곳에 올라가기, 놀이, 사냥 활동 같은 정상적인 행동을 할 기회를 충분히 얻지 못하면 바람직하지 않은 행동 문제가 나타날 수 있다.

품종마다 다른 신체적 특성 또한 우리가 그들의 보디랭귀지를 해석하는 데 영향을 미친다. 페르시안이나 히말라얀Himalayans, 엑조틱 숏헤어Exotic Shorthair와 같이 짧은 코와 납작한 얼굴을 가진 종들은 표정을 읽기가 어렵다. 한때 인터넷을 뜨겁게 달구었던 그럼피 캣도 이런 신체적 특성을 지닌 데다 늘 같은 표정을 하고 있어서 '불만스러워' 보였다. 스코티시 폴드Scottish Fold 역시 귀 위치로 감정을 파악하기가 쉽지 않고, 맹크스Manx나 재패니즈 밥테일Japanese Bobtail은 꼬리가 매우 짧아 꼬리 움직임을 읽기가 어렵다.

다른 고양이들과 달리 스코티시 폴드는 귀가 작고 그만큼 움직임이 다양하지 않아 보디랭귀지를 읽기가 어렵다.　© Carlo Siracusa

고양이도 사람처럼 신체적 애정 표현이나 손길을 허용하는 정도가 다 다르다. 포옹이나 마사지를 좋아하는 사람도 있지만 이런 신체 접촉을 즐기지 않는 사람도 있듯이, 잘 모르는 사람이 만지고 쓰다듬는 것을 적극적으로 즐기는 고양이가 있는 반면, 익숙한 사람이 만지거나 안아 올리려 할 때조차 공격성을 보이는 고양이도 있다. 고양이마다 성격과 취향이 다르니 이전에 알던 고양이와 비슷할 거라고 짐작하지 말고, 눈앞에 있는 고양이의 보디랭귀지를 읽어야 한다. 고양이가 잠깐의 신체 접촉을 용인했다고 해서 계속 만져 달라는 의미는 아니다. 반대로 안기는 걸 좋아하지 않는 고양이도 훌륭한 반려동물이 될 수 있다.

행동은 유동적이고 환경이나 고양이의 나이, 통증 또는 질병의 영향으로 바뀔 수 있다. 미스티를 다시 떠올려 보자. 에이미는 미스티가 항상 그랬듯이 쓰다듬는 걸 좋아할 거라고 생각했지만 허리 통증이라는 변수가 생겼다. 이로 인해 미스티는 예전에는 아이들이 북적북적 뛰어다니는 것

　디코딩 유어 캣

에 그다지 신경 쓰지 않았지만, 이제는 예측 불가능한 움직임을 위협으로 인식했다. 소란스러운 환경에서 벗어나 조용한 공간에서 혼자 있는 것을 더 안전하다고 느꼈다. 에이미는 미스티의 행동 변화를 알아차렸지만 그 원인이 통증이라고는 생각하지 못했다. 만일 미스티의 몸 상태를 미리 알았더라면 신체 접촉으로 인한 불편감을 예상하고 자신의 기대치를 조정했을 테고, 미스티의 반응에 그다지 놀라지 않았을 것이다. 또한 트리거를 피하고 미스티에게 더 편안한 환경을 조성해 주었을 것이다.

행동과 의사소통에 변화가 나타나면 가장 먼저 그 원인으로 질병을 의심해야 한다. 그래야 보다 적극적으로 반려동물을 돌볼 수 있고, 병이 커지기 전에 필요한 조치를 취할 수 있다.

최악의 상황 피하기: 고양이의 통증과 질병 징후 알아보는 법

고양이가 일반적이지 않은 외모나 행동상의 변화를 보인다면, 아프다는 신호일 수 있다. 고양이는 혼자 힘으로 자기보다 큰 포식자들로부터 살아남으며 진화한 만큼, 질병의 징후를 숨기는 데 능숙하다. 그래서 우리는 초기 증상을 감지하기 어렵고, 이상함을 눈치챘을 때는 병이 상당 부분 진행된 경우일 때가 많다. 다음의 항목을 잘 숙지해, 미세한 신호나 변화를 평소에 주의 깊게 살펴보다가 의심 가는 증상을 발견하면 최대한 빨리 진료를 받도록 하자. 일찍 발견할수록 치료 가능성은 높아진다.

신체적 증상

- 체중 변화(감소 또는 증가)
- 털이 거칠어지거나 탈모 증상이 보임
- 무기력, 근육 손실
- 구토
- 소변 양과 횟수, 소변 상태의 변화
- 묽은 변, 설사, 혈변 혹은 변비
- 특정 부위를 만지려 할 때 예민함

- 외모상의 변화(눈이 흐릿해짐, 침 흘림, 피부 위나 아래에 새롭거나 변화하는 응어리 등이 생김)
- 과도한 피부 경련

행동적 증상
- 기분 변화(예: 한때 친근했던 고양이가 공격적으로 변함)
- 활동 수준이나 에너지 수준의 변화
  - 덜 외향적이고 덜 사교적이 됨
  - 더 많이 숨거나 잠이 많아짐
  - 활동 감소
  - 놀이나 장난감에 대한 흥미 감소
  - 과잉행동
- 울음소리 증가 혹은 감소
- 생활 패턴에 변화가 생김
- 수면-기상 패턴 변화
- 식욕 증가 혹은 감퇴
  - 입에서 음식을 흘림
  - 음식 선호도에 변화가 생김(예: 갑자기 건사료를 먹지 않음)
- 음수량 증가 혹은 감소
- 웅크리고 걷거나 걷기를 힘들어 함
- 계단 오르기를 힘들어 함
- 점프를 힘들어 함
  - 바닥 혹은 낮은 가구 위에 누우려 함
  - 점프 높이 감소
  - 더 높은 곳에 올라가기 위해 낮은 곳부터 뛰어오름
  - 높은 곳으로 점프하기 전 주저함
  - 서툴거나 무겁게 착지하거나, 점프하는 대신 몸을 끌어올림. 고양이 특유의 우아함 상실
- 새로운 행동 문제가 생기거나 기존 행동 문제에 변화를 보임
  - 대소변 실수, 공격적인 행동, 과도한 울음

- 문제의 빈도 혹은 강도가 악화됨
- 기존의 행동 문제가 개선되거나 해결됨(예: 더 이상 조리대로 뛰어오르는 행동이 없어지거나, 하루 종일 숨어 있느라 공격적인 행동이 나타나지 않음)

고양이가 매우 심각하게 아프지 않는 이상, 항상 아프거나 불편해 보이지는 않을 수 있다. 일반적으로 질병의 행동적 징후는 간헐적으로 나타나기 때문에 놓치거나 간과하기 쉽다. 아픈 고양이는 가끔 문 앞까지 마중을 나오거나 계단을 뛰어오를 수 있지만, 예전만큼 자주 또는 쉽게 그러지 못할 수 있다.

적절한 동기와 기분이 받쳐 주면 욕구가 불편함을 뛰어넘을 수 있다. 예를 들어 관절염이 있는 노령묘도 그럴 만한 이유가 있다면 통증을 참고 조리대 위로 뛰어오를 수 있다(예: 우리의 저녁 식사를 먹으려고). 때로는 작은 변화가 차이를 만들 수 있다. 예를 들어, 복통이 있는 고양이는 우리가 더 편안한 방식으로 안아 주면 울지 않을 수 있다. 그러니 개별 사건에 집중하기보다는 행동적 징후의 빈도나 강도의 증가처럼 경향을 고려해 고양이가 아픈지 여부를 판단해야 한다.

중요 포인트

고양이의 감정을 읽고자 할 때는 신체의 한 부분이나 한 행동에 집중하기보다 전체를 살펴야 한다. 행동은 발생하는 상황이나 맥락에 따라 다른 의미를 가질 수 있다. 예를 들어 고양이는 만족할 때나 스트레스를 받을 때 둘 다 가르릉 소리를 낼 수 있다.

그동안 쌓아 온 고양이와의 경험이나 품종 특성에 대한 지식에 의존하지 말고, 각 고양이를 독특한 개체로 대해야 한다. 환경과 상호작용을 최적화하기 위해 각 고양이의 성격을 고려해야 한다.

모든 고양이가 쓰다듬는 것을 좋아하지는 않는다는 사실을 명심하자. 고양이마다 어느 정도는 허용하기도 하고 무척 좋아하기도 한다. 또 만져 주면 좋아하는 부위도 다 다르다.

고양이의 경계 역시 존중해야 한다. 더 외향적이고 사교적이며 자신감 있는 고양이도 있지만, 자신만의 공간에 있기를 좋아하는 고양이도 있다.

고양이의 환경 변화와 그것이 고양이의 스트레스 수준과 우리와의 의사소통 방식에 미치는 영향에 주의를 기울여야 한다.

골골송: 본성과 양육

많은 사람이 고양이의 가르릉 소리를 가장 좋아하는 소리로 꼽는다. 하지만 이는 길들여진 고양이만 내는 소리가 아니며, 기분 좋을 때만 내는 소리도 아니라는 사실을 모르는 이가 많다.

1800년대 초반, 영국의 해부학자 리처드 오언Richard Owen 경이 가르릉대는 고양잇과와 포효하는 고양잇과를 구분한 적이 있다. 대부분의 고양이 종은 가르릉 소리를 내는 반면, 사자, 호랑이, 표범, 재규어는 그렇지 않다. 즉 이들은 포효하지만 기술적으로 가르릉대지는 않는다. 반면 곰, 라쿤, 하이에나, 토끼 같은 종은 가르릉과 비슷한 소리를 내긴 하지만 고양이의 것과는 차이가 있다.

이 가르릉 소리는 도대체 뭘까? 가르릉은 고양이가 숨을 들이쉬거나 내쉴 때 성대 주름 사이의 근육이 빠르게 진동하며 생겨나는 소리다. 새끼 고양이는 태어난 지 약 3주쯤 되는 시기부터 이 소리를 내기 시작하며 주로 젖을 먹을 때 가르릉댄다. 성묘는 일반적으로 인간 혹은 다른 고양이와 친근하게 접촉하거나 음식을 기대할 때와 같이 즐거운 상황에서 가르릉댄다. 하지만 몸이 아프거나 어딘가 통증을 느낄 때도 이 소리를 내는 경우가 있다.

왜 아플 때도 가르릉댈까? 고양이는 상황에 따라 돌봄을 원하는 마음을 표현하기 위해 적극적으로 이런 소리를 낸다. 즉 고양이가 가르릉댄다면 지금 만족스러운 상태인지 아니면 관심과 돌봄이 필요한 상태인지 판단해야 한다. 잉글랜드 서섹스 대학의 캐런 맥콤Karen McComb 연구진이 고양이의 가르릉 소리를 녹음해 연구한 결과, 요청 상황(예: 음식을 기다릴 때)과 비요청 상황(예: 쓰다듬어질 때)에 따라 소리가 달랐다. 요청 상황에서는 맥콤이 '숨겨진 야옹'이라고 여긴 고음 요소가 포함되었다. 연구진은 요청 상황에서 내는 가르릉 소리가 더 다급하고, 어딘가 덜 유쾌한 느낌이라고 평가했다.

　　가르릉 소리를 다르게 보는 전문가들도 있다. 엘리자베스 폰 무겐트할러Elizabeth von Muggenthaler는 가르릉 소리가 자기 치유의 한 형태일 수 있다고 보았다. 홍콩 중문대학의 윙호이 청Wing-hoi Cheung이 확인한 여러 연구에서는 가르릉 소리와 비슷한 주파수의 진동이 뼈의 치유를 촉진할 수 있다고 나타났다. 이 주장이 사실이라면 고양이는 실제로 가르릉 소리를 통해 사냥으로 지친 스스로를 치유하는 것일지도 모른다. 인간이 본능적으로 왜 이 소리를 좋아하는지도 납득이 된다.

요점 정리

- 고양이는 인간과는 다른 방식의 의사소통에 의존한다. 인간은 주로 음성 신호로 소통하지만 고양이는 음성에 촉각, 후각, 시각 요소를 접목하여 소통한다. 모든 감각을 동원해 고양이를 '들어야' 그 반응을 이해하고 행동을 예측할 수 있다.

- 우리는 고양이 말을 할 수는 없지만, 고양이의 보디랭귀지 읽는 법을 배울 수 있다. 고양이는 기분에 따라 몸자세를 바꾼다. 눈, 귀, 꼬리 그리고 몸 전체로 정보를 전달한다. 고양이의 기분을 바르게 이해하려면 주의 깊게 전체를 살펴야 한다.

- 고양이를 작은 개처럼 대해선 안 된다. 고양이도 배를 보이거나 꼬리를 흔드는 행동을 하지만 그 의미는 개와 완전히 다르다.

- 보상 기반 교육을 통해 고양이에게 신호를 가르칠 수 있다. 이는 고양이와 우리 사이에 공통의 언어를 만드는 기회가 된다.

- 고양이의 행동은 나이, 질병, 환경 상태에 따라 달라질 수 있다. 고양이의 평범한 행동과 소통 방법에 익숙해지면 미세한 변화도 알아챌 수 있고 건강 및 행동 문제를 이른 시기에 파악하는 것도 가능해진다.

- 고양이는 큰 제스처, 빠른 움직임, 큰 목소리에 민감하다. 그러니 속도를 늦추고 차분하게 움직이고 목소리를 작게 해야 한다.

2장

새 가족 맞이하기

평생 건강하고 행복하게
키우기 위한 준비

켈리 모팻Kelly Moffat, DVM, DACVB

제우스는 당당하게 방 안을 천천히 걸었다. 이 한 살짜리 뱅갈 고양이는 사교적이고 호기심이 많으며 자신감에 차 있었다. 나는 그 순간 나이가 지긋한 낸시가 문제를 겪고 있음을 직감했다. "너무 예쁘지 않아요? 이렇게 예쁜 고양이 보신 적 있어요? 없을 거예요." 낸시는 감탄했고, 나는 긍정의 의미로 고개를 끄덕였다. "그런데 왜 이렇게 공격적인지 모르겠어요." 낸시가 덧붙였다.

나는 눈으로 낸시의 손과 팔을 훑었다. 멍은 물론 물리고 긁힌 상처가 보였다. 워낙 피부가 약한 데다 매일 복용하는 혈액 항응고제로 상태는 점점 더 나빠지고 있었다. "응급실에도 몇 차례나 다녀왔어요. 심하게 물렸을 때는 며칠간 입원한 적도 있답니다. 너무 사랑하는데 도무지 어찌해야 할지 모르겠어요, 선생님."

25년간 일반 수의사로 동물을 돌보고, 14년 동안 수의행동학자로 많은 사례를 보아온 나로서는 이 고양이를 판단하기가 어렵지는 않았다. 게다가 낸시가 작성한 병력은 확신을 주었다. 분명 제우스는 뱅갈의 혈통을 지닌 멋진 고양이였다. 활달하고 똑똑했으며 상당히 외향적이었다. 그 성격이 낸시를 힘들게 했다. 낸시는 제우스의 욕구를 충족시켜 줄 수 있는 환경이나 상호작용적 자극을 충분히 제공해 주지 못했고, 제우스는 낸시를 사냥 및 놀이 대상으로 여기며 자신의 격렬한 사냥 욕구를 발산하고 있었다.

제우스의 공격에 좌절감을 느낀 낸시는 말과 행동으로 제우스를 처벌했고, 찰싹 때리거나 스프레이로 물을 뿌리는 것 같은 언어적·신체적 처벌을 점점 더 많이 사용하기 시작했다. 이는 도리어 상황을 악화시켰다. 제우스는 성숙해 가면서 요구가 더 많아졌고, 처음에는 낸시의 질책에 방어적 반응을 보였지만 점점 공격적으로 행동했다.

낸시는 정적인 생활 방식을 즐기는 무릎 고양이를 선호한다고 인정했다. 나는 제우스에게 걸맞은 가정을 찾아주라고 조언했지만, 낸시는 제우스에게 최적의 환경을 만들어 주고 그와의 소통 방식을 바꾸려고만 애썼다. 여전히 제우스의 공격성을 경험하면서 말이다.

집에 새 고양이를 들이는 건 큰 결정이다. 고양이는 보통 15년 이상 살기 때문에 신중하게 계획해야 한다. 고양이와의 동거는 미래의 삶, 동거인, 직업 및 다양한 활동에 큰 영향을 끼친다. 어디서 데려올 것인지, 성묘를 데려올지 새끼 고양이를 데려올지, 수컷을 키울지 암컷을 키울지, 순종을 키울지 믹스를 키울지, 결정 내려야 할 사항도 많다. 올바른 선택은 보호자뿐 아니라 고양이의 장기적인 안녕에도 중요하다.

고양이의 품종과 성별, 나이 및 과거의 이력이 평생의 성격과 행동에 미치는 영향에 관해서는 연구가 꽤 많이 이뤄져 있다. 이 장에서 우리는 이런 의문을 최대한 자세히 들여다보고, 앞으로 털북숭이 친구를 선택할 때 참고할 만한 사실을 알아보려 한다. 또한 고양이를 들이기 전에 어떤 준비를 해야 하는지, 고양이에게 안전한 환경은 어떤 건지, 다른 반려동물을 포함해 가족 구성원들과 건강히 지내려면 무엇이 필요한지도 함께 알아볼 것이다.

어디서 데려와야 할까?

고양이를 어디서 데려와야 할까? 길고양이를 구조하거나 보호소 및 구조단체를 통해 새 가족을 얻는 건 무척 고귀한 일이다. 미국에서만 매년 약 650만 마리의 반려동물이 보호소에 들어오는데, 그중 개가 약 330만 마리, 고양이가 320만 마리다. 안락사되는 반려동물의 수는 한 해에 약 150만 마리로, 개가 67만 마리, 고양이가 86만 마리다.

미국반려동물제품협회에서 2017~2018년 전국 반려동물 보유자를 대상으로 실시한 설문 조사에서 응답자의 95퍼센트가 펫샵이나 브리더가 아닌 다른 경로로 고양이를 데려왔다고 밝혔다. 집 근처에서 구조했거나, 보호소 혹은 구조단체에서 입양했거나, 직장 동료 심지어 고양이를 구조한 친구에게서 데려왔다는 응답도 있었다.

어떤 사람들은 지금의 반려동물 과잉 문제를 인지하고 지역 보호소나 구조단체를 방문해 새로운 고양이를 찾는다. 대부분 특정 품종이나 성별을 따지지는 않는다. 성묘와 새끼 고양이를 가리지 않고 입양 의사를 밝히는 일도 흔하다. 대체로 고양이가 보이는(혹은 보이지 않는) 행동, 아름다운 털, 느긋하거나 장난기 많은 성격을 고려한다. 어떤 이들은 눈이 하나뿐이거나 다리 하나가 없거나, 나이가 많거나 낯가림이 심한 고양이에게 측은지심을 느낀다. 아무래도 이런 고양이들은 입양될 가능성이 낮기 때문일 것이다.

용어 정리

- **개방형 보호소**: 모든 동물을 받아주는 보호소. 정부 기관의 동물 통제 관련 부서와 협업하는 경우가 많다. 하지만 여기에 들어오는 동물이 전부 입양되는 것은 아니다.

- **폐쇄형 보호소**: 일반적으로 개인의 후원을 통해 운영되는 보호소로, 품종이나 행동, 입양 가능성, 나이, 건강 상태 또는 기타 기준으로 입소를 결정한다. 개방형 보호소에서 데려오는 경우가 많다.

- **고양이 공장**: 상업적 목적으로 대규모로 운영되는 곳으로, 보통 좁은 공간에 지나치게 많은 동물을 두고 환경도 비위생적이기에 비판의 대상이 된다. 어미 고양이든 새끼 고양이든 의료 관리나 사회화는 거의 고려되지 않는다.

- **마이크로칩**: 반려동물을 잃어버렸을 때 병원이나 보호소에서 반려동물의 보호자를 찾을 수 있도록 몸에 심는 것. 주소나 전화번호가 바뀌면 수정해야 한다. 위치 추적 기능은 없고 신원 확인용이다.

- **혈통묘 또는 순종묘**: 혈통 혹은 품종이 보장된 고양이. 일반적으로 특정 종을 대표하는 외모나 행동, 기질 등을 확보하기 위해 교배를 통해 태어난다.

- **믹스묘**: 무작위 교배로 태어난 고양이. 일반적으로 길들여진 숏헤어domestic shorthair 또는 길들여진 롱헤어라고 부르기도 한다.

- **하이브리드묘**: 야생종과 길들여진 종을 교배한 고양이. 언뜻 야생 고양이처럼 보이지만 더 차분하고 안전한 기질을 가진 고양이를 얻기 위해 이런 식의 교배가 이뤄진다. 뱅갈이 대표적이며, 하이브리드 종은 일반적으로 더 많은 자극과 훨씬 더 넓은 환경을 필요로 한다.

- **기질**: 유전에 기반을 둔 성격 및 행동 측면.

- **유전**: 부모로부터 자손에게 특성이 전달되는 것. 친근함 같은 행동적 특성이 포함된다. 심장이나 신장 질환 같은 질병도 유전될 수 있다.

- **사회화 시기 민감기**: 새끼 고양이가 어머니, 한배 형제들, 환경, 다른 동물 및 인간을 포함한 주변 환경에 대해 가장 많이 배우는 시기로, 생후 2~7주에 해당된다. 이 기간 동안 새끼 고양이는 새로운 동물, 사람, 물건 및 낯선 상황을 만났을 때, 두려움 없이 접근하고 탐험할 가능성이 높다. 이 기간 동안 긍정적 경험을 다양하게 제공하면 새끼 고양이가 성묘로 성장했을 때 두려움, 불안 및 공격성을 보이는 것을 어느 정도 예방할 수 있다.

보호소

다양한 유형의 보호소가 길을 잃거나 버려져 떠돌아다니는 동물들을 수용한다. 일부는 지방 정부에서 운영하지만, 대부분 비영리 동물복지 단체가 독립적으로 운영한다. 미국의 경우 보호소를 감독하거나 규제하는 국가 차원의 조직은 없지만, 많은 주나 시의 기관들이 해당 관할 구역 내의 보호소를 규제하고 있다.

운영비도 충분하고 책임 있게 관리하는 보호소는 대체로 수의사의 건강 검진과 예방 접종, 기질 평가를 하고 중성화도 마친 상태에서 고양이를 입양 보낸다. 하지만 실제로 상당수의 보호소는 이런 과정을 진행할 자금과 자원, 인력이 부족하기 때문에, 이곳에서 입양을 고려한다면 고양이 백혈병 바이러스feline leukemia virus(FeLV)나 고양이 면역결핍 바이러스feline immunodeficiency virus(FIV) 검사를 해서 음성인지 확인해야 한다. 6개월 이하의 새끼 고양이는 고양이 면역결핍 바이러스 검사 결과가 정확하지 않으므로, 고양이 백혈병 바이러스 검사만 받으면 되고, 바이러스성 비기관염feline viral rhinotracheitis, 칼리시바이러스calicivirus, 범백혈구 감소증panleukopenia(FVRCP) 등의 주요 백신 접종 여부는 체크한다. 보호소는 일반적으로 고양이의 관리 비용을 충당하기 위해 소정의 입양비를 받는다.

개체수가 너무 많아 관리가 어려운 경우, 보호소는 입양비 할인이나 무료 입양 행사를 진행하는데, 사람들이 행사 현장 분위기에 휩쓸려 감정적으로 고양이를 입양하기도 한다. 많은 사람이 진찰비, 예방 접종, 질병 치료 및 약품 비용을 감당할 준비가 되어 있지 않은 상태에서 고양이를 입양한다. 무료 분양이든 아니든 입양 후 재정적 부담은 동일하다. 모든 잠재적 고양이 보호자는 새 가족 구성원을 양육하는 데 드는 비용을 감당할 준비가 되어 있어야 한다.

구조단체

세상에는 버려지는 고양이도 많고 길에서 위험하게 생활하는 고양이도 많다. 이런 고양이를 구조해서 시설이나 가정에 맡겨 임시보호를 하고 새로운 가족을 찾아주는 사설 단체들이 있다. 이들은 과밀 보호소에서 데려온 고양이나 건강 문제나 행동 문제로 안락사 리스트에 오른 고양이들을 데려오기도 한다. 더 이상 고양이를 돌볼 수 없게 된 개인으로부터 고양이를 받아주는 단체도 있다. 간혹 특정 품종에 국한해 구조를 하는 단체도 있지만, 대개 품종 구분 없이 구조한다. 많은 구조단체가 고양이 백혈병 바이러스와 고양이 면역결핍 바이러스 검사, 예방 접종, 중성화 수술 같은 기본 의료 서비스를 제공한다. 하지만 그렇지 않은 곳도 있으니 입양을 고려 중인 고양이가 있다면 검사, 예방 접종, 중성화 수술 같은 의료 기록을 반드시 확인해야 한다. 일부 단체는 비교적 간단한 신청서를 요구하는 반면, 어떤 단체는 긴 신청서 작성을 요구하고 입양자로 승인하기 전에 가정 방문을 여러 차례 하기도 한다. 또한 일반적으로 고양이 돌봄 비용을 충당하기 위해 입양비를 청구한다. 인터넷 검색이나 지역 동물 보호소 및 수의사와의 상담을 통해 고양이 구조단체를 쉽게 찾을 수 있다.

고양이 카페

고양이 카페에서도 작은 호랑이를 입양할 수 있다. 고양이 카페는 '맛있는 음료를 즐기면서 동시에 고양이와 즐거운 시간을 보낸다'는 아이디어를 바탕으로 대만에서 처음 만들어졌다. 2014년 이후 북미 전역에 걸쳐 고양이 카페가 확산되고 있는데, 보통 지역 보호소에서 고양이를 데려오며 이들의 입양에 중점을 둔다. 커피숍과 입양 센터가 결합된 형태라고 볼 수 있다. 이러한 환경은 잠재적 보호자에게는 입양 전 고양이의 성격을 미리 파악하는 기회가 되며 새끼 고양이에게는 훌륭한 사회화 과정이 된다.

길고양이

주택가, 쇼핑몰 주차장, 대학 캠퍼스, 공업 단지 주변에는 늘 길고양이와 새끼들이 있다. 지금 이 순간에도 길고양이가 집 마당이나 현관에 나타나 밥을 찾거나 심지어 입양해 줄 보호자를 찾고 있는지도 모른다.

길고양이를 입양하고자 할 때는 반드시 동물병원에 데려가 등록 칩 유무를 확인하고 인터넷 사이트에서 비슷한 고양이를 잃어버린 사람이 있는지 확인해야 한다. 보호자 품을 떠나 떠돌아다니고 있는 고양이일 수도 있고, 그 보호자가 고양이를 필사적으로 찾고 있을 수도 있다. 만일 보호자를 찾을 수 없고 고양이를 입양하고 싶다면, 우선 고양이가 아무런 의료 관리도 받지 못했다고 가정하고, 고양이 백혈병 바이러스와 고양이 면역결핍 바이러스 검사, 벼룩 같은 외부 기생충 스캔, 대변 검사, 구충제 복용, 예방 접종 및 중성화 수술을 포함한 의사 검진을 받아야 한다. 이 모든 과정에 대한 비용은 수의사와 상담해야 하며, 일부 수의사들은 구조된 고양이에 한해 의료비를 할인해 주기도 한다.

"좋은 집으로 무료 분양합니다"

이런 글은 소셜 미디어 사이트, 커뮤니티 및 직장 게시판, 중고거래 사이트 등 거의 모든 곳에서 찾을 수 있다. 이 경우 역시 길고양이처럼 다루어야 한다. 즉, 일반 검진, 검사, 예방 접종, 중성화 수술이 필요하다. 일부는 반려동물을 무료로 입양보내는 진짜 이유를 공개하지 않을 수도 있다는 점에 유의한다. 예를 들어, 고양이가 모래 화장실이 아닌 곳에 소변을 보거나 가구를 망가뜨리는 것 같은 행동 문제를 직접 다루고 싶지 않아서일 수 있다. 사람에 대한 고양이의 사교성에 대해 잘못 이해했거나 오해했을 수도 있다.

펫샵

펫샵은 인기 있는 품종묘와 믹스묘를 분양해 이윤을 얻는다. 이들은 보통 일명 고양이 공장으로 불리는 번식장, 브리더 또는 여러 중간업자들을 통해 고양이를 데려오는데, 직원들조차 정확한 출처는커녕 고양이가 어디서 어떻게 태어나고 자랐는지 모르는 경우가 많다. 고양이들 상당수가 각종 질병이나 기생충, 선천적 결함을 가지고 있으며, 이는 만성으로 발전하여 치료가 어렵거나 입양자에게 상당한 경제적, 정신적 부담이 될 수 있다.

펫샵 중에는 더 이상 번식장 고양이를 판매하지 않고 지역 보호소나 구조단체와 연계해 일시적으로 입양 행사를 개최하는 방식으로 고양이에게 새 가족을 찾아주는 곳도 있다. 이런 경로로 고양이를 입양한다면 이런 구조단체나 보호소에서 요구하는 입양 서류를 작성하고 입양자 선별 과정을 거칠 준비를 해야 한다.

인터넷

없는 게 없는 정보의 바다 인터넷은 반려동물을 분양하고 입양하는 장으로도 쓰인다. 수많은 보호소와 구조단체가 웹사이트를 운영하며, 고양이 입양을 생각하는 이들은 이를 통해 많은 정보를 얻는다. 웹사이트에서는 입양 대기 중인 고양이나 개에 관한 자료는 물론, 해당 단체의 배경도 확인할 수 있다. 웹사이트에서 미리 동물 관련 정보를 알아본 뒤 인터넷이나 전화 등으로 방문 예약을 잡으면 된다.

브리더 역시 인터넷을 통해 새끼 고양이를 홍보한다. 하지만 브리더가 여러분과 다른 지역에 거주한다면 신중히 생각해야 한다. 고양이를 미리 확인하기 어렵고, 심지어 비행기나 화물차 등으로 '배송'해야 하는 경우도 생기기 때문이다. 이런 과정은 새끼 고양이에게 평생 영향을 미칠 수 있는 스트레스 요인이 될 수 있다.

고양이 고르기

고양이를 입양하는 사람 다수가 기존에 잘 알려진 품종묘보다는 믹스묘를 선택하고 있다. 미국인도주의협회American Humane Association에서 작성한 2013년 미국 반려동물(개와 고양이) 현황을 보면, 미국 내 고양이의 95퍼센트가 길들여진 숏헤어이다. 이 고양이들은 이름에서 알 수 있듯이 털이 짧은 종이다. 나머지는 길들여진 롱헤어다.

누군가가 자기 고양이를 '칼리코(삼색)', '태비' 혹은 '턱시도'라고 부르는 것을 들을 수 있는데, 이는 품종이 아닌 털색과 무늬 패턴을 묘사하는 말이다. 믹스묘는 다양한 아름다운 색깔과 패턴, 독특한 조합을 가지고 있다. 수많은 믹스묘가 새 집을 필요로 한다. 이들은 예비 고양이 보호자에게 훌륭한 선택이 될 수 있다.

매기는 올해 9살로, 지역 보호소에서 입양한 턱시도 패턴의 길들여진 롱헤어다.

© Kelly Moffat

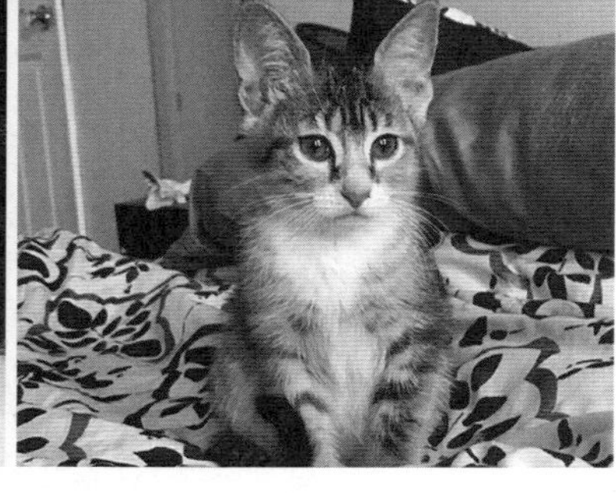

티프링은 고양이 카페에서 데려온 칼리코 패턴의 길들여진 숏헤어다.

© Craig Zeichner

하지만 특정 품종의 고양이를 원하는 이들도 있다. TV나 잡지 혹은 고양이 박람회에서 그 품종을 보았기 때문일 것이다. 불행히도 일부 사람들

디코딩 유어 캣

은 낸시의 사례처럼 외모에 매료된 나머지 그 품종에 대해서 충분히 조사하지 않는다. TV나 잡지만 봐서는 해당 품종의 성격이나 활동량, 건강상 유의점 같이 실제 삶에 필요한 정보를 알기 어렵다. 입양 전 이런 주의사항을 충분히 인지하고 마음의 준비를 했다고 해도, 실제로 고양이와 생활하다 보면 예상치 못한 문제는 얼마든지 일어난다. 입양을 신중하게 결정했다고 하더라도, 막상 삶과 가족에게 직접적으로 영향을 미치는 문제들이 닥치면, 고양이와 인간 모두 가슴 아픈 상황에 놓이고 만다.

혈통 고양이는 특정한 신체적 특성을 나타내도록 특별히 교배된다. 유전학 관점에서 보면 이런 특성은 대체적으로 돌연변이인 경우가 많은데, 예를 들면 과도하게 짧은 다리나 접힌 귀, 털 없이 매끈한 피부 등이 이에 해당한다. 다른 종과 길들여진 종을 교배하며 만들어진 뱅갈 같은 하이브리드종도 있다.

눈빛으로 사람을 죽일 수 있다면 뱅갈인 새라는 꽤나 실력 있는 암살자일 것이다.

© *Sheri Johnson*

상당한 운동량과 정서적 스트레스 해소가 필요한 뱅갈은 관리가 무척 까다로운 품종이다. 새라는 사람이 만든 카펫 깔린 캣휠에서 매일 운동한다.

© *Sheri Johnson*

혈통묘는 특정 특성을 유지하기 위해 같은 품종끼리 교배를 한다. 이는 서로 교배할 수 있는 고양이 수가 제한적이고 유전자 풀 역시 그만큼 적다는 의미다. 제한된 유전자 풀에서는 문제가 발생할 수 있으며, 유전적 질병이나 장애가 다음 세대로 이어질 가능성이 높다. 심장이나 신장 질환은 유전될 수 있고 수명을 단축시킬 수 있다.

질병과 품종의 유전적 소인

폐쇄된 특정 유전자 풀 내에서 발생하여 다음 세대로 이어질 가능성이 높은 문제들을 유전 질환이라고 한다. 캘리포니아 데이비스 대학, 펜실베이니아 대학 같은 일부 대학에서는 브리더가 개체의 유전 질환을 식별할 수 있도록 유전자 검사를 제공하고 있다. 책임감 있는 브리더는 자신이 번식하는 모든 고양이에 대해 가장 자주 발생하는 유전 질환을 검사하고, 이 문제를 피할 수 있는 번식 프로그램을 설계한다.

다음은 고양이 사이에서 대물림되는 가장 대표적인 유전병이다.

- **비대성 심근병증**Hypertrophic cardiomyopathy HCM: 랙돌, 메인쿤, 히말라얀, 버미즈, 스핑크스, 페르시안, 데본 렉스 종에서 나타나는 걸로 보고되었다.
- **다낭성신장병**Polycystic kidney disease PKD: 단일 유전자에 의해 발생하는 질환으로, 페르시안과 히말라얀을 비롯해 페르시안에서 유래한 품종에서 자주 발견된다.
- **진행성 망막 위축증**Progressive retinal atrophy PRA: 뱅갈, 페르시안, 아비시니안, 소말리, 아메리칸 컬, 아메리칸 와이어헤어, 발리니즈/자바니즈, 컬러포인트 숏헤어, 코니시 렉스, 먼치킨, 오리엔탈 숏헤어, 피터 볼드, 샴, 싱가푸라, 통키니즈 및 일부 오시캣 품종에서 발견된다.
- **피르빈산키나아제 결핍증**Pyruvate kinase deficiency, PK deficiency: 아비시니안, 뱅갈, 길들여진 숏헤어와 롱헤어, 이집션 마우, 라펌, 메인쿤, 노르웨이 숲, 사바나, 시베리안, 싱가푸라, 소말리에서 발견될 수 있다.

브리더에게서 고양이를 입양할 생각이라면, 온라인 검색을 통해 해당 브리더에 대해 철저히 조사하고, 사람들의 평가는 어떤지, 불만이 접수된 적은 없는지 확인해야 한다. 직접 사육장을 방문하고, 고양이와 관련해 검사, 예방 접종, 의료 관리, 사회화에 대해 물어본다. 책임감 있는 브리더라면 신체적으로나 정신적으로 무척 건강한 새끼 고양이를 낳고 키우기 위해 시간과 에너지와 돈을 아끼지 않는다. 해당 품종에서 알려진 선천적 결함에 대해 알고 있으며, 유해한 유전적 돌연변이가 전달되지 않도록 여러 검사도 진행했을 것이다.

책임감 있는 브리더는 자신이 번식시키는 고양이의 행동과 기질도 고려한다. 또한 누군가 새끼 고양이에게 관심을 보인다면 그 부모 고양이와도 상호작용할 수 있게 하고, 이전에 그 부모 고양이에게서 태어난 새끼 고양이를 데려간 이와도 대화의 기회를 마련해 준다. 이를 통해 입양을 고려하는 사람은 새끼 고양이가 성묘가 되었을 때를 예측해 볼 수 있다.

페르시안은 대표적인 단두종이며, 이로 인해 태생적으로 다낭성 신장병이나 비대성 심근병증과 같은 건강 문제의 가능성을 품고 있다.

© Kelly Moffat

스핑크스 새끼 고양이들이 동물병원에서 새 가족을 기다리고 있다.

© Meghan E. Herron

좋은 브리더는 적절한 방법으로 민감한 사회화 시기(생후 2~7주)의 새끼 고양이들을 핸들링하고 사회화한다. 이는 보호소나 구조단체에 있는 고양이들에겐 항상 주어지는 기회가 아니다. 사회화는 새끼 고양이의 미래 행동에 영향을 미친다. 앞서 말했듯, 모든 품종의 고양이를 위한 지역 및 전국 단위의 특정 품종 구조단체가 있다. 순종 새끼 고양이는 구조단체나 보호소를 통해 찾기가 더 어려울 수 있지만, 주의 깊게 찾으면 만날 수 있다.

혈통묘 분양에는 종에 따라 수백에서 수천 달러까지 든다. 특정 품종만 다루는 구조단체 중에서도 상당히 높은 입양비를 요구하는 곳이 있다. 그 외에 병원 진료비와 사료, 화장실 모래, 풍부화 같은 일상적 비용이 드는 건 다른 모든 고양이와 같다.

브리티시 숏헤어는 크고 둥글둥글하며 부드럽다. 페르시안보다는 활동적이지만 차분하고 조용한 편에 속한다.

© Carlo Siracusa

디코딩 유어 캣

엑조틱 숏헤어는 페르시안과 두상이나 체형이 같지만, 롱헤어 종 관련 문제는 덜 나타나는 편이다. 미시카는 전형적인 엑조틱 숏헤어로 조용하고 사교적이다. © Mariella Idonia

메인쿤은 덩치는 크지만 무척 날쌔고 활동적인 동시에 예의 바르고 차분하다. 사각의 긴 주둥이, 스라소니를 닮은 커다란 귀 덕분에 한 번 보면 잊히지 않는 강한 인상을 남긴다. © David Bernbaum

고양이 품종에 대해 더 알아보기

고양이는 품종이 개만큼 다양하지는 않다. 개는 사냥, 목양, 경비 등 다양한 목적을 위해 번식되었지만, 고양이는 주로 외모를 중심으로 번식되었다. 현재 고양이애호가협회에서는 44개 품종을, 국제고양이협회The International Cat Association, TICA에서는 71개 품종을 인정하고 있다. 이 두 단체는 미국에서 가장 큰 고양이 등록 기관으로, 다양한 품종의 성격과 특징에 대한 정보를 많이 축적하고 있다.

낸시와 제우스의 이야기에서 알 수 있듯, 혈통 있는 고양이를 입양할 때는 품종의 기질 및 고유의 니즈에 유의해야 한다. 고양이를 입양하기 전에 품종에 대해 가능한 한 많은 정보를 조사해서 장점과 단점을 모두 알아야 그 고양이가 요구하는 생활 방식, 그루밍 필요성, 주의해야 할 의학 상태에 대비할 수 있다.

고양이 품종에 대해 더 많은 정보를 원한다면, 벤저민과 리넷 하트가 쓴 저서 《당신에게 이상적인 고양이Your Ideal Cat: Insights into Breed and Gender Differences in Cat Behavior》를 추천한다. 퓨리나의 고양이 품종 웹페이지[5]도 유용하다. CFA와 TICA 같은 품종 등록 기관의 온라인 자료를 통해서도 이를 알 수 있다. 캣쇼에 방문해 브리더들과 대화해 보는 것도 좋은 방법이지만, 그들은 자신이 기르는 품종을 매우 사랑하기 때문에 편향될 수도 있음을 잊지 말아야 한다.

새끼 고양이의 행동에
영향을 미치는 요소

새끼 고양이를 입양할 때는 외모보다 성격과 행동을 보아야 한다. 성격과 행동 특성은 유전, 태아기 상태, 생애 초기 학습과 경험 같은 복잡한 요소들의 상호작용에 영향을 받는다.

새끼 고양이의 개별 유전자는 훗날 사회성, 장난기, 두려움, 자신감에 큰 영향을 미친다. 친화성friendliness은 강한 유전적 특성으로, 톰tom이라 불리는 아빠로부터 물려받는다. 하지만 혈통 고양이가 아니라면 대개 아빠가 누구인지는 알 수 없으므로, 새끼 고양이의 성격을 예상하기란 어렵다.

퀸queen이라 불리는 어미 고양이 역시 유전적으로 영향을 미친다. 하지만 새끼 고양이의 정상적인 발달은 어미가 임신 기간 동안 알맞은 영양을 섭취했느냐와 새끼를 주의 깊게 잘 보살폈느냐에 크게 좌우된다. 한배 형제들과 함께 자라며 어미로부터 고양이의 사회 구조와 신호, 고양이 언어뿐 아니라 세상에 대한 많은 것을 배운 새끼 고양이들은 건강 상태와 양육 태도가 좋지 못한 어미에게서 난 새끼들에 비해 적응력이 뛰어나다. 고아가 되거나 사람 손에 길러진 새끼 고양이들은 성묘가 되었을 때 지나치게 조심스럽거나 겁이 많거나 공격적인 경향이 있다. 어미로부터 방치되었거나 병에 걸리거나 영양실조인 어미에게서 태어난 새끼 고양이는 자라면서 의학적 문제나 행동 문제가 생길 수 있다.

생애 초기 핸들링

부모로부터 받은 유전적 요인과 건강, 어미의 가르침 외에 민감한 사회화 시기에 이뤄진 생애 초기 핸들링도 고양이의 성격에 상당한 영향을 미친다. 태어났을 때부터 하루 15분씩 적절한 핸들링을 경험한 새끼 고양이는 더 사교적이 되고, 주변 환경에 호기심이 더 강하며 자라면서 스트레스를 이겨 내는 능력도 뛰어나다. 이들은 젖을 떼고 새 가정에 입양되었을 때 사람들과 잘 어울릴 가능성이 높다.

가장 민감한 사회화 시기는 생후 2~7주 사이로 여겨지며, 이 시기에 새끼 고양이가 다양한 연령대의 사람과 다른 반려동물, 다양한 환경과 상황에 많이 노출될수록 더 잘 적응하게 된다. 또한 생후 12주까지도 부드러운 핸들링과 함께 다양한 환경적 자극에 노출되는 것이 확실히 도움이 된다는 연구 결과가 있다. 그러므로 고양이가 생후 7주가 지났다 하더라도 아직 희망은 있으며, 생후 7주 이전에 사회화를 잘했더라도 여전히 할 일은 있다. 생애 초기에는 반복과 연습을 통해 세상과 긍정적 연관association을 유지하는 것이 가장 좋다.

성별

품종 차이로는 설명할 수 없지만 암컷과 수컷 고양이 간에는 행동적 차이가 있다. 미국수의행동학회 벤저민 하트와 리넷 하트의 연구에 따르면, 수컷이 암컷에 비해 보호자를 훨씬 더 친근감 있게 대하며, 장난기, 활동성, 애정 표현을 보이는 경향이 강하다. 동시에 소변 마킹 역시 수컷이 빈도가 훨씬 높다. 중성화가 마킹 행동을 확연히 줄여 주지만, 새끼 때든 성묘 때든 중성화를 한 수컷 고양이의 약 10퍼센트 정도는 여전히 이 행동을 한다.

암컷은 수컷보다 사람이나 다른 고양이에게 더 공격성을 보이며 전형적으로 겁이 많다. 하지만 모래 상자 사용에서는 수컷에 비해 높은 점수를 받는다.

이런 경향성은 있지만, 고양이를 선택할 때는 개별적 성격과 행동 차이를 더 중시해야 한다. 성별만으로 고양이를 선택하는 것은 개별 특징을 고려하는 것에 비해 좋지 않다.

입양과 관련된 궁금증과 진실

기질 테스트는 믿을 만할까?

새끼 고양이의 기질 평가가 민감한 사회화 시기에 이뤄졌다면 그 결과는 제한적일 수 있다. 사회화에 대한 수용성은 생후 7주경에 감소하기 시작한다. 따라서 그 이후에 이뤄지는 행동 평가는 성묘가 되었을 때의 행동을 예측하는 데 도움이 된다. 더 나이 많은 새끼 고양이나 성묘를 평가할 경우 훨씬 더 정확한 정보를 얻을 수 있으며, 고양이가 4~5개월령이 되면 성격상 많은 측면이 안정적으로 유지된다는 연구 결과도 있다.

새끼 고양이를 입양하려면 몇 개월일 때가 좋을까?

최근 연구에 따르면 새끼 고양이가 어미 및 한배 형제들과 안정적인 환경에서 지낼 수만 있다면 가급적 14주 이후에 입양하는 것이 가장 이상적이다. 젖을 늦게 뗄수록 낯선 이에게 공격적이 될 가능성이 낮아질 뿐만 아니라, 과도한 그루밍 같은 정형행동stereotypic behavior이 발달할 가능성이 낮다는 연구 결과도 있다.

그렇지만 수많은 새끼 고양이가 어미의 안정적인 보살핌을 받지 못한다. 보호소와 구조단체의 경우 많은 새끼 고양이가 주로 8주령에 입양된다. 새끼 고양이가 14주령이 될 때까지 어미와 지낼 수 없다면, 가정으로 입양된 후 되도록 다양한 연령대의 사람과 다른 반려동물과 새로운 상황에 긍정적으로 노출되어야 한다.

새끼 고양이와 성묘 중에 어느 쪽을 입양하는 것이 좋을까?

새끼 고양이는 이견의 여지 없이 너무 귀엽다. 놀고 있는 모습만 봐도 좋다. 그러나 새끼 고양이들은 보통 뛰어오르고 긁고 물고 밤에도 여전히 활동적이어서 부담스러울 수 있다. 새끼 고양이의 장난을 원하지 않는다면 성묘나 노묘를 입양하는 것을 고려하는 것이 좋다. 나이 많은 고양이는 보호소에서 활기차고 장난기 많은 새끼 고양이들 사이에서 눈에 덜 띄며, 그래서 입양되는 비율도 낮다. 완전히 성숙한 고양이는 보이는 것과 같다. 다시 말해, 그들의 체격이나 성격을 바로 알 수 있다.

성묘를 입양하는 데도 어려움이 있을 수 있다. 성묘가 우리 집(새로운 환경)과 우리가 키우고 있는 다른 반려동물에 잘 적응하지 못할 수 있기 때문이다. 성묘는 새끼 고양이에 비해 다른 성묘들과 합사하는 데 더 오래 걸린다. 보호소에 있는 성묘는 (이전 보호자가 밝히지 않은) 행동 문제로 버려졌을 수 있다[6]. 때로 이런 행동은 입양 후 며칠 동안은, 심지어 여러 주가 지나도록 명확하게 드러나지 않을 수 있다. 행동에 걱정되는 점이 있더라도 많은 보호자가 고양이가 아직 적응하지 못해서라고 생각하는데 물론 그렇기도 하지만 아닌 경우도 많다.

그럼에도 불구하고 성묘 입양에 마음을 열어 보자. 많은 고양이가 다 훌륭한 반려동물이 되어 새 가정에서 멋지고 풍요로운 삶을 살 수 있다. 다만 집에 다른 고양이가 있다면 천천히 소개 과정을 거친다(5장 참고). 또 하나, 가끔은 아무리 사랑스러운 고양이라 하더라도 여러 사정상 우리 집에 맞지 않을 수 있다는 것을 이해해야 한다.

몇 마리를 입양할까? 한 마리 아니면 두 마리?

성묘나 새끼 고양이의 입양을 계획 중이라면 두 마리를 데려오는 걸 고려해 본다. 고양이에게는 운동, 정신적 자극 및 사회적 상호작용이 필요한데 고양이끼리 서로 이를 제공해 줄 수 있다. 모든 고양이가 친해지는 것은 아니기 때문에 같은 집에 있다가 함께 보호소로 온 새끼 고양이나 성묘들 중에서 선택하는 것이 가장 좋다. 많은 보호소가 유대관계가 있는 고양이들을 함께 두려고 노력한다. 한배에서 태어난 형제들끼리는 서로 관련 없는 고양이들에 비해 더 가깝게 지내고, 어미와 새끼 또한 일반적으로 유대감을 가지고 잘 지낸다.

이미 집에 있는 고양이에게 새 성묘 친구를 만들어 주는 일은 늘 성공적이지는 않다. 두 고양이에게 서로를 소개하는 일은 신중하게 이뤄져야 한다(5장 참고). 새로운 고양이가 집에 오면 싸움이나 오줌 스프레이 같은 행동 문제가 일어날 수 있다. 또 두 마리를 키우면 사료, 모래, 의료비 모두 두 배로 드니 재정적으로도 준비되어 있어야 한다.

돌체와 루비는 어렸을 때 함께 입양된 버미즈 고양이로, 서로 강한 유대감을 형성하며 지내 왔다.
© Kathy Prinz

실내에서 키워야 하나, 밖에서 키워야 하나, 아니면 외출고양이로 키워야 하나?

최근 들어 많은 사람이 행동 풍부화enrichment activity를 위해 고양이에게 외부 활동을 허락하고 있다. 길에서 살던 고양이를 들였는데 계속 외출을 '요구한다'고 말하는 보호자도 있다. 그 고양이들은 나무를 타고, 일광욕을 하고, 새를 쫓고, 도마뱀 사냥을 즐긴다. 사실 고양잇과 동물의 경우 풍부화를 위해 야외만큼 좋은 건 없다.

그렇지만, 외부 생활에는 위험이 따르기 때문에 많은 보호자가 외출보다는 행동 풍부화를 제공하는 쪽을 선택한다. 울타리 처진 고양이 마당, 즉

디코딩 유어 캣

카티오catio[7]라 불리는 고양이 파티오patios를 만들어 주거나 하네스를 착용하고 산책하는 것이 위험이 거의 없지만, 상황에 따라 달라질 수도 있고 그 자체로 위험성이 있을 수도 있으니 고양이의 외출을 허락할 경우에는 사전에 가능한 모든 위험성에 관해 수의사와 상의한다.

실내 고양이가 실외 고양이보다 분명 더 안전하다. 실외 고양이는 고양이 면역결핍 바이러스FIV 같은 감염병에 취약할뿐더러 다른 바이러스, 기생충, 독소, 포식자, 부상에도 노출된다. 실내 고양이는 평균 12~15년을 사는 반면, 일부 시간을 야외에서 보내는 고양이의 수명은 그보다 2~3년 짧다.

실외 고양이가 처할 수 있는 위험은 다음과 같다.

- 길고양이나 야생 고양이 또는 관리 안 되는 고양이에 의해 퍼지는 고양이 백혈병 바이러스(FeLV), 고양이 면역결핍 바이러스(FIV), 고양이 전염성 복막염(FIP), 고양이 디스템퍼(범백혈구 감소증), 상부 호흡기 감염 등의 감염병
- 싸움으로 인한 부상
- 외상(자동차 사고나 다른 외상)
- 독소(부동액, 쥐약, 제초제, 비료 등)
- 천적(개, 코요테, 퓨마, 대형 맹금류 등)
- 덫(포획해서 다른 곳으로 옮겨지거나 보호소에 보내지거나, 심지어 죽을 수도 있음)
- 인간의 학대 행위

실외에서 행동 풍부화가 더 잘 이뤄지는 건 분명하다. 하지만 이와 유사한 풍부화를 집 안에서도 얼마든지 제공할 수 있다. 3장에서 고양이의 풍

부화를 위한 근사한 아이디어를 소개하고, 12장에서는 더 안전하고 통제 가능한 고양이 외출 방법에 대해 몇 가지 제안할 것이다.

완벽한 고양이를 찾기 위해 가장 먼저 할 일

완벽한 새끼 고양이를 찾기 위한 몇 가지 팁

- 건강한 어미에게서 태어나고 한배 형제들과 함께 자란 새끼 고양이를 찾는다. 14주령까지 어미와 형제들과 함께 지냈다면 이상적이다.
- 부모 고양이가 모두 있다면 그들의 행동을 관찰한다. 인간에 대한 친화성은 아빠 고양이의 영향을 크게 받는다. 엄마 역시 유전적으로 영향을 미치며 새끼가 건강하고 사교적인 고양이로 자라는 데 중요한 역할을 한다.
- 생후 2~7주 사이의 민감한 사회화 시기 동안, 가능한 한 매일 최소 15분 이상 사람의 적절한 핸들링을 경험한 고양이를 찾는다.
- 집 안팎에서 성인과 아이 모두에게 긍정적으로 노출된 새끼 고양이는 사회적으로 안정된 성묘로 자랄 가능성이 높다. 새끼 고양이가 개와 함께 지내야 한다면, 이전에 개에게 긍정적으로 노출된 적 있는 고양이가 좋다.
- 새끼 고양이가 사람에게 다가오는지, 아니면 도망가거나 얼어붙는지 관찰한다. 도망가거나 얼어붙는 새끼 고양이는 사회화되거나 사람에 둔감화되는 데 더 많은 시간이 걸린다. 사교적이고 외향적인 고양이를 찾는다면 두려움이 많은 새끼 고양이는 좋은 선택이 아닐 수 있다.
- 새끼 고양이를 제대로 들어 올렸을 때의 반응을 관찰한다. 한 손으로는 가슴을 받치고 다른 손으로는 등 아래 엉덩이를 감싸서 안정감을

주며 부드럽게 들어 올린다. 저항하거나 얼어붙거나 도망가려 한다면 그 고양이는 소심하고 두려움 많은 고양이로 편안해지기까지 많은 시간과 노력이 필요하다. 또 이런 고양이는 어린아이들에겐 적합하지 않을 수 있다. 아이들은 고양이를 핸들링하는 데 부주의하기 때문이다.

- 새끼 고양이가 고양이용 모래 화장실을 사용하는지 물어본다. 새끼 고양이는 보통 생후 5주 이전에 모래 화장실에 대한 선호도가 형성된다.

완벽한 성묘를 찾기 위한 몇 가지 팁

- 민감한 사회화 시기가 지났기 때문에 성격이 겉으로 다 드러난다. 즉, 해당 고양이의 성격을 바로 파악할 수 있다.

- 어떤 성격의 고양이를 원하는지 잘 생각해 본다. 보호소 직원, 임시 보호자, 구조 자원 봉사자들이 그에 맞는 고양이를 찾는 데 도움을 줄 수 있다.

- 고양이를 처음 만나는 장소도 고려한다. 보호소나 구조단체 같은 곳은 고양이에게 스트레스를 줄 수 있어서 편안할 때 드러나는 최상의 모습을 보지 못할 수 있다. 조용한 장소에서 고양이와 시간을 보내고 가능하면 한 번 이상 방문한다.

- 가능하다면 고양이가 파양된 이유를 확인해 본다. 고양이가 행동 문제를 가졌었는지, 아니면 단순히 가족이 더 이상 고양이를 키울 수 없었는지를 확인한다.

- 건강상의 문제가 있다면 그를 돌볼 시간과 재정적 여유가 되는지 반드시 확인한다.

가장 먼저 동물병원에 데려간다

새끼 고양이든 성묘든 고양이를 들이면 가장 먼저 수의사에게 데려간다. 고양이의 건강부터 확인하는 것은 매우 중요하다. 집에 다른 반려동물이 있다면 감염병이나 기생충을 전염시키지 않기 위해서이기도 하다.

고양이가 입양 전에 수의학적 또는 의학적 치료를 받은 경우, 어떤 진료를 받았었는지 진료 기록을 반드시 확인한다. 기록에는 약물 및 백신 이름, 용량, 투여 날짜가 포함되어야 한다. 이를 수의사에게 가져가면 최고의 의료적 조언과 권장 사항에 대해 들을 수 있다. 가능하다면 24시간 이내의 대변 샘플을 가져가 기생충 검사를 받는다. 작은 비닐 봉투나 플라스틱 용기에 담아서 가져가면 된다.

현관 앞에서 발견된 길고양이가 첫 건강 검진을 받고 있다.
© *Sharon Witherspoon*

새 고양이에 대한 의료 기록이 하나도 없다면, 수의사는 기본적으로 고양이 백혈병 바이러스와 고양이 면역결핍 바이러스 검사, 대변 검사를 실시하고 예방 접종을 할 것이다. 그 외에 상부 호흡기 감염, 귀 진드기, 구강 질환, 외부 기생충 및 링웜ring worm 같은 기타 피부 질환 등 일반적인 질병을 확인할 것이다. 내부 및 외부 기생충에 대해 이야기하고 검사 결과와 고양이의 상황에 따라 구충제나 벼룩 및 진드기 예방약을 처방한다.

아직 중성화되어 있지 않다면 해당 절차, 비용 및 적절한 시기에 관해 상담을 받는다. 고양이에게 가장 적합한 의료 계획을 세우기 위해 수의사가 고양이가 살게 될 환경, 외출 여부, 다른 고양이나 동물과의 동거 여부 등을 물을 수 있다.

식별 수단으로 마이크로칩에 대해서도 물어본다. 이 절차에서는 쌀알 크기의 작은 마이크로칩을 고양이의 어깨 뼈 사이 피부 아래에 이식한다. 칩에는 스캐너로 읽을 수 있는 고유번호가 있다. 고양이에게 마이크로칩이 필요 없다고 생각하는 보호자가 많지만 불행히도 탈출하는 고양이가 많다. 연구에 따르면 마이크로칩을 삽입한 고양이가 그렇지 않은 고양이보다 보호자를 찾을 확률이 20배 더 높다.

새 식구맞이 쇼핑리스트

고양이를 새로 맞이하기 전에 준비해야 하는 물품들은 다음과 같다.

- **사료:** 이전에 먹었던 것과 같은 것을 준비한다. 다른 것으로 변경해도 되지만, 고양이가 소화기 문제를 일으킬 수 있고 스트레스가 늘 수 있으니 일주일에 걸쳐 천천히 바꾸는 것이 좋다.
- **밥그릇과 물그릇**
- **이동장:** 항공 여행을 계획 중이라면 항공사 승인을 받은 이동장을 마련한다. 덮개가 제거되는 이동장이 병원 방문 시에도 좋다. 새끼 고양이 두 마리를 한 이동장에 둘 수도 있지만 성묘는 각각 이동장이 필요

하다.

- **화장실:** 성묘가 되었을 때 고양이 크기의 1.5배 되는 화장실을 고른다. 대부분의 고양이는 덮개 없는 화장실을 선호한다. 새끼 고양이에게는 조금 낮은 화장실이 필요할 수 있다.

- **화장실 모래:** 대부분의 고양이는 뭉치는 모래를 좋아한다. 이전에 사용하던 모래를 준비하는 것이 좋다. 사료와 마찬가지로 변경하고 싶다면 천천히 바꾼다.

- **장난감:** 긴 끈이나 삼킬 수 있는 작은 부품이 있는 장난감은 피한다.

- **기둥형 스크래처:** 무게감이 있어서 넘어지지 않고, 고양이가 성묘가 되었을 때 완전히 몸을 뻗을 수 있을 만큼 충분히 높아야 한다. 수평형 스크래처 표면을 좋아하는 고양이도 많다.

- **캣타워와 전망대:** 훌륭한 풍부화 아이템이다. 가족이 시간을 보내는 장소와 햇볕이 잘 드는 창문 앞에 배치한다. 텐트, 상자 또는 숨을 수 있는 공간이 있는 제품이면 좋다.

- 우리의 (현재와 미래의) 라이프스타일에 맞는 성격의 고양이를 찾는다. 새끼 고양이나 성묘, 품종묘나 믹스묘일 수 있다. 가정 내 다른 반려동물이 새 고양이에게 어떻게 반응할지 고려한다.

- 고양이는 15년 이상 사는 동물이라는 점을 기억한다. 이들의 수명과 그동안 필요한 보살핌에 대해 고려한다.

- 입양하려는 새끼 고양이의 이력을 확인한다. 어미와 한배 형제, 인간의 접촉과 다양한 환경에 노출된 새끼 고양이는 그렇지 않은 고양이에 비해 성묘가 되었을 때 더 친근하고 덜 두려워할 가능성이 높다.

- 성묘든 새끼 고양이든, 어떤 곳에서 데려올지 살펴본다. 반려동물 개체수 과잉 문제를 고려해 보호소나 구조단체에서 입양하거나 길고양이를 데려오는 것이 사회적으로 더 바람직한 결정일 수 있다. 보호소의 고양이는 일반적으로 의료 평가, 예방 접종, 중성화 또는 불임 수술이 완료된 경우가 많다.

- 구조단체에서 고양이를 입양하고자 한다면 해당 단체의 신뢰도를 살피고 의료 기록을 받을 수 있는지도 확인한다.

- 길고양이를 데려오는 경우, 지금까지의 이력을 전혀 알 수 없으므로 수의사에게 즉시 데려가 감염병, 기생충 및 기타 건강 문제를 확인한다.

- 품종묘를 데려오고 싶다면 먼저 해당 품종의 행동 특성, 미용 필요성 및 질병 취약성에 대해 철저히 조사하고 평판 좋은 브리더를 선택한다.

- 미리 수의사를 선택하고 고양이를 데려오고 며칠 이내에 방문 일정을 잡는다.

- 새 고양이를 맞이하기 '전'에 사료, 그릇, 화장실, 모래, 이동장, 장난감을 구입한다.

- 새로운 최고의 친구와 함께 멋진 시간을 보낸다.

3장

고양이 드림 하우스

고양이의 몸과 마음 모두를
만족시키는 풍부한 환경 조성법

켈리 밸런타인Kelly Ballantyne, DVM, DACVB

에이미 L. 파이크Amy L. Pike, DVM, DACVB

제시카는 새 고양이, 피오나를 사랑했다. 피오나는 지금껏 함께 지냈던 고양이들 중에서 가장 장난기가 많았다. 제시카가 퇴근하면 현관에서 반갑게 맞아 주었고 재롱도 잘 부렸다. 하지만 새벽부터 뛰고 계속 울어 대는 바람에 제시카는 잠을 제대로 못 잔 지 오래였다.

피오나를 침실 밖에 두고 잠들기를 시도해 보았지만, 며칠이 지나도록 피오나는 밤새 방문을 긁고 야옹거렸다. 울음을 멈추게 하는 유일한 방법은 먹이를 주는 것이었는데, 제시카를 깨우는 시각이 점점 더 빨라졌다. 제시카는 지쳤고 어떻게 해야 할지 몰랐다. 피오나를 사랑하지만 피오나의 여러 행동에 좌절감을 느꼈다.

인간은 개는 적극적으로 길들인 데 반해 고양이는 그저 받아들였을 뿐이다. 식량이나 집을 위협하는 설치류를 없애 주는 고양이를 가까이 머물게 하면서도 그들의 일상적 습관에 아무런 변화도 요구하지 않았다.

수천 년이 흐른 지금, 고양이는 살아남기 위해 떠돌아다니는 대신 인간의 기쁨과 자랑이 되어 집 안에서 살게 되었다. 하지만 가까운 사이가 되려면 고양이가 진짜 어떤 동물인지 기억하고 있어야 한다. 고양이는 활동적인 등반가, 사냥꾼, 스토커, 은둔자이다. 만일 고양이가 이런 '고양이 활동' 없이 하루종일 지루하게 지내거나 더 나쁘게는 스트레스가 많거나 두려운 환경에서 산다면 큰 문제가 된다.

열악한 환경 조건, 예를 들어, 너무 많은 반려동물, 안전한 장소 부족, 음식·물·화장실 같은 필수적인 사항들에 대한 접근성 저하, 무료함, 예측 가능성 부족은 스트레스, 불안, 비만, 건강 악화로 이어진다. 이 장에서는 고양이의 환경과 의학적 건강 간의 연관성을 탐구하고, 고양이 방광염feline interstitial cystitis(FIC) 같은 특정 질병을 환경 풍부화와 스트레스 관리를 통해 어떻게 치료하거나 예방할 수 있는지 살펴본다.

고양이를 위한 환경에는 안전하게 등반할 수 있는 캣타워, 올라가 앉을 곳, 숨을 공간, 매일의 먹이를 찾고 확보하는 사냥 탐험, 안전하고 편안히 잠잘 수 있는 부드러운 잠자리가 포함되어야 한다. 이 모든 것이 고양이의 몸과 정신을 건강하게 한다. 이 장은 고양이가 만족하는 삶을 살 수 있는 집을 만드는 데 도움을 줄 것이다.

고양이는 손이 가지 않는 동물이다?

오랫동안 사람들은 고양이를 손이 많이 가지 않는 반려동물로 여겼다. 즉, 바쁘고 일하는 시간이 많으며 자주 집을 비우지만 반려동물이 주는 기쁨도 누리고 싶다면 고양이를 키우면 된다고 생각했다. 지금도 많은 사람이 고양이는 집, 화장실, 사료와 물만 있으면 된다고 잘못 알고 있다.

많은 과학적 증거가 오히려 그 반대임을 보여 준다. 풍부한 환경의 혜택을 누리지 못하는 고양이는 스트레스와 불안에 취약하고, 이로 인해 수명이 단축될 만한 만성 질환을 앓을 수 있다. 이런 만성 질환으로 다루기 힘든 행동 문제가 초래되며 결국 고양이에게 소리를 지르거나, 고양이를 가두거나, 더 나쁘게는 보호소로 보내고 싶어지게 된다. 스트레스의 일반적인 증상으로는 소변 마킹, 아무 데나 대소변 보기, 가구 긁기, 사람이나 다른 동물에 대한 공격성이 있다.

용어 정리

- **풍부화**enrichment: 고양이의 환경을 개선해 삶의 질과 가치를 높이는 것. 거처, 음식, 물, 화장실 같이 삶에 필요한 기본적인 요소 이상의 것, 즉 사냥, 등반, 놀이 같은 종 특유의 행동을 적절하고 바람직한 방식으로 표현할 수 있는 기회를 제공하는 것으로 고양이의 복지와 직접적인 연관이 있다.
- **스트레스**stress: 자극(스트레스 요인)으로 인해 동물의 최적의 정신적 안녕이 방해된 상태. 이 장에서는 감정적인 스트레스를 다룬다. 스트레스 요인은 낯선 사람이나 새, 고양이 같이 명백한 것일 수도 있고 보호자의 출근 시간 변동이나 소파의 이동 같은 미세한 것일 수도 있다. 스트레스는 불안과 밀접한 연관이 있다.
- **불안**anxiety: 실제 스트레스 요인의 유무와 무관하게 앞으로 무슨 일이 일어날지 걱정되는 상태. 스트레스 요인은 실제일 수도 있고 상상일 수도 있다.
- **교감 신경계**sympathetic nervous system: 모든 포유류의 신경계 일부로 빠른 반응이 필요할 때 활성화된다. 싸움-도주 기제로도 알려졌으며 고양이가 스트레스를 받을 때 나타나는 모든 신체 변화의 근간이 된다. 이 스트레스 반응은 놀이, 그루밍, 식사, 수면, 사회적 상호작용 같은 정상적인 행동을 억제할 뿐만 아니라 고양이의 면역 체계까지 억눌러 각종 감염에 취약하게 한다. 교감 신경계의 활성화가 지속되면 만성 구토 및 알레르기 피부 질환, 방광염이 발생할 수 있다.
- **고양이 시간 분배**feline time budget: 고양이가 하루 24시간을 보내는 방식. 고양이는 보통 하루의 40퍼센트를 자며, 거기에 더해 22퍼센트를 휴식에 쓴다. 사냥 활동, 즉 이동, 잠복, 죽이기 과정은 약 15~46퍼센트를 차지하며, 먹이를 먹는 데는 2퍼센트가 소요된다. 그루밍에는 최대 약 15퍼센트를 쓴다.

- **박명박모성**crepuscular: 해가 어스름한 새벽과 황혼 시간대에 활동성이 증가하는 동물.[8] 길들여진 고양이는 박명박모성 종으로 간주된다.
- **마킹**marking: 고양이의 중요한 의사소통 수단. 고양이는 사물이나 동물에 얼굴을 문지르는 번팅bunting, 스크래칭, 소변으로 주변 환경에 마킹을 한다. 소변으로 마킹하는 고양이는 보통 꼬리를 꼿꼿이 세우고 수직 표면에 소변을 뿌린다. 수평으로 된 표면에 소변으로 마킹하는 고양이도 있다. 소변 마킹은 고양이에게 정상적인 의사소통 수단이지만 그 횟수가 과도하다면 스트레스를 받는 상태일 가능성이 있다. 예를 들어 집에서 함께 지내는 고양이와 자주 갈등을 겪는 경우다.
- **페로몬**pheromones: 고양이를 비롯해 여러 동물이 분비하는 종 특유의 화학물질. 이 화학물질로 같은 종의 동물에게 정보를 전달한다. 고양이는 냄새 마킹을 할 때 주변 환경에 있는 물체에 페로몬을 남긴다.
- **질병 행동**sickness behaviors: 비특이적 의학적·행동적 증상을 말한다. 구토, 설사, 식욕 또는 음수량 감소, 발열, 통증과 유사한 행동 증가, 활동 감소, 그루밍 감소, 사회적 상호작용 감소 등이 이에 해당하며, 몇 가지가 결합될 수도 있다. 고양이가 화장실이 아닌 곳에 배변이나 배뇨를 하는 행동 역시 질병으로 분류될 수 있다. 질병 행동은 회복을 촉진하기 위한 대처 전략으로 여겨진다. 이런 행동은 감염이나 다른 질병 같은 신체적 스트레스 요인과 환경 변화 같은 심리적 스트레스 요인에 모두 반응해 나타난다.
- **고양이 방광염**feline interstitial cystitis(FIC): 감염성 또는 원인이 확인되지 않은 방광의 염증으로 소변에 피가 섞여 나올 수 있다.

고양이에 대한 잘못된 속설과 진실

고양이는 혼자서도 잘 사는 동물이다?

우리는 고양이를 독립적인 동물로 생각하지만 고양이도 안전하고 행복하게 살려면 우리 도움이 필요하다. 특히 100퍼센트 실내에서만 생활하는 고양이는 신체적·정신적으로 필요한 것들을 충족시키기 위해 우리에게

전적으로 의존한다. 외출 고양이도 차량, 질병 노출, 다른 동물이나 적대적 인간에 의한 피해 같은 외부 위험으로부터 안전하기 위해 우리 도움이 필요하긴 마찬가지다.

고양이는 게으르다?

고양이 하면 인기 만화 속, 오렌지색 커다란 캐릭터가 떠오르곤 한다. 온종일 먹고 자기만 하는 살찌고 게으른 고양이 말이다. 이런 선입견이 고양이에 대한 그릇된 인식을 만든다. 고양이는 무척 잽싸고 활동적인 포식자다. 고양이에 따라 하루 중 46퍼센트를 먹이를 찾고 사냥하는 데 사용하기도 한다. 고양이는 기회를 놓치지 않는 사냥꾼이며, 쥐 같은 작은 설치류를 잡도록 진화했다. 먹이 크기가 작은 만큼 여러 차례 식사를 해야 하는데 그 기회가 항상 보장되는 것이 아니다 보니 방금 식사를 마쳤더라도 늘 먹이를 잡을 준비가 되어 있어야 한다.

고양이는 설치류의 움직임과 소리에 민감하게 반응한다. 사냥감을 감지하면 몸을 낮추고 거의 움직이지 않고 기다렸다가 상대가 방심한 틈을 타 습격한다. 이런 사냥 방식은 무척 효과적이어서 연구에 따르면 (사냥감에 따라 다르긴 하지만) 2~5번의 매복 습격만으로 사냥에 성공한다.

고양이는 생후 4주부터 어미에게서 사냥법을 교육받는다. 새끼 고양이는 특히 더 활동적인 사냥꾼이며 많은 시간을 사냥과 탐험에 보낼 수 있다.

고양이는 게으르다는 통념이 퍼진 건 아마도 우리가 고양이를 기르는 방식 때문일 것이다. 실내에서는 고양이가 즐길 게 거의 없다. 활동 부족은 제한된 환경의 결과이다. 이런 환경에서 고양이는 금세 흥미를 잃고 과체중이 될 수 있다. 과체중이 되면 더더욱 활동량이 감소한다. 비슷한 나이의 날씬한 고양이와 과체중 고양이를 비교한 최근 연구에서는 날씬한 고양이가 과체중 고양이보다 훨씬 더 활동적이며 보호자와도 더 많이 상호작용한다고 밝혀졌다.

고양이는 같이 사는 인간에게 별 관심이 없다?

최근 마틸다 에릭슨Matilda Eriksson이 이끄는 연구진은 고양이가 보호자와 오랫동안 떨어져 있다가 만날수록 보호자와 더 오래 상호작용한다고 밝혔다. 오래 떨어져 있었던 만큼 그 보상으로 친밀한 접촉을 원하는 것이다. 이는 고양이 환경에서 인간 동반자의 중요성을 보여준다. 또 다른 실험에서 크리스틴 비탈레 슈리브Kristyn Vitale Shreve와 연구진은 고양이에게 선택권을 줄 경우 대부분 음식보다는 보호자와의 상호작용을 더 선호한다는 사실을 밝혀냈다. 이는 음식이 생존의 필수 요소라는 점을 감안할 때 무척 흥미로운 발견이며 인간이 고양이에게 정말 중요한 존재라는 사실을 방증한다. 고양이는 보호자와의 긍정적이고 규칙적인 상호작용으로부터 혜택을 얻는다. 보호자는 실제로 고양이의 정신적·신체적 안녕에 매우 중요한 역할을 한다.

실내 생활만 하는 고양이는 야외 접근이 조금이라도 가능한 고양이에 비해 보호자와 더 많은 교류를 해야 한다. 보호자가 거의 유일한 오락거리이기 때문이다. 고양이는 사회적 상호작용으로 혜택을 얻는 것과 별개로 갈등을 피하고 쉬기 위해 혼자 있는 시간이 필요하다. 따라서 우리는 규칙적으로 고양이와 상호작용하는 것은 물론, 고양이가 혼자만의 시간을 가질 수 있는 공간도 마련해 주어야 한다.

완벽한 환경 풍부화를 시작하는 방법

제시카는 피오나 문제를 해결하기 위해 행동 상담을 예약했다. 상담을 통해 우리는 음식과 물, 화장실은 있지만, 제시카가 직장에 있는 동안 피오나가 즐겁고 고양이답게 지낼 수 있는 풍부한 환경이 부족하다는 사실을 알게 되었다. 제시카는 피오나의 유일한 오락 원천이었고 피오나는 몹시 지루했다.

'고양이의 환경을 풍부하게 만들어라'라는 말은 제시카는 물론 우리에게도 거창하게 들릴 수 있다. 갑작스러운 변화는 누구나 적응하기 어렵고, 특히 민감한 고양이는 더 그럴 수 있다. 그러니 몇 주에서 몇 달에 걸쳐 점진적으로 변화를 줄 것을 권한다. 며칠 또는 몇 주마다 하나씩 새로운 것을 갖추면 그 낯선 것이 주는 스트레스를 줄일 수 있다.

풍부화가 필요한 영역은 인지, 신체, 감각, 사회성, 총 4가지다. 인지 풍부화는 정신적 자극에 중점을 두고 고양이가 문제나 과제를 생각하고 해결하도록 한다. 신체 풍부화는 환경의 구조와 배치에 중점을 둔다. 감각 풍부화는 오감, 즉 미각, 시각, 후각, 청각, 촉각에 중점을 둔다. 사회성 풍부화는 함께 사는 보호자나 다른 고양이 또는 다른 반려동물과의 상호작용에 중점을 둔다. 이제부터 다룰 풍부화는 이 중 하나 또는 여러 항목에 해당된다.

먹이 급여 장난감으로 하루를 바쁘게

용어 정리에서 본 '고양이 시간 분배'에서 알 수 있듯이, 고양이는 하루의 약 3분의 1에서 절반 정도를 먹을 것을 찾고 먹는 데 보낸다. 하지만 실내에서 사는 고양이는 대개 보호자가 하루에 한두 번 주는 사료를 채 10분도 되지 않아 다 먹어 치운다. 이는 하루의 1퍼센트도 안 되는 시간이다. 그럼 나머지 시간은 어떻게 채울까? 아마도 식물을 갉아먹거나 욕실에서 머리끈을 사냥해 씹을 테고 그러다 동물병원에 가게 된다. 아니면 그저 잠을 더 많이 자서 비만 고양이가 된다.

야생 고양이는 하루에 10~20마리 정도의 작은 동물을 잡아먹는데 사냥의 절반 정도는 실패한다. 고양이가 먹이를 찾고 먹는 데 시간을 더 많이 쓰도록 하는 간단한 방법 중 하나는 먹이 급여 장난감에 먹이를 넣는 것이다. 이런 장난감은 고양이가 직접 몸을 써서 건드려야 음식이 나온다. 고양이가 놀고 상호작용할 때만 먹이가 제공되는 것이다. 고양이는 식사 시간에 진공청소기가 되는 대신 내면의 사냥꾼을 표출할 수 있다.

처음 먹이 급여 장난감을 시도할 때는 고양이가 좋아하는 간식을 넣는다. 식사 시간 직전에 평소 먹이를 주는 자리에 이 장난감을 놓는다. 장난감 옆에 몇 개의 간식을 놓아 고양이의 관심을 끈다. 일부 고양이는 보호자를 따라 하는 것을 좋아하므로, 보호자가 장난감을 가지고 놀면서 먹이가 어떻게 나오는지 보여 주는 것도 좋다.

고양이가 늘 먹는 일반 사료에 흥미가 있고 먹이 급여 장난감에 익숙해진다면 이 장난감으로만 식사를 해결하도록 완전히 바꿀 수 있다. 장난감으로만 밥을 먹게 되면 이제 장난감을 집 안 곳곳에 놓아둔다. 다양한 장난감을 익히면 매일 다른 장난감을 내놓아 고양이가 온종일 다양한 방식으로 사냥하고 먹을 수 있게 한다.

고양이는 어스름에 움직이길 좋아하는 박명박모성 동물이므로 고양이가 더 활동적인 새벽과 황혼에 먹이 급여 장난감을 제공하는 것이 이상적이다. 개 친구가 있다면 먹이 장난감을 높은 곳에 놓거나 개가 접근할 수 없는 방에만 둔다. 아기 안전문이나 마이크로칩으로 활성화되는 고양이문을 이용할 수도 있다.

피오나의 경우는 우선 식사 급여 방식을 바꿔야 했다. 피오나는 더 많은 오락이 필요했고 제시카에게 뛰어들거나 운다고 해서 음식을 얻을 수 없다는 사실도 새로 배워야 했기 때문이다. 두 가지 문제를 해결하기 위해 먹이 급여 장난감을 시도했다. 제시카는 피오나가 장난감을 이용해 사료를 먹는 걸 확인하자, 출근 전과 취침 전에 먹이 급여 장난감을 집 안 곳곳에 숨겨 두는 새로운 일과를 시작했고, 그와 동시에 피오나가 아무리 울어 대도 먹이를 주지 않았다.

먹이 급여 장난감은 여러 가지가 출시되어 있다. 그중 대표적인 것이 트릭시 파이브 인 액티비티 센터Trixie 5-in-1 Activity Center, 독앤피비스캣Doc & Phoebe's Cat Co.사의 인도어 헌팅 피더the Indoor Hunting Feeder, 펫세이프 슬림캣 앤 에그세르시저PetSafe's SlimCat and Egg-Cercizer, 피포리노the Pipo-lino, 콩스 캣 와블러Kong's Cat Wobbler다. 휴지심이나 티슈 상자, 요거트 통, 치즈 통, 달걀 상자, 얼음 트레이 등 집에서 쉽게 구할 수 있는 물건으로 직접 만들 수도 있다(11장 참고).

새끼 고양이가 '인도어 헌팅 피더'와 신나게 놀고 있다. 먹기 위해 일하는 고양이의 자연스러운 성향을 표출하며 매일 먹이의 일부를 사냥한다.

© Sarah Millet

직접 만든 장난감 타워와 간식 캔으로 고양이에게 탐험하는 재미를 안겨 줄 수 있다. 티노의 타워는 두꺼운 판지 튜브로 만들었다.

© Deborah Crosier

식사 시간을 더 풍부하게 만들어 주는 또 다른 방법은 음식의 종류에 변화를 주는 것이다. 고양이는 어릴 때 먹이 선호도를 형성하므로 나중에 (수의사가 변경된 식단을 처방하는 경우처럼) 다양한 종류의 음식을 받아들일 확률을 높이기 위해서는 어릴 때부터 다양한 음식을 먹는 것이 좋다. 브랜

드와 맛, 고기 종류는 물론, 건사료, 캔사료, 파테와 덩어리 있는 스튜, 다양한 모양 등 식감 등에도 변화를 준다.

너무 어려운 장난감을 주어 고양이를 좌절시키지 않는 것도 중요하다. 게다가 며칠간 먹지 않는 것은 매우 위험하므로 새로운 먹이 급여 장난감을 시도할 때는 고양이가 장난감에서 먹이를 충분히 얻고 있는지 확인하고 필요한 경우 보충 식사를 제공해야 한다.

안전한 장소는 심리적 안정감을 준다

안전한 장소는 고양이가 몸을 숨기고 보호받을 수 있는 개인적 공간으로 고양이에게 안전감과 통제감을 준다. 그런 장소 중 하나는 높은 곳에 마련해 줘야 한다. 집에 손님이 오는 것처럼 변화가 있을 때나 겁먹었을 때 고양이는 집을 관찰하기 위해 높은 데 올라가고 싶어 한다. 선반이나 창턱 같은 오픈된 휴식 공간과 높은 곳에 있는 상자나 침대 같은 폐쇄된 휴식 공간을 포함해 몇 가지 선택지를 다양하게 마련해 준다. 이 공간들을 세탁 가능한 플리스 침구로 덮어 편안하게 만들면 고양이가 사용하도록 유도하는 데 도움이 된다.

이동장도 대피소가 될 수 있을까?

이동장도 안전하게 숨을 장소로 좋은 선택이다. 하지만 이동장을 꺼낼 때마다 동물병원 방문이나 차를 타는 등 안 좋은 경험을 해서 고양이가 이동장을 두려워할 수도 있다. 고양이가 이동장에 대해 긍정적인 감정을 갖게 하려면 이동장을 일상적인 환경의 일부로 만들어야 한다. 고양이가 자주 사용하는 곳에 이동장을 둔다. 선반 같이 높고 안정된 곳 위에 두면 고양이가 더 자주 사용할 것이다. 이 동장 안에 먹이나 캣닢을 숨겨 놓고 바닥에 편안한 침구를 깔아 낮잠을 자도록 유도한다.

　　안전한 공간은 다묘 가정에서 특히 중요하다. 많은 고양이가 다른 고양이들과 함께 사는 것을 잘 견디지만, 다른 고양이들과 거리를 유지하고 필요할 때 시야에서 벗어날 수 있는 충분한 공간이 있다면 더 성공적일 것이다. 샤론 크로웰-데이비스Sharon Crowell-Davis가 실내 고양이들의 습관을 평가한 연구에 따르면, 다묘 가정 내 고양이들은 서로 시야 범위 안에 있을 때 최소 1~3미터 정도의 거리를 유지하는 것을 선호하며, 하루의 최대 50퍼센트의 시간을 서로의 시야 범위 밖으로 벗어나 있다.

　　고양이의 수만큼 안전한 장소를 마련해 주면 잦은 접촉으로 사회적 스트레스를 받지 않게 해 줄 수 있다. 소형 아파트나 원룸처럼 분리된 방이 없거나 적다면 캣타워나 해먹, 선반을 추가해 고양이들의 수직 공간을 늘린다. 또한 가벽 또는 파티션으로 공간을 여러 구역으로 나눌 수도 있다. 이런 파티션은 방 구조를 더 복잡하게 만들어 고양이들에게 어디에 있고 누구를 볼지에 관해 더 많은 선택권을 준다.

'고양이 도서관'은 고양이에게 친숙한 가구를 만들자는 몇몇 건축가의 손에서 탄생한 개념이다. 가정에서 간단하게 만든 버전으로도 홉스와 그의 고양이 친구들에게 많은 수직 공간과 숨을 곳을 제공해 줄 수 있다. © Ann Gallucia

　　　　　　　　　　　　　　　디코딩 유어 캣

다묘 가정_ 핵심 영역 분리해주기

고양이는 사회적인 동물이지만, 함께 자라지 않았거나 직접적인 관련이 없는 고양이와 있을 때는 자신의 공간과 자원에 매우 큰 소유욕을 보일수 있다. 대개 함께 살 고양이를 선택하는 건 고양이가 아니라 보호자다.고양이 입장에서는 우리가 선택한 새 고양이가 마음에 들지 않을 수 있다.

다묘 가정에서는 각 고양이에게 별도의 핵심 영역core area을 만들어 주는 것이 중요하다. 핵심 영역은 고양이가 적극적으로 사용하고 방어하는 특정 영역으로 필요한 모든 자원이 갖춰져 있어야 한다. 각 고양이가 혼자있을 때 주로 어디에 있는지 관찰하여 핵심 영역의 위치를 정하고, 먹이,물, 화장실, 장난감, 휴식 장소, 높은 곳과 숨을 수 있는 장소, 풍부화 기회enrichment opportunity를 갖춰 놓는다. 모든 시간을 함께 보내는 두 마리는 핵심 영역을 공유할 수 있다.

각 고양이에게 별도의 공간을 제공하면 고양이들 사이의 불필요한 긴장을 완화해, 싸움, 화장실 밖에 대소변을 보는 행동 및 고양이 방광염을예방하거나 때로는 없앨 수 있다.

2층 욕실에 꾸린 준버그의 핵심 영역에는 밥과 물, 스크래처, 장난감이 있다. 다른 고양이를 위한 공간역시 아래층에 비슷하게 마련되어 있다.

© *Meghan E. Herron*

스케줄화, 예측 가능성, 일관적 상호작용이 중요하다

고양이는 인간 가족과의 주기적이고 긍정적이며 일관성 있는 상호작용으로 큰 혜택을 얻는다. 실제 인간 가족은 고양이의 정신적·신체적 안녕의 가장 중요한 요인이다.

제시카는 피오나와 일관성 있는 루틴을 만들 수 없었다고 말했다. 그녀는 피오나와 대화하고 쓰다듬고 놀아 주는 것을 좋아했지만 업무가 많아 너무 바빴다. 주중에는 피오나와 상호작용할 에너지가 거의 없었고, 이에 죄책감을 느껴 주말에 아주 많은 관심을 쏟아부었다.

제시카만 그런 건 아니다. 보호자의 상당수가 일과 가족, 사회활동, 반려동물 돌봄 사이에서 적절한 균형점을 찾는 데 어려움을 느낀다. 주중에는 먹이와 물, 화장실 청소 같은 기본적인 것만 충족시켜 주고, 휴일에 놀이와 상호작용에 집중하게 된다. 그러나 주디 스텔라Judi Stella와 그녀의 동료들이 수행한 연구 결과에 따르면, 매일의 놀이 시간을 건너뛰거나 식사 시간을 바꾸는 것 같은 단순한 변화가 식욕 감소, 구토, 대소변 실수 같은 질병 행동으로 이어질 수 있다. 이는 고양이와의 식사, 놀이, 상호작용 일정을 일관성 있게 유지하는 것이 얼마나 중요한지를 말해 준다. 고양이는 환경에 대한 통제력이 거의 없기 때문에 규칙적인 일정으로 예측 가능성을 제공하고 스트레스를 줄여 줘야 한다.

상호작용은 주말에 몰아서 하기보다는 매일 규칙적으로 해야 한다. 식사 시간 같은 일상 활동에 맞춰 시간을 정하면 습관이 될 수 있다. 아주 짧은 시간도 큰 변화를 가져올 수 있다. 매일 2~3분의 놀이만으로도 고양이의 생활은 훨씬 나아진다. 여기에 정신적 풍부화를 더하고 싶다면 정적 강화 교육을 함께 시도해 본다(6장 참고).

일관성 있게 상호작용 일정을 유지하는 것은 고양이 돌봄에서 매우 중요하다. 어쩔 수 없이 일정을 변경해야 할 때는 고양이가 새로운 일정에 익숙해질 수 있게 점진적으로 변경한다.

고양이와의 상호작용에서 방식은 규칙성만큼이나 중요하다. 고양이는 상호작용을 강요받기보다는 선택할 수 있을 때 스트레스를 덜 느낀다.

제시카는 주말에 피오나를 자주 껴안고 싶었지만 피오나가 낮잠을 자고 있을 때가 많았고, 피오나는 가끔 제시카가 애정을 표현하려 할 때 하악질을 하며 손으로 때리기도 했다. 피오나가 낮잠을 자는 동안 방해하지 않고, 피오나를 상호작용에 '초대하는' 간단한 방법으로 이러한 문제는 해결되었다. 제시카는 피오나의 한계를 존중하려고 주의했고, 껴안고 있다가도 피오나가 멀리 가 버리면 억지로 따라가거나 들어 올리지 않았다.

장난감의 중요성

선호하는 장난감은 고양이마다 다를 수 있다. 레이저 포인터 쫓기, 트랙 따라 도는 공 때리기, 낚싯대에 달린 깃털 공격하기, 거실을 가로지르는 무선 조종 쥐 쫓기 등 종류는 다양하다. 또한 센서 감지 범위 내에 고양이가 들어오면 작동하는 동작 감지 장난감 및 일정 시간마다 작동하게끔 설정할 수 있는 장난감은 긴 시간 혼자 있는 고양이에게 유용하다.

소피가 장난감을 잡고 깨물며 뒷발로 차고 있는데 이는 일반적인 포식 행위와 비슷하다.　　　　　©Amy L. Flom

장난감과 놀이 시간은 매복, 추적, 포획을 포함해 실제 사냥 활동을 모방해야 한다. 다만 레이저 포인터는 고양이가 빛을 포획할 수 없기 때문에 사냥을 완성할 수 없어 좌절감을 줄 수 있다. 그러니 레이저 포인터 놀이를 끝낼 때는 실제로 공격할 수 있는 간식이나 장난감으로 마무리해 만족감을 느낄 수 있게 해 준다.

냄새의 중요성

고양이는 인간에 비해 후각 의존도가 높다. 후각으로 중요한 정보를 얻어 잠재적 위협을 감지하고 친숙함과 안정감을 느낀다. 고양이는 집 안 곳곳에 페로몬을 분비하고, 물건을 문지르거나 긁는 방식으로 냄새를 남긴다. 페로몬은 다른 고양이들과 의사소통하고 자신의 핵심 생활 영역을 설정하는 데 사용된다.

고양이의 후각을 방해하지 않는 것이 중요하다. 집 안에서는 향이 강한 세제를 사용하지 말고 고양이 화장실 모래도 무향 제품을 쓴다. 고양이가 편하게 냄새를 남길 수 있는 기둥형 스크래처와 수평형 스크래처, 상자를 마련한다. 이것들을 놓기에 가장 이상적인 곳은 출입구와 고양이 휴식 공간 근처다. 고양이가 자연스럽게 긁고 문지르며 냄새를 남기고 싶어 하는 장소이기 때문이다. 스크래처를 적절히 제공하면 고양이가 가구를 긁는 것을 예방할 수 있다.

캣닢과 캣그라스

캣닢catnip은 최고의 냄새 풍부화 수단이다. 캣닢은 박하과의 다년생 허브인 개박하*Nepeta cataria*에서 추출한다. 고양이의 50~60퍼센트만 캣닢에 반응하는데 이 특성은 유전적 영향을 받는다. 반응하는 고양이는 캣닢에 노출되면 편안해지지만 일부는 오히려 흥분하게 된다. 고양이에게 처음 캣닢을 제공할 때는 다른 반려동물이나 어린아이들로부터 떨어진 방에서 주고 고양이가 어떤 반응을 보이는지 확인해야 한다.

많은 고양이가 캣닢이 들어 있는 장난감을 가지고 놀거나 바닥에 뿌린 신선한 캣닢 위에서 구르는 것을 즐긴다. 요리용 허브와 향신료처럼 캣닢도 시간이 지남에 따라 향을 잃기 때문에 장난감을 주기적으로 리필하거나 교체해야 그 매력이 유지된다.

박하mint, 파슬리parsley, 캣그라스cat grass 같은 식용 식물을 씹는 것도 고양이의 미각과 촉각을 만족시키는 풍부화 방법이다. 캣그라스는 보리, 귀리, 밀, 호밀 같은 다양한 무독성 잔디 씨앗에서 자라며, 유독한 집안 식물을 씹는 것을 즐기는 고양이에게 훌륭한 대안이 될 수 있다. 실내 식물의 유독성 여부는 미국동물학대방지협회ASPCA의 식물 데이터베이스에서 확인할 수 있다[9].

청각 풍부화

고양이 전용 음악은 청각 풍부화의 좋은 예가 될 수 있다. 고양이를 위한 음악은 실제로 고양이가 좋아하는 주파수와 음색, 음높이, 옥타브, 박자를 고려해 만들어져 연주된다. 고양이가 좋아하는 음악 종류는 연구로도 뒷받침되고 있다. 고양이를 진정시키는 음악과 자극시키는 음악이 있으며 놀이 시간과 식사 시간에 들려주면 좋다. '고양이를 위한 음악Music for Cats' 사이트(www.musicforcats.com)와 '고양이 귀로 듣는 음악Through a Cat's Ear' CD 또는 MP3가 있다.

시각 자극 제공하기

많은 고양이가 창가에서 새를 바라보는 것을 즐기므로 마당이나 창문 근처에 새 먹이통을 설치하면 고양이의 즐거움을 높일 수 있다. 다만 쫓을 기회 없이 먹이를 바라만 보아야 하는 것에 고양이가 괴로워하지 않는지 확인해야 한다. 고양이가 창가에서 새를 보며 좌절감을 느끼는 것 같다면 먹이통을 제거한다. 또한 고양이가 외출을 즐긴다면 먹이통을 이용해 새를 집으로 불러들이는 것은 좋지 않다.

고양이가 어항 속 물고기나 테라리움 속 거북이를 보는 것을 즐길 수도 있는데 이때는 고양이가 실수로 빠지거나 그 안에 있는 친구를 잡아먹지 못하게 반드시 뚜껑을 설치해 둔다.

스모키 조와 가장 친한 친구 피넛이 새와 다른 먹잇감이 움직이는 고양이용 영화에 푹 빠져 있다.　© Brittany Vance

시각 자극에는 하이테크 방법도 있다. 고양이가 때릴 수 있는 벌레와 먹잇감을 흉내낸 스마트폰 앱이나 컴퓨터 게임이 그것이다. 고양이도 재미있고 보는 보호자도 즐겁다. 하지만 레이저 포인터와 마찬가지로 고양이가 '먹잇감'을 잡지 못해 좌절감을 느낀다면 이런 시각적 활동은 피한다. 풍부화는커녕 오히려 해로울 가능성이 더 높다.

외부 접근과 대안

고양이를 실내에만 두면 차량, 질병, 다른 고양이와의 싸움, 고양이를 괴롭히는 인간, 더 큰 포식 동물로부터 보호할 수 있고, 명금류songbirds 같은 야생동물 개체군도 고양이로부터 보호할 수 있긴 하지만, 환경적 다양성이 제한되어 고양이에게 무료함과 행동 문제를 초래할 수 있다.

고양이를 내보내 주고 싶다면, 마이크로칩을 삽입하고, 적절한 예방접종을 받고, 벼룩, 진드기, 모기 같은 내외부 기생충 예방약도 복용해야 한

　　　　　　　　디코딩 유어 캣

다. 만약 외부 접근이 불가능하다면 최소한 자연광을 쬘 수 있는 창문과 바깥을 볼 수 있는 창문을 마련해 준다. 여러 마리라면 이 가치 있는 자원을 놓고 다툼이 일지 않도록 여러 곳에 마련해 준다.

마당이나 목재 테라스에 안전한 '캐티오catio'를 만들면 고양이와 지역 야생동물 모두에게 안전한 야외 환경이 될 수 있다. 고양이 방지 울타리로 마당을 에워싸도 좋다. 이렇게 하면 고양이가 마당을 오롯이 쓸 수 있으면서도 밖으로 나가지는 못하고 다른 동물이 들어오는 것도 막을 수 있다. 울타리가 있더라도 탈출할 수 있고 다른 동물이 접근할 위험성도 있기 때문에 고양이를 내보낼 때는 항상 지켜봐야 한다.

스포티가 캐티오에서 안전하게 바깥 풍경을 즐기고 있다.　　© Kelly Ballantyne

고양이에게 외부 접근을 허락하는 것을 특별 선물로 생각할 수 있지만, 고양이가 그동안 외부 경험을 누리지 않았다면 오히려 압도되거나 두려워할 수 있다. 두려움의 신호가 있는지 보디랭귀지를 주의 깊게 관찰하고, 실내에서와 마찬가지로 야외에서도 높이 올라갈 수 있는 자리와 숨을 수 있는 구역을 마련해 준다.

고양이의 성격과 야외 경험에 따라 하네스와 리드줄을 착용하도록 교육해 동네 산책을 시킬 수도 있다. 이때도 리드줄이 엉킬 수 있으니 '항상' 지켜봐야 한다.

하네스와 리드줄을 착용한 도비가 누나와 함께 외부
활동을 즐기고 있다.
©Amy L. Pike

제시카는 발코니가 없는 3층 아파트에 살고 있었고 창문은 많았지만 피오나는 창문에 접근할 수 없었다. 창턱이 좁은 데다 근처에 피오나가 쉴 수 있는 선반이나 해먹도 없었다. 우리는 피오나에게 풍부화를 제공할 방법을 고민했고, 낮은 테이블을 창문 아래에 두고 몇몇 창문 근처에 선반을 설치했다. 몇 주 후, 제시카는 피오나가 창문 선반에서 많은 시간을 보내고 있으며 이 새로운 장소를 좋아한다고 전해 주었다.

털 관리와 쓰다듬기

고양이가 사람이 털을 빗겨 주거나 쓰다듬어 주는 것을 좋아한다면 이것이 곧 촉각 풍부화가 될 수 있다. 고양이들끼리 그루밍해 주는 걸 잘 관찰해 보면 보통 머리와 목 부위를 집중적으로 한다. 그러니 고양이가 쓰다듬는 것을 그다지 좋아하지 않는다면, 머리와 목 부분을 쓰다듬고 그루밍하는 것이 좋다. 새라 엘리스Sarah Ellis와 헬렌 절치Helen Zulch의 최근 연구에 따르면, 고양이는 머리, 목, 가슴 등의 앞부분을 쓰다듬을 때 등, 엉덩이, 꼬리 등의 뒷부분을 쓰다듬을 때보다 더 긍정적인 반응을 보였다.

디코딩 유어 캣

사회적 풍부화

먹이와 사람과의 상호작용은 일반적으로 고양이가 가장 좋아하는 풍부화의 형태다. 하지만 사람에 따라서는 사회적 풍부화를 제공하는 것이 어려울 수 있다. 그래도 고양이와 함께 보내는 시간이 둘 모두에게 의미 있는 순간이 되도록 시간을 내야 한다.

이 장에서 논의한 활동들은 보호자와 고양이가 함께하도록 의도됐으며, 우리와 고양이의 삶 모두에 풍부함을 제공할 것이다. 만일 고양이가 다른 사람과의 교류를 좋아한다면, 오랜 시간 집을 비울 때 친구에게 고양이와 시간을 보내 달라고 부탁한다. 고양이는 사회적 상호작용을 할 수 있고 친구는 고양이를 껴안고 싶은 욕구를 충족할 수 있다.

문제 해결하기

우리 고양이는 먹이 급여 장난감에 관심이 없어요

먹이 급여 장난감을 사용해 본 적 없는 고양이에게 이를 소개하는 것은 쉽지 않은 일이다. 고양이의 놀이 수준을 고려해 장난감을 선택해야 하며, 좌절감을 줄 수 있는 것은 절대 제공해선 안 된다. 장난감을 분리해 안쪽에 간식을 넣고 고양이를 유인한다. 보호자가 장난감 가지고 노는 것을 보여주는 것도 좋은 방법이다.

고양이가 장난감을 치며 놀기를 좋아한다면 앞발로 먹이를 꺼내는 방식의 장난감을 고려해 본다. 고양이가 게으른 편이라면 고정된 먹이 급여 장난감이 적합할 수 있다. 배가 고플 때 해당 장난감을 소개하고, 처음에는 되도록 평범한 건사료보다는 고양이가 엄청 좋아하는 고급 간식을 넣어 장난감 사용을 유도한다.

고양이가 먹이 급여 장난감에서 먹이를 먹기 시작하면 사료 그릇에 주는 사료의 양을 점차 줄인다. 하루 식사량의 약 4분의 1을 한두 개의 장난감에 넣고 며칠에 걸쳐 그 비율을 늘려 나간다. 고양이가 장난감에 완전히 익숙해지면 그릇을 없앤다. 단 고양이의 일일섭취량을 잘 기록해야 한다. 섭취량의 변화는 질병의 징후일 수 있다.

높은 자리를 설치해 줬는데 고양이가 안 써요

대부분의 고양이가 수십 센티미터 높이의 안전한 자리를 선호하지만 나이가 들거나 신체 능력이 떨어진 고양이는 높은 곳에 올라가기 힘들 수 있다. 새끼 고양이, 나이 든 고양이, 관절염이 있는 고양이 또는 과체중인 고양이는 높은 자리에 올라가려면 도움이 필요할 수 있다. 경사로, 반려동물 계단 또는 전략적으로 간격을 둔 일련의 선반이나 가구를 배치해 높은 곳을 한 번에 뛰어오르고 내릴 필요없이 원하는 곳에 쉽게 접근할 수 있게 도와준다.

엘사는 높은 창가에 앉아 바깥에 있는 새를 보는 걸 무척 좋아한다. 창 밑에 딛고 올라갈 수 있는 가구를 놓아 주면 한 번에 뛰어오를 필요가 없다. © Carlo Siracusa

디코딩 유어 캣

기둥형 스크래처를 사 줬는데도 계속 가구를 긁어요

보호자가 제공한 스크래처를 쓰지 않는 이유는 종류, 위치, 수평형 또는 수직형 여부 같은 다양한 요인과 관련 있을 수 있다. 대부분의 고양이는 나무껍질, 골판지, 사이잘 삼줄로 만든 스크래처를 선호하지만, 카페트나 직물을 선호하는 고양이도 있다. 선택할 수 있도록 몇 가지 옵션을 고양이가 자주 찾는 주요 장소에 배치한다.

수직 기둥 형태의 스크래처를 구입할 때는 고양이가 뒷발로 서서 긁을 수 있을 만큼 충분히 높은 것이어야 한다. 수직이든 수평이든 고양이가 긁을 때 밀리거나 흔들리지 않아야 겁을 먹지 않는다. 고양이가 특정 소파를 유난히 긁는다면 그와 비슷한 천으로 덮인 스크래처를 놓아 준다.

이 기둥형 스크래처는 휴식 공간과 더불어 두 개의 스크래처를 제공한다.
© *Carlo Siracusa*

수평형 스크래처는 바닥이 고무로 되어 있어야 긁는 동안 미끄러짐을 방지할 수 있다.
© *Carlo Siracusa*

새 스크래처에 흥미를 갖게 하려면 그곳에 캣닢을 묻히고, 스크래처를 사용할 때마다 작은 간식으로 보상해 준다.

원치 않는 곳에 스크래칭하는 것을 막으려면 시중에서 판매하는 합성 지간 페로몬(펠리웨이Feliway사의 펠리스계래치Feliscratch)을 기둥형 스크래처에 뿌린다. 이 제품은 페로몬 외에도 시각적 표시(파란색 염료)를 남기는데, 이는 고양이가 스크래칭할 때 생기는 시각적, 후각적 표시와 비슷해 해당 표면을 긁도록 유도한다. 이 제품을 28일간 테스트한 최근 연구에 따르면, 가정 내 고양이의 원치 않는 스크래칭을 줄이는 데 효과가 있다.

생활을 흥미롭게 유지한다

고양이는 늘상 보는 장난감이나 풍부화 아이템에 흥미를 잃는다. 매일 새로운 풍부화 아이템이 출시되는 만큼, 계속 새로운 것을 사줄 수도 있지만 상당한 비용이 든다. 고양이 장난감에 대학 등록금만큼 많은 돈을 쓰고 싶지 않다면 장난감을 교체하여 신선함을 유지하도록 한다. 고양이가 장난감에 흥미를 잃은 것 같으면 몇 개를 치워 두고 새로운 것을 꺼내 놓는다. 이렇게 하면 오래된 장난감도 새롭게 느낀다.

집에서 만든 장난감도 놀이를 자극하는 데 매우 효과적일 수 있다. 세이지 데넨버그Sagi Denenberg가 여러 유형의 장난감에 대한 고양이 선호도를 연구했는데, 대부분 집에서 만든 머리끈을 줄에 매단 장난감을 상점에서 산 플라스틱 공이나 깃털 장난감보다 좋아하는 것으로 나타났다. 우리 고양이도 비슷한 장난감이나 플라스틱 병뚜껑 링, 구겨진 종이 공 같은 물건을 가지고 노는 것을 좋아할 수 있다. 놀이 시간이 끝나면 끈이나 삼키기 쉬운 물건은 잊지 말고 꼭 치워 둔다.

새 놀이 친구 들이기

우리 고양이가 다른 고양이와 잘 어울려 노는 편이고 시간과 돈과 공간이 충분하다면 새 고양이 친구를 들이는 것도 좋다. 때로는 늘 함께 있을 수 있는 룸메이트가 최고의 풍부화 요소일 수 있다. 새 고양이를 입양할 때는 별도의 핵심 영역을 만들어 준다. 처음에는 이 구역을 이용해 기존 고양이와 새 고양이를 분리하고, 합사 이후에는 이를 새 고양이의 피난처로 만든다(5장 참고). 다른 고양이를 완전히 차단할 수 있도록 이 구역에는 문이나 여러 개의 아기 안전문을 설치한다. 당연히 이 구역에는 먹이, 물, 화장실, 숨을 곳, 좋아하는 장난감 및 이 장에서 논의된 다른 풍부화 자원들이 포함돼야 한다.

고양이가 새 친구와 사귀었다면, 보호자는 두 고양이 모두와 놀아 주고 개별적으로도 신경써 주어야 한다. 고양이는 보호자의 관심을 포함해 자원을 공유하는 것을 좋아하지 않는다는 점을 기억한다.

제시카는 피오나의 환경 풍부화를 위해 이 장에서 논의한 것들을 적용해 점진적으로 변화를 주었다. 몇 달 후, 피오나는 먹이 급여 장난감으로 놀고, 매일 제시카와의 놀이 시간을 즐겼다. 한밤중에 제시카에게 뛰어들거나 울어 대지 않았다. 제시카는 잘 잤고 피오나와의 유대감이 그 어느 때보다 강하다고 느꼈다. 제시카가 알게 된 것처럼, 고양이의 세계를 풍부하게 만드는 것은 스트레스를 예방하고 건강을 증진하는 가장 중요한 전략 중 하나다. 고양이에게 안전한 피난처를 제공하고 일관된 놀이와 그루밍 횟수를 늘리며, 다섯 가지 감각을 자극하는 것 같은 단순한 변화를 통해 고양이에게 최고의 환경을 제공할 수 있다. 이렇게만 하면 우리 고양이는 동네 고양이들 사이에서 부러움의 대상이 될 것이다.

- 환경 풍부화는 고양이의 웰빙, 건강, 행복의 열쇠이다.
- 풍부화란 모든 고양이 종 특유의 행동인 놀이, 사냥, 등반이 가능하도록 다양한 환경을 제공하는 것을 의미한다.
- 환경 풍부화 옵션에는 안전한 야외 접근, 장난감, 먹이 급여 장난감, 무독성 식물과 캣닢, 고양이 전용 음악과 영상, 친구가 있다.
- 사람과의 교류 또한 고양이 환경 풍부화에서 빼놓을 수 없는 요소이다. 스트레스를 줄이고 예측 가능성을 높이기 위해 매일 시간을 내서 고양이와 놀아 주고 상호작용을 한다.

4장

고양이도
사회적 동물

고양이는 외로움을 즐기는 동물이 아니다

샤론 크로웰-데이비스, DVM, PhD, DACVB

토파즈는 수용 가능 마릿수가 꽉 찬 보호소에서 생후 8주된 딸 오팔과 함께 한 달 이상을 지내다가 구조되었다. 둘은 큰 소리로 짖어 대는 개들로 가득 찬 방 한구석의 작은 우리 안에 웅크리고 있었다. 곧 보호자가 될 셸리가 우리 문을 열고 천천히 손을 뻗자, 오팔은 어미 품을 파고들었다. 둘 다 하악질을 하지도 으르렁대지도 않았다. 털도 세우지 않았다. 물려고 하지도 않았다. 셸리가 둘을 쓰다듬으며 입양을 결심하는 동안, 토파즈도 오팔도 두려움에 가만히 웅크려 있을 뿐이었다.

집에 도착해 이동장을 열자마자 토파즈는 오팔을 입에 물고 셸리로부터 벗어나 낮은 책장 선반 아래로 쏙 들어가 버렸다. 그곳을 영구적인 은신처로 삼은 듯했다. 둘 다 나올 생각을 전혀 하지 않았다. 처음 며칠 동안 셸리는 토파즈와 오팔이 있는 방의 문을 닫아 두고 집에 있는 여덟 마리의 고양이가 둘을 귀찮게 하지 못하게 배려했다.

며칠이 지나자 토파즈와 오팔은 서서히 은신처에서 나오기는 했지만 또 다른 은신처만 찾을 뿐이었다. 문이 열려 있을 때도 다른 고양이들을 피했다. 다른 고양이들도 호기심은 보였지만 상호작용을 시도하지는 않았다. 토파즈와 오팔이 사교적이지 않다는 건 누가 봐도 분명했다. 가족들은 그들만의 공간을 내주었고 가끔 맛있는 간식을 던져 주며 부드러운 목소리로 말을 걸었다.

몇 주가 지나도 토파즈와 오팔은 여전히 사람을 믿지 않는 듯 보였다. 하지만 고양이는 서로 보고 배운다. 토파즈와 오팔은 다른 고양이들이 기분 좋게 사람에게 안기고 어루만짐을 받는 것을 보았다. 오팔은 이럴 때마다 지켜보았고 가족들은 이를 알아챘다. 그녀의 얼굴에 호기심이 비쳤다. 오팔은 다른 고양이들이 가족의 손길에 꼬리를 치켜세우는 것을 보았다. 이는 만족감을 나타내는 신호였다. 다른 고양이들이 가족과 상호작용할 때 퍼링과 야옹 소리를 내는 것도 들었다.

시간이 흐르자, 오팔은 고양이들이 인간을 신뢰하는 이 기이한 현상에 관해 고민하는 듯 보였다. 지켜보고 들으면서 결국 셸리의 손이 닿는 거리까지 다가왔다. 처음에는 셸리가 손을 뻗으면 재빨리 도망갔지만, 곧 가만히 있더니 셸리가 만지도록 허락했다. 몇 주가 지나자 오팔은 등을 아치형으로 구부리고, 머리, 목, 등을 부드럽게 마사지 받는 것을 즐겼다. 오팔이 인간을 신뢰하는 반려동물이 된 것이다.

토파즈는 여전히 은신처에 숨어서 딸이 인간과 다른 고양이 친구들과 상호작용하는 것을 지켜보았다. 이제 오팔은 사람이 쓰다듬어 주는 걸 정말 즐기기 시작했다. 꼬리를 세우고 셸리에게 다가가 오랫동안 만져지는 것을 즐겼다. 오팔은 이 상호작용을 좋아했다. 셸리를 두려워하지 않는 게 분명했다. 토파즈는 이 관계가 진척되는 과정을 항상 안전한 곳에서 지켜보았다.

처음으로 토파즈를 쓰다듬은 것은 우연이었다. 토파즈가 오팔을 따라

가느라 셸리 곁을 지날 때 셸리가 오팔을 쓰다듬고 다음 고양이를 향해 손을 뻗었는데 그 고양이가 토파즈였던 것이다. 토파즈는 도망쳤지만, 이 상황이 반복되자 조금씩 가까이 다가왔다. 결국 셸리는 토파즈에게 두려움을 주지 않고 그녀를 쓰다듬을 수 있게 되었고, 토파즈는 셸리가 더 자주, 더 오래 쓰다듬도록 허락했다. 몇 달 후, 이른 아침에 토파즈가 침대로 뛰어올라 셸리에게 다가와 크게 퍼링을 했고, 그렇게 시작된 그들의 아침 껴안기 루틴은 셸리의 마음을 녹였다.

토파즈와 오팔은 계속 친하게 지내며 서로를 그루밍하고 붙어서 잠을 잤다. 놀라운 일이 아니다. 혈연관계거나, 어쩌다가 친해진 고양이들은 같이 자고, 서로를 쓰다듬고, 그루밍해 주며 평생 친밀함을 유지한다. 토파즈와 오팔은 다른 고양이들에게도 점점 호기심을 보이기 시작했다. 한동안 그들과의 교류는 무척 단순했다. 복도를 지나가면서 코를 마주치거나_{nose touching} 아주 잠깐 접촉하는 게 전부였다. 그러다 점점 다른 고양이들과 유대감을 키웠고, 그루밍과 얼굴 비비기를 포함한 신체적 애정을 보여 주었다.

두려움에 떨며 웅크려 있던 시절을 생각하면 정말 많이 달라졌다. 시간과 인내가 필요했지만 토파즈와 오팔은 이제 안전하다는 것과 삶이란 좋을 수 있다는 것을 알게 되었다.

서로에게 기대고 있는 오팔과 토파즈　　　　　　　© *Sharon Crowell-Davis*

　　　　　　　디코딩 유어 캣

고양이와 고양이의 행동에 관한 그릇된 속설이 많다. 우리가 이런 잘못된 통념을 믿는 순간 고양이를 이해하지 못하게 된다. 각 고양이는 유전자, 생후 초기의 경험, 살아가면서 겪는 여러 사건에 의해 성격이 형성되는 개성있는 개체이다. 어떤 고양이는 외향적이며 대담하며 두려움이 없다. 어떤 고양이는 소심하고 겁이 많다. 그 사이 어딘가에 있는 고양이도 많다. 어떤 고양이는 고양이 세계에선 사교적 나비social butterfly지만 사람에게는 소심하다. 반면 사람은 사랑하고 신뢰하면서 다른 고양이는 무서워하는 고양이도 있다.

길들여진 고양이는 대체로 사교적이지만 그 정도는 생애 초기 경험에 따라 크게 달라진다. 각 고양이가 사람이나 다른 고양이에게 사회성을 표현하는지도 고양이마다 다르다. 토파즈와 오팔이 셸리와 다른 고양이에게 우정을 쌓은 것은 동물 보호소에서 트라우마를 겪기 전에 사람과 다른 고양이들과 좋은 경험을 가졌을 가능성을 시사한다.

고양이도 사회적 동물이다

고양이는 비사회적이고 다른 고양이를 좋아하지 않는, 혼자 있는 걸 좋아하는 동물이라고들 말하지만 이는 전혀 사실이 아니다. 길들여진 고양이는 다른 고양이뿐만 아니라 다른 종의 동물 가족과도 유대를 형성한다. 이는 야생 고양이와 반야생 고양이가 매우 복잡한 사회적 역동성을 가진 큰 집단을 형성한다는 사실로도 확인할 수 있다. 다른 고양이들과 함께 있는 것을 좋아하지 않는 고양이는 아마도 새끼 때 사회화되지 않아서이다.

고양이는 인간과 진정으로 유대감을 형성하지 않으며 인간을 단지 집사로 볼 뿐이라는 말도 있는데, 이 또한 사실이 아니다. 고양이는 다른 반려동물과 마찬가지로, 함께 사는 인간이 안전, 먹이, 물 같은 기본 자원을 제공해 주기를 원한다. 또한 사회적 동물로서 인간 동반자와 친밀한 관계를 맺고 싶어 하기도 한다. 일부 고양이는 인간이 없을 때 분리불안을 겪기도 하며 인간 동반자를 잃은 후 오랜 기간 슬픔에 젖어 있기도 한다. 역시 생애 초기 경험이 사회적 고양이가 될지를 결정하는 데 큰 영향을 미친다.

용어 정리

- **야생 고양이**feral cat: 야외에서만 생활하며 인간과의 교류는 전혀 없거나 혹은 매우 적으며 보통 인간을 무서워해서 피한다. 동물 통제 기관 혹은 보호단체가 모니터링하지 않는 한 이들은 중성화되지 않고 주기적으로 번식한다.
- **반야생 고양이**semi-feral cat: 야외에서만 생활하지만, 관리자와의 주기적인 교류가 있는 고양이로, 시간이 지나면서 점점 인간에 대한 두려움이 줄어들고, 많은 경우 쓰다듬는 것을 허용한다. 많은 수가 TNR(Trap-Neuter-Return)을 통해 중성화되어 번식이 불가능하다.
- **고양이 집단**colony: 여러 수컷 성묘와 암컷 성묘, 여러 마리의 새끼 고양이와 청소년기 고양이로 구성된 야생 혹은 반야생 고양이가 모인 그룹. 이 그룹은 모계 중심이다. 퀸이라 불리는 어미와 딸, 손녀, 증손녀들이 그룹의 핵심을 이룬다.
- **집 고양이**house cat: 어렸을 때부터 인간 손에 양육되고 사회화된 고양이로 한 명 이상의 사람과 한집에 산다. 실내에서만 생활하는 고양이가 있는 반면, 실외 활동을 누리는 고양이도 있다.
- **사회화**socialization: 새끼 고양이가 세상 속 모든 사물과 사람에 대해 배우는 과정. 초기 성장기, 특히 생후 2~7주까지는 고양이의 정신적·심리적 발달에 매우 중요한 시기다. 이 시기에 뇌는 빠르게 성장하며 무엇이 안전한지, 무엇이 즐겁고 무엇이 그렇지 않은지, 누가 다정하고 누가 아닌지를 배운다. 사회화를 위해서는 첫 2~7주까지 그리고 12주 이상까지 적절한 경험을 시켜 주어야 한다.
- **퀸**queen: 중성화가 되지 않은 성숙한 암고양이.
- **톰**tom: 중성화가 되지 않은 성숙한 수고양이.

디코딩 유어 캣

시작하기: 사회성 좋은 고양이로 키우는 법

수의행동학자들은 고양이를 사회적 동물로 키울 수 있는 최고의 방법에 대해 늘 질문을 받는다. 고양이를 사회적으로 건강하게 키우기 위해서는 특히 생후 2~7주 사이에 몇 가지 중요한 일들이 이뤄져야 한다.

- 어미가 야생 고양이가 아니고 인간을 두려워하지 않는다면, 새끼 고양이는 어미와 함께 지내야 한다. 어미 고양이가 인간을 두려워하는 경우에는 새끼도 그렇게 되기 쉽다. 어미가 인간에게 차분하고 친근하다면 새끼 고양이도 어미를 보고 그와 같은 성격을 발달시킨다.
- 오팔과 토파즈처럼 수유기가 끝난 후에도 어미와 새끼가 함께 지내면 둘은 평생 친근한 사회적 유대를 형성할 수 있다. 새끼 고양이만이 아니라 새끼와 어미를 함께 입양하면 새끼 고양이는 안심할 수 있는 존재를 여러 해 동안 곁에 두게 된다.
- 만일 어미 고양이가 인간을 극도로 두려워한다면 새끼 고양이를 이상적인 시기보다 일찍 어미에게서 떼어 놓아야 할 수도 있다. 이때는 어미의 젖으로부터 얻을 수 있는 건강 및 영양과 인간은 무섭다는 것을 배우는 부정적 영향, 두 가지를 저울질해야 한다. 야생 어미의 새끼들은 이미 자신의 새끼를 기르고 있는 친근한 성격의 퀸과 함께 두는 것이 가장 이상적이다. 야생 환경에서는 퀸들이 서로의 새끼를 돌보기 때문에 이런 식으로 새끼 고양이를 양육하는 것은 쉽다. 만약 양육해 줄 어미 고양이가 없다면, 새끼 고양이를 젖병으로 먹이고 인간 보호자와 긍정적인 경험을 많이 하도록 하되, 나이가 보다 많고 친근한 새끼 고양이들이나 잘 사회화된 성묘들과 함께 두는 것이 좋다. 이렇게 하면 새끼 고양이가 고양이로서의 행동을 배울 수 있다.

- 새끼 고양이는 행동적·신체적으로 건강한 다른 새끼 고양이, 청소년기 고양이, 어른 고양이들과 가능한 한 많이 접촉해야 한다. 이는 고양이가 자신의 종과 사회적으로 어떻게 행동해야 하는지를 배우는 데 중요하다.

- 새끼 고양이는 많은 사람과 자주 접촉해야 한다. 새끼 고양이는 항상 친절하고 부드럽게 다뤄야 하고 놀 기회를 주어야 한다. 이때 새끼 고양이가 선택권을 갖고 상호작용에 참여하거나 떠날 수 있어야 한다. 두려워하는 사람과의 상호작용을 강요해서는 안 된다.

- 개와 같이 다른 종을 두려워하지 않게 하려면 생후 9주가 되기 전에, 가능하면 7주가 되기 전에 잘 교육된 온순한 반려동물과 접촉시킨다. 다른 종과의 우정은 고양이가 더 성숙한 뒤에도 형성할 수 있지만 이때가 가장 쉽다.

- 새끼 고양이는 시각, 청각, 후각적으로 다양한 경험을 해야 한다. 다양하고 다소 복잡한 환경에서 자란 새끼 고양이는 세상이 전반적으로 안전한 곳이라고 배우며 새로운 것을 두려워할 가능성이 더 적다.

혈연관계끼리만 함께 지낼 수 있다?

적어도 같은 어미에게서 태어나 서로를 알고 함께 자란 고양이들은 아주 잘 지낸다. 그러나 이 작은 핵가족이 고양이가 보여 주는 사회성의 전부는 아니다. 새끼 고양이는 물론, 어린 시절 사회화가 잘 형성된 성묘는 혈연이든 아니든 새로운 고양이를 만나 친해지고 잘 지낼 수 있다. 토파즈와 오팔의 경우도 셸리의 집에 있던 고양이들과는 혈연관계가 아니었지만 시간이 흐르며 친근한 사이, 또는 적어도 사회적으로 중립적 사이가 되었다.

어떤 고양이들은 정말 사회성이 좋다. 특히 친한 친구들과 있을 때는 더 그렇다. 같이 어울리고, 돌아다니고, 서로 그루밍해 주고, 같이 놀고, 서로에게 몸을 비빈다. 반면 굳이 다른 고양이와 어울리고 싶어 하지도 않고, 갈등을 보이지도 않는 고양이도 있다. 같은 방에 함께 있을 수 있고 싸우지도 않지만, 친하게 대하지도 않는다.

또한 사람들이 그렇듯 때때로 어떤 고양이들은 서로 잘 맞지 않는다. 이경우 문제가 경미하다면, 즉 고양이들이 우연히 마주칠 때 하악질을 하는 정도라면 그냥 두는 것이 좋다. 하지만 문제가 심각하다면 전문가에게 도움을 요청해야 한다.

고양이들끼리 잘 지내는 건지 어떻게 알 수 있나?

고양이들 간의 관계는 여러 사회적 상호작용을 통해 알 수 있다. 야생 고양이든지 반야생 고양이든지 길들여진 고양이 집단이든지 유심히 관찰하면 고양이들이 우정을 보여 주는 많은 예를 볼 수 있다. 친한 고양이들은 우선 시간을 함께 보낸다. 밖에서는 길이나 숲길을 나란히 걸어 다니고, 안에서는 서로 1미터 정도 거리 내에 함께 있다. 안팎을 막론하고 자주 서로 붙어서 잠을 잔다.

반야생 고양이 세 마리가 함께 길을 걷고 있다. 한껏 세운 꼬리가 셋이 친근한 사이임을 보여 준다.

©Ali T. Ozer

반면 두 고양이가 가까이 있는 것을 볼 수 없고, 서로 코 맞대기, 머리 부딪치기, 비비기 또는 같이 놀기 같은 사회적 행동을 보이지 않으며, 오히려 만날 때마다 서로에게 하악질을 한다면 그들은 잘 지내지 않는 것이다. 때로는 시간이 지나면서 자연스럽게 나아지기도 하지만 전문가의 도움이 필요할 수 있다. 두 고양이가 정말로 심각하게 맞지 않을 때는 둘 중 하나를 다른 곳에 보내는 것이 모두에게 가장 좋은 방법이다.

함께 어울려 쉬고 있는 세 마리의 길들여진 고양이는 누가 봐도 친한 사이이다. *©Sherry Lynn Sanderson*

두 고양이가 서로 몸을 비비는 것은 매우 흔한 사회적 행동이다. 이는 대략적으로 인간의 포옹과 의미가 같다. 앞다리로 포옹을 할 수는 없어 대신 몸을 비비는 것이다.

또한 비비기는 한 집단 내 공통의 냄새를 유지하는 방식이기도 하다. 고양이는 인간보다 후각이 훨씬 예민하며 이 사회적 냄새는 고양이들에게 중요하다. 그래서 고양이 집단에서는 서로 떨어져 사냥하다가 다시 합류하는 시점에 비비기가 급증한다. 반면 실내에서만 지내는 고양이들은 서로의 몸을 비비는 빈도가 낮은데, 실내 고양이들은 긴 시간 동안 풀밭을 돌아다니며 사냥하느라 공동체 냄새를 잃는 일이 없기 때문이다.

디코딩 유어 캣

반야생 고양이끼리 몸 전체를 비비고 있다. 이는 사회적으로 인간의 포옹과 비슷하다.
© *Rhonda Van*

길들여진 고양이가 며칠간 입원했거나 다른 이유로 집을 떠나 있었을 경우 공통의 냄새가 사라져 집에 돌아왔을 때 다른 고양이들이 낯설어하거나 경계할 수 있다. 그러니 이 문제를 최소화할 방안을 수의사와 상의하는 게 좋다. 예를 들어, 다른 고양이들이 쓰던 담요나 수건을 매일 병원에 가져가면 도움이 될 수 있다. 병원에 입원한 고양이는 공동체의 냄새를 유지할 수 있을뿐더러, 친구들의 냄새로 정서적 안정감도 얻을 수 있다.

장기간 입원하는 경우, 집에 돌아온 고양이를 다른 고양이들에게 마치 집에 처음 온 것처럼 다시 소개해야 할 수도 있다. 퇴원한 고양이는 낯선 냄새가 나는 데다 컨디션이 그다지 좋지 않아 이전과는 다른 낯선 행동이나 예측 불가능한 행동을 할지도 모른다.

고양이들은 다른 고양이뿐만 아니라 사람, 특히 사회적 유대가 형성되어 신뢰하는 사람에게도 비비기 행동을 한다. 퇴근해서 집에 왔을 때 고양이가 달려와 우리 다리 아래쪽을 이리저리 비비는 건 '집에 온 것을 환영해!'라는 뜻이다. 또 고양이 입장에서는 우리가 올바른 냄새를 갖도록 만들어 주는 것이다.

반야생 고양이 하나가 친근하게 사람 다리에 몸을 비비고 있다.
© *Rhonda Van*

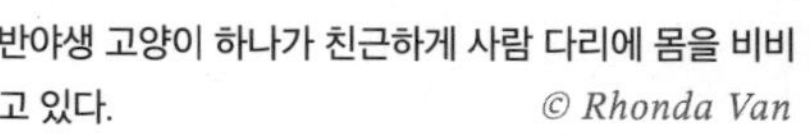

고양이들은 어떻게 우정을 표현할까?

고양이는 몸의 여러 부위를 사용해 우정을 표현하는데, 머리로만 세 가지 방법을 쓴다.

- **코 맞대기**nose touching: 서로 다가가 인사로 짧게 코를 맞댄다.
- **머리 부딪치기**head bumping: 이마를 꽤 힘 있게 부딪친다. 코 맞대기보다 더 힘이 들어가고 조금 더 오래 지속된다.
- **머리 비비기**: 머리 옆부분을 서로 앞뒤로 비빈다. 두 마리 이상의 고양이가 동시에 이 행동을 할 수 있으며, 여러 마리가 인사 의식의 일부로 차례차례 머리를 비비며 지나가기도 한다.

길들여진 고양이 두 마리가 짧게 코를 맞대며 인사한다. © *Sharon Crowell-Davis*

반야생 고양이 두 마리가 서로 머리를 부딪쳐 인사한다. © *Cimeron Morrisey*

고양이는 또한 혀로 애정을 표현하기도 하는데, 보통 머리와 목 부분을 그루밍한다. 그런데 상대 고양이가 그루밍을 너무 열정적으로 하다가 해당 부위를 벗어나면 그루밍받던 고양이가 기분이 나빠져 상대를 앞발로 매섭게 후려치거나 물기도 한다. 사람의 경우로 따지면, 포옹하는데 상대가 손을 너무 낮게 내려 불쾌해지는 것과 같다.

고양이를 다룰 때 이 점을 기억해야 한다. 많은 고양이는 어렸을 때부터

인간이 온몸을 쓰다듬는 것에 익숙해져 이를 편하게 받아들이지만 일부
고양이는 같은 행동에 불쾌감을 느낄 수 있다.

성묘가 청소년기 고양이의 머리와 귀를
핥아 주고 있다.
©N. Prince/PrinceRoyal Bengals

뒷다리와 엉덩이, 꼬리도 소통에 사용된다. 고양이는 다른 고양이에게
친근하게 다가갈 때 꼬리를 기둥처럼 곧게 세운다. '꼬리 올리기'는 가까워
지고 싶다는 의미이다.

고양이가 친근함의 표시로 꼬리를 치켜든
채 접근하고 있다.　　©Rhonda Van

고양이들은 서로 스쳐 지날 때 잠시 멈춰 꼬리를 교차시키거나 서로 꼬
리를 감기도 한다. 꼬리로 상대방의 등을 쓰다듬기도 한다.

반야생 고양이 두 마리가 꼬리를 위로 치켜
든 채 부분적 '꼬리 감기'를 하고 있다. 이는
우정의 신호다.
© *Cimeron Morrisey*

고양이는 사회성을 보여 주려고 종종 엉덩이와 꼬리 부위를 서로에게 밀어붙이는 행동을 한다. 이는 '우리는 친구'라는 의미다. 꼬리 아래쪽 냄새를 맡는 것 역시 고양이들 사이에서는 정상적인 상호작용 방식이다. 냄새를 통해 상대방을 파악하고, 상대가 냄새 맡는 것을 개의치 않아 하며 서로 잘 지내고 있음을 표현한다.

만약 당신이 알고 있는 모든 고양이가 수줍어하고 고독을 좋아하며 다른 고양이나 인간과의 교류를 원하지 않는다면, 당신은 이렇게 행동하도록 키워진 고양이들만 알고 있는 것이다. 고양이는 원래 사회적이다. 하지만 우리 인간이 역사적으로 새끼 고양이를 생후 4~6주 차에 어미에게서 떼어내고, 소수의 인간과만 상호작용하는 환경에서 키워 비사회적인 개체로 만들고 말았다.

세 마리의 반야생 고양이가 엉덩이 부위
를 서로 밀착하여 사회적 상호작용을 하
고 있다. ©*Cimeron Morrisey*

디코딩 유어 캣

새끼 고양이를 사회적으로 키우고 싶다면 우선 어미 고양이와 한배 형제들과 어린 시절을 보내게 하고, 사회적 기술이 좋은 다른 고양이들과 친절한 인간에게 많이 노출되게 하는 것이 이상적이다. 생후 8~9주면 젖을 떼도 생존에 문제가 없지만, 14주까지 원가족과 함께 지내게 하는 것이 정신적·사회적 발달에는 가장 좋다. 이 시기의 새끼 고양이는 어미의 존재를 통해 안전함을 느끼고 중요한 기술을 배우며, 다른 고양이들과의 상호작용을 통해 추가적인 사회적 기술을 배우게 된다. 하지만 어떤 고양이는 이런 환경에서도 그다지 사회적이지 않을 수 있는데, 이는 유전적 요인 때문일 수 있다. 그런 점을 감안하더라도 어미의 돌봄과 혈연관계이든 아니든 친근한 고양이들과의 상호작용은 좋은 고양이로 성장하는 중요한 기초가 된다.

새끼 고양이를 어미와 형제들과 함께 키우는 것이 이상적이지 않은 경우도 있다. 어미가 야생 고양이이고 인간과의 사회적 접촉이 거의 없는 환경이라면, 차라리 사회적인 새끼 고양이나 성묘들과 지내게 하는 편이 중요한 고양이 기술을 배우는 데 도움이 된다.

새끼 고양이는 고양이 집단의 구성원으로 성장하며 어미에게는 사냥하는 방법을 배우고 그룹의 다른 고양이들로부터는 적절한 고양이 예절을 배운다. 이러한 고양이들은 매우 사회적이 된다. 사회적 기술이 뛰어난 성묘들과 어미와 함께 가정에서 자란 새끼 고양이도 마찬가지다. 토파즈와 오팔이 그랬던 것처럼, 고양이는 다른 고양이들을 통해 환경에서 안전하거나 위험한 것이 무엇인지에 대한 정보를 얻는다.

물론 확장된 가족에서 모든 고양이가 다 잘 지내는 것은 아니다. 고양이 집단은 어떤 면에서는 고등학교를 연상시킨다. 특정 무리의 고양이들은 함께 어울리며, 그루밍, 비비기, 코 맞대기, 꼬리 감기, 머리 부딪치기를 주기적으로 한다. 반면 외부 고양이들은 그 무리의 구성원들로부터 냉대받을 수 있다. 그러나 대부분의 고양이들은 자신이 사회화되고 받아들여진다고 느끼는 무리에 속해 있다.

> ### 모계 사회에서 수컷은 어디로 가나?
>
> 중성화되지 않은 야생 고양이와 반야생 수컷 고양이들은 대개 두 살 정도가 되면 새로운 집단을 찾아 떠난다. 이는 집단에게 유익한데, 근친교배를 피해 유전적 다양성을 높일 수 있기 때문이다. 하지만 젊은 수컷에게 새 집단에 합류하는 것은 상당히 어려운 일일 수 있다. 그 집단의 고양이들이 그를 무조건적으로 신뢰하지는 않기 때문이다. 수컷은 한동안 이 집단의 주변부에서 생활하며 신뢰와 우정을 쌓아야 한다. 새로운 집단의 일원으로 받아들여지기까지는 몇 주의 시간이 걸릴 수 있다.
>
> 인간이 만든 환경에서는 어느 성별이든 새로운 성묘를 기존 집단에 데려올 수 있다. 야생 고양이 집단과 마찬가지로, 기존의 고양이들은 새 고양이를 적대적으로 대하기 쉬우며, 심지어 중성화된 고양이를 침입자로 인식해 공격할 수도 있다.
>
> 이 때문에 집에 새 고양이를 데려올 때는 처음에는 다른 고양이들과 공간을 분리하고 서서히 점진적으로 소개하는 것이 좋다(5장 참고). 기존의 고양이들이 새 친구를 받아들이는 데 걸리는 시간, 그리고 새 친구가 환경에 적응하는 데 걸리는 시간은 고양이들 각각의 기질과 사회화 정도에 따라 다르다. 셸리 집의 경우 기존에 있던 고양이들이 사회화가 잘 되어 있어, 새로 온 고양이인 토파즈와 오팔을 기꺼이 받아들였다.

사교적인 고양이로 키우기,
무엇부터 시작해야 할까?

여러 현실적 한계로 인해 고양이 간의 사회화와 고양이와 인간 간의 사회화 모두를 훌륭히 해내는 데는 어려움이 있을 수 있다. 어미 고양이와 형제들이 신체적으로 건강하고 한배 형제가 여럿 있다면 이상적이다. 같은 배에서 나온 새끼 고양이들은 신체적으로 건강하고 전염병을 옮기지 않는 다른 배의 새끼 고양이들과 놀이 파티를 할 수도 있다.

더 체계적인 교육과 사회화를 위해 수의행동학자, 커스티 섹셀Kersti Seksel이 최초로 '새끼 고양이 유치원'을 설계하고 시행했다. 새끼 고양이를 위한 학습 환경이어서 이런 이름이 붙었는데 점차 인기를 끌고 있다. 동물병원 수의사에게 고양이 유치원 제도를 운영하는지 아니면 혹시 근방에 이런 곳이 있는지 문의해 보자.

이런 수업을 들을 때는 질병 예방을 위해 다음의 건강 기준을 따라야 한다.

- 모든 새끼 고양이는 건강하다는 검진 결과를 받아야 한다.
- 1차 접종을 마친 상태여야 하며 장내 기생충이 없어야 한다.
- 수의사 검진을 받고 처음 수업을 듣기 전까지 또는 수업 사이에 설사나 콧물, 과도한 눈물 같은 질병의 증상을 보이지 않아야 한다.
- 전염병을 옮길 가능성이 있는 다른 고양이와 접촉하지 않아야 한다.

고양이가 유치원에 다니기 시작한 이후에는 질병의 증상이 나타나는지 면밀히 살피고 조금이라도 의심된다면 수업에 보내지 않는다.

구조 시설의 퀸, 즉 중성화되지 않은 암컷 고양이는 다양한 곳에서 구조되며 건강 상태도 다 다르다. 여건이 허락한다면 새끼 고양이가 생후 2~3주가 되면 그 가족만의 공간을 마련해 주어 함께 뛰놀며 서로 그리고 어미와 사회화될 수 있게 해 줘야 한다. 이때 새끼 고양이가 생후 7주 이상인 건강한 가족이 두 가구 이상 있다면 되도록 같은 공간을 쓰게 하는 것이 좋다. 만약 어미 고양이들이 잘 지내지 못한다면 새끼 고양이들끼리 하루에 20~30분 정도 같은 공간에 두고 나머지 시간은 각자의 가족과 보내게 한다.

고양이가 자신의 종과 동반자 관계를 형성하고 성공적으로 사회화되도록 하기 위해 두 마리의 새끼 고양이를 함께 입양하는 것을 고려한다. 둘이 꼭 혈연관계가 아니더라도 청소년기의 고양이들은 일반적으로 서로 잘 지내며 종종 평생 행복한 관계를 유지한다. 고양이들이 다른 고양이들과 잘 사회화되면 다른 고양이들과 함께 놀 수 있어 삶이 더 풍부해진다. 대부분의 고양이는 산책도 안 하고 다른 고양이들을 정기적으로 만날 일이 없기 때문에 집 안에 친구가 있는 것은 매우 중요하다. 걱정할 필요는 없다. 고양이 친구가 있어도 여전히 우리를 사랑하고 우리를 필요로 할 테니까.

다묘 가정이라면 고양이들이 서로 친근하고 사회성을 보일 때 쓰다듬거나 보상을 주어 친밀한 상호작용을 장려한다.

아침이면 네 마리의 길들여진 고양이는 이렇게 나란히 앉아 보호자가 와서 쓰다듬어 주기를 기다린다. 이완된 얼굴 근육, 앞으로 뻗은 수염, 치켜세운 꼬리에 주목하자. 이 보디랭귀지는 고양이들이 동료들과 행복하고 친근하게 지낸다는 것을 나타낸다.

© *Sherry Lynn Sanderson*

성묘의 사회적 행동 늘리기

이미 성묘가 되었고, 집에서 키우는 동안 다양한 사람이나 다른 고양이들과 접촉의 기회를 그다지 주지 않았다면 어떻게 해야 할까? 아마도 이 고양이는 우리 가족과는 편안하게 지내지만 손님이 오면 숨기 쉽다. 하지만 어린 시절에 사회화되지 못한 고양이도 얼마든지 사회적으로 될 수 있다. 단지 많은 시간과 노력이 필요할 뿐이다.

야생 어미의 새끼 고양이가 12주 이상이 되어서야 포획된 경우도 마찬가지다. 비록 더 많은 시간과 노력이 필요하겠지만, 사람들과 다른 동물들로 둘러싸인 집에서 안전함을 느끼도록 도와줄 수 있다.

토파즈와 오팔 모녀의 경우처럼 고양이들은 주변 세상을 관찰하고 보고 들으며 배운다. 매우 무서운 경험을 한 고양이도 적어도 일부 인간에게는 안전을 느끼는 법을 배울 수 있다. 게다가 맛있는 간식을 제공하는 인간은 그렇게 나쁘지 않을 수 있다.

야생에서 태어난 새끼 고양이와 사회화되지 않은 성묘 모두에게 좋은 출발점은 언어 신호나 재주를 가르치는 것이다. 여러 신호를 가르칠 수 있지만 하나만 배워도 고양이는 덜 소심해질 수 있다. 흔히 알려진 것과 달리 고양이도 배우는 것을 좋아하고 대부분의 동물처럼 먹이에 동기부여된다. 때로는 고양이가 기꺼이 일할 맛있는 간식을 찾기 위해 조금 더 창의적으로 생각해야 할 수도 있다. 그리고 신중한 고양이는 새로운 간식을 먹기 전에 냄새를 맡고 조사하는 경향이 있다는 것을 기억한다. 다양한 간식을 실험해 보면서 고양이가 열광하는 것을 찾는다. 선호하는 간식을 찾았다면 정적 강화를 통해 간단한 신호 행동을 교육할 수 있다.

항상 행동을 먼저 교육한 다음 거기에 신호를 추가한다. 예를 들어 "앉아"라는 말에 앉게끔 가르치고 싶다면, 먼저 고양이가 앉을 때까지 기다렸다가 그 즉시 간식으로 보상하는 것으로 시작한다. 고양이 머리 위에 간식을 들고 있으면 대부분 앉아서 올려다본다. 다시 말하지만 고양이가 앉자마자 바로 간식을 준다.

만약 고양이가 완전히 일어서거나 앉아서 상반신만 일으키는 것과 같이 다른 행동을 한다면 그것도 괜찮다. 우리 목표는 특정 행동을 가르치는 것이 아니라 신호에 맞는 행동을 하고 보상을 얻는 것을 가르치는 것이다. 고양이가 상반신만 세워서 앉는 것을 좋아한다면 그 행동을 교육한다.

고양이가 일관되게 그 행동을 하면 '일어서'나 '앉아' 같은 신호 단어를 추가한다. 이제 고양이는 그 단어와 특정 행동을 간식이라는 즐거운 보상과 연관시킬 것이다.

고양이가 정말로 잘할 때까지 행동을 규칙적으로 교육한다. 고양이가 낯선 사람과 상호작용할 수 있도록 도우려면, 특정 장소에서 또는 작은 매트 같이 이동할 수 있는 것 위에서 신호를 연습하는 것이 좋다. 물론 이는 필수는 아니다.

고양이가 신호에 익숙해지면 친구를 교육 시간에 맞추어 부른다. 고양이를 교육하고 보상을 주는 동안 고양이가 볼 수 있는 곳에 친구를 가만히 앉아 있게 한다. 고양이가 친구에게 다가갈 준비가 되지 않았더라도 친구가 고양이에게 간식을 던져 줄 수 있다. 고양이를 맞히지 않도록 주의하면서 고양이 근처로 간식을 던진다.

시간이 지나면 점점 더 많은 손님을 초대한다. 이 사람들은 고양이와 편안하게 지내야 하지만, 고양이가 수줍어하면 상호작용을 억지로 밀어붙이지 않는 것이 중요하다는 사실을 이해하고 있어야 한다. 우리와 친구들은 고양이의 자연스러운 성격을 받아들이고 고양이가 있는 그대로 행동할 수 있게 해 줘야 한다. 고양이가 자신의 속도로 손님에게 다가가도록 허용한다. 고양이가 편안해 보이면, 손님에게 교육한 행동에 대한 신호를 알려 주고 간식으로 보상하도록 한다.

고양이가 특정 손님에게 다가가서 신호에 따라 행동하고 간식을 받는 것에 편안해지면, 그 손님이 고양이를 쓰다듬어 볼 수 있다. 단, 머리와 목 부분에 한하여 아주 잠깐 만져야 한다.

고양이가 간식과 쓰다듬기를 통해 다른 사람들과 편안해지는 데 진전을 보이지 않는다면, 수의사와의 상담을 통해 고양이가 사람 앞에서 더 자신감을 갖고 덜 두려워하도록 돕는 약을 처방받을 수도 있다. 토파즈와 오팔이 우리에게 보여 준 것처럼 큰 심리적 트라우마를 겪은 고양이들은 회복하는 데 시간이 걸린다.

고양이가 제일 좋아하는 쓰다듬기

고양이에게 애정을 표현하는 가장 좋은 방법은 무엇일까? 많은 일이 그렇듯, 고양이가 즐기는 쓰다듬기, 관심, 인간과의 상호작용 유형도 고양이마다 다 다르다. 다양한 쓰다듬기 유형을 살펴보고, 우리 고양이가 좋아하는 건 무엇인지 생각해 보자.

머리와 목 주위를 부드럽게 긁거나 문질러 주기: 고양이와 함께 지낸 적 있는 사람들은 대부분의 고양이가 이런 방식의 쓰다듬기를 좋아한다는 걸 안다. 이는 고양이들끼리 혀로 목과 머리를 핥고 긁어 주는 것과 비슷하다. 대부분의 고양이가 이 방법을 좋아할 가능성이 높다.

몸 전체 쓰다듬기: 이 방법은 일부 고양이는 좋아하고 일부는 불쾌하게 여긴다. 우리는 고양이 세계에서 거인이라는 사실을 기억해야 한다. 우리보다 열 배는 큰 거인이 거대한 손으로 우리 온몸을 만진다고 상상해 보라. 매우 위협적으로 느껴질 수 있다. 다른 한편으로, 고양이가 우리를 정말로 신뢰한다면 이 유형의 쓰다듬기는 고양이들이 서로에게 온몸을 문지르는 것과 어느 정도 유사하므로, 우리 제스처를 친근함으로 해석할 수 있다. 전체 몸을 쓰다듬는 것은 고양이가 우리를 정말 잘 알고 있는 경우에만 시도한다.

고양이가 등을 대고 누워 있을 때 배 문지르기: 대다수의 고양이는 이런 유형의 쓰다듬기를 좋아하지 않는다. 고양이가 똑바로 서 있을 때 전신 쓰다듬기를 위협으로 받아들이는 것처럼, 배를 보이고 있을 때 만지는 행위 역시 그렇다. 이 자세는 고양이에게 무척 취약한 자세라는 사실을 기억하자.

많은 수는 아니지만, 전에 새끼를 기른 적 있는 퀸을 포함해 이렇게 배 문지르기를 즐기는 고양이들이 있긴 하다. 퀸이 사회적 유대감을 형성해 인간을 신뢰하게 되면, 옆으로 또는 부분적으로 등을 대고 눕는다. 이는 새끼를 기를 때의 자세다. 새끼를 기른 일은 행복한 경험이었을 가능성이 크다. 새끼들이 배를 문지르면 옥시토신이라는 호르몬이 분비되어 젖이 나오게 되는데 옥시토신은 기분에도 영향을 미쳐 어미를 매우 행복하게 만든다. 퀸이나 이전에 퀸이었던 중성화된 고양이가 이 자세로 눕는다면, 우리가 부드럽게 배를 문지르는 것을 새끼들이 그랬던 것과 비슷하게 느낄 수 있다. 일부 수컷도 이 유형의 쓰다듬기에 편안함을 느끼는데 이는 생애 초기 경험에 달려 있다.

고양이가 스트레스를 받거나 두려워하거나 혹은 공격적으로 반응한다면 배를 문지르지 않는다. 굳이 이렇게 배를 만지지 않고도 고양이와 교류할 수 있는 방법은 얼마든지 있다. 전에 키웠던 고양이가 배 만지는 걸 허락했다거나 심지어 좋아했다고 해서 새로운 고양이도 그럴 것이라고 지레짐작하지 않는다. 앞서 말했듯 배 만지는 걸 좋아하는 고양이는 드물다.

꼬리 밑 부분 긁어 주기: 배 문지르기와 마찬가지로, 이를 기분 좋게 여기는지 두려워하는지 심지어 고통스럽게 여기는지는 고양이마다 다르다. 만일 우리 고양이가 이 유형의 쓰다듬기를 좋아하고 우리 손에 몸을 붙인다면 이는 좋은 상호작용 방법이 될 수 있다. 그러나 고양이가 빠르게 돌아서거나, 때리거나, 하악거리거나, 으르렁거리거나, 우리를 피하기 시작한다면, 그 부위를 쓰다듬으면 안 된다. 꼬리 밑 부분을 긁으려고 할 때 고양

이가 강한 반응을 보인다면 통증을 확인하기 위해 수의사에게 데려가야
한다.

겁 많은 고양이는 상자를 좋아한다

겁 많은 고양이를 도울 때는 그들의 두려움을 존중하는 것이 중요하다. 고양이는 작은 동물을 잡아먹는 포식자지만, 동시에 코요테나 여우, 밥캣, 독수리, 개처럼 자기보다 더 큰 동물의 먹이가 되기도 하므로 위험을 피하고 안전한 삶을 추구하려 드는 것은 당연한 일이다.

고양이는 상자를 좋아한다. 고양이가 상자를 선호하는 이유는 여러 가지가 있겠지만, 넓게 트인 공간보다 상자나 텐트처럼 닫힌 공간에서 느끼는 안전감을 제일 먼저 꼽을 수 있을 것이다. 캐시 칼스테드Kathy Carlstead와 그 연구진이 밝혀낸 바에 따르면, 고양이는 스트레스를 받는 상황에서 숨을 곳이 있을 때 스트레스 수치가 더 낮았다. 주디 스텔라Judy Stella가 동료들과 함께 진행했던 최근 연구에서도 숨을 공간과 높은 장소가 있는 환경에서 사는 고양이들이 질병 행동을 보이는 빈도가 낮다는 사실이 밝혀졌는데, 이는 더 잘 먹고 화장실도 편안하게 사용하며 위장 장애의 징후도 덜 보인다는 것을 의미한다.

겁 많은 고양이가 자신감을 가지려면 안전하다고 느끼는 장소로 언제든 피할 수 있어야 한다. 가족들뿐만 아니라 집에 온 손님들에게 고양이가 안전한 장소에 피해 있을 때는 건드리지 말 것을 잘 숙지시킨다.

사회성이 과한 경우도 있나?

그렇기도 하고 아니기도 하다. 다른 고양이, 개, 인간 또는 다른 생물과 좋은 관계를 가지고 있는 건강한 고양이는 많은 사회적 놀이에 참여하고 싶어 할 수 있다. 여기에는 쫓기, 점프, 잡기가 포함되는데 상황에 따라 문제가 될 수도 있다. 예를 들어, 나이 든 고양이는 별로 움직이고 싶지 않은데, 집에 새로 온 고양이가 놀이를 좋아하는 새끼 고양이나 젊은 성묘라면

스트레스가 될 수 있다. 결국 나이 든 고양이는 공격적으로 반응하게 된다. 나이 든 고양이는 스트레스를 받고 두려워하고 젊은 고양이도 그를 두려워하게 될 것이다.

각 고양이의 개별적인 욕구를 해결해 준다면 이런 사태를 예방하거나 개선할 수 있다. 젊은 고양이가 활발한 놀이에 많이 참여하는 것은 정상적이고 건강한 일이다. 이때는 '쫓고 뒹굴며' 같이 놀 수 있는 비슷한 나이의 세 번째 고양이를 데려오는 것이 해결책이 될 수 있다. 또는 보호자가 젊은 고양이가 만족할 정도로 충분히 놀아 줘도 좋다.

다른 고양이보다는 사람하고만 왕성하게 놀려고 드는 젊은 고양이도 있다. 이런 고양이는 사람 다리나 발에 점프하거나 사람이 지나갈 때 잡으려고 할 수 있다. 활발한 사회적 놀이가 부상을 입힐 때 '잘못된 놀이 행동'이라 부르는데, 이는 공격적으로 보일 수 있지만 고양이는 단지 가족과 놀려고 하는 것이다(7장과 11장 참고).

다묘 가정, 모든 고양이에게 충분한 자원을 제공한다

다묘 가정의 잠재적 문제 중 하나는 고양이 간의 공격성이다. 이 문제를 피하기 위한 가장 중요하고 기본적인 방법 중 하나는 모든 고양이에게 충분한 자원을 제공하는 것이다. 이런 자원은 집 안 곳곳에 분산되어 있어야 한다.

일부 고양이들은 선호하는 핵심 영역, 즉 주로 쉬고 노는 장소가 있다. 각 고양이의 선호 영역에 모든 자원을 갖춰 준다. 고양이에게 중요한 모든 것을 생각하고 여러 옵션을 제공한다. 장난감, 스크래처, 높은 휴식 장소가 대표적이다. 자원이 한정되어 이를 두고 경쟁해야 한다면 고양이들은 공

격적인 행동을 보일 것이며, 일부 고양이는 자원을 독점해 다른 고양이들
이 접근하지 못하게 할 수도 있다. 모든 고양이가 필요한 것을 갖추면 경쟁
할 필요가 없어 공격성 문제가 발생할 가능성도 적어진다.

고양이는 다른 종과 친밀하게 상호작용할 때, 다른 고양이들에게 하는 것과 동일한 행동을 보인다. © *Sharon Crowell-Davis*

- 일반적으로 고양이는 비사회적이지도, 혼자 있는 것을 좋아하지도 않는다. 하지만 자신의 종이나 친근한 인간과 교류 없이 자라면 비사회적이 될 수 있다.
- 고양이는 사회적 동물이다. 모계 사회의 우두머리, 퀸을 중심으로 대가족을 꾸리기도 한다.
- 모든 고양이는 각자 기질이 다르다. 이 기질은 유전, 생애 초기 경험, 특정 사건의 조합에 기반한다.
- 고양이는 성장하면서 적절한 사회적 행동을 배워야 한다. 고양이는 뇌에 사회적 행동을 배우고 유지할 수 있는 템플릿template[10]이 있지만 실제 경험을 통해 배워야 한다.
- 새끼 고양이와 청소년기 고양이가 행동적·사회적으로 건강하게 자라기 위해서는 여러 친근한 고양이와 사람과 접촉해야 한다. 사회화를 전문적으로 다루는 고양이 유치원, 즉 사회화 수업이 있다면 등록한다.
- 함께 사는 사람이 고양이에게 친절하고 고양이의 선호를 존중한다면 고양이는 그 보호자와 강한 사회적 관계를 맺는다.
- 고양이는 친근한 사람을 친근한 고양이 대하듯 한다. 그렇다고 고양이가 인간을 고양이로 생각한다는 뜻은 아니다. 고양이가 상호작용을 위해 표현하는 일련의 행동이 있는데, 이 행동은 대상의 종에 관계없이 일정하다.
- 고양이는 먹잇감이 되는 동물이기도 하기 때문에 새로운 사람과 장소를 받아들이는 데 시간이 걸릴 수 있다. 새로움은 위험을 뜻하기 때문이다. 길들여진 고양이에게는 안전하다고 느낄 수 있는 닫힌 공간이 반드시 필요하다. 소개는 즐거운 과정으로 천천히 진행하고, 사람과 친해지는 속도는 고양이에게 맡기는 것이 좋다.
- 집에 새끼 고양이나 청소년기 고양이가 있다면, 손님에게 간식과 장난감을 주도록 해서 가족이 아닌 사람도 안전하고 즐거운 존재라는 사실을 가르쳐 준다.
- 토파즈와 오팔이 보여 주었듯이 고양이 가족 간 유대는 여러 해 동안 매우 강하게 지속될 수 있다.

5장

여러 마리의
고양이와
함께 살기

다묘 가정에서
조화 이루기

레티샤 마토스 드 수자 단타스Leticia Mattos De Souza Dantas, DVM, MS, PhD, DACVB

릴리는 아홉 살 된 고양이로, 가족인 마리아와의 삶을 매우 즐기고 있었다. 어느 날 마리아는 구조단체 웹사이트의 입양 페이지에서 릴리의 새끼인 양 릴리를 똑 빼닮은 고양이를 발견했다. 타이거는 두 살배기로 구조된 길고양이였다. 마리아는 타이거가 릴리와 가장 친한 친구 사이가 되길 바랐다.

타이거를 집에 데려왔을 때 처음에 릴리는 괜찮아 보였다. 전에 다른 고양이들과 잘 지냈던 경험이 있기에 마리아는 두 고양이를 천천히 소개하는 데 별로 애쓰지 않았다. 타이거는 조심스럽고 주저하는 모습을 보이기는 했지만, 두려움이나 공격성의 징후는 보이지 않았다. 그러던 어느 날, 둘이 친해지게 해주려고 밥을 같은 장소에서 급여하려 하는데, 릴리가 갑자기 밥그릇 쪽으로 오는 타이거를 공격했다. 릴리는 통제할 수 없을 정도로 하악거리며 으르렁댔다. 마리아가 다가가자 릴리는 마리아의 다리를 물어 심한 상처를 냈다. 마리아는 두 고양이를 분리시켰다.

시간이 지나면서 타이거와 릴리는 문을 사이에 두고 공존하는 법을 배웠지만 결코 친해지지는 않았으며, 릴리는 여전히 문 너머의 타이거에게 하악질을 하고 으르렁댔다. 그러던 중 타이거가 골수병에 걸리고 말았다. 스트레스를 받으면 증상이 심해졌다. 마리아는 릴리의 공격성이 타이거의 건강에 악영향을 미친다고 생각해 결국 둘을 완전히 분리시켰다. 그제야 둘 다 만성 스트레스에서 해방될 수 있었다.

이후 릴리가 세상을 떠났다. 마리아는 타이거가 다른 고양이들과 함께 사는 것이 어렵고 스트레스를 받으면 병이 악화된다는 것을 이해하고 다른 고양이를 더는 데려오지 않기로 했다. 그때부터 타이거는 세상에서 제일 행복한 고양이로 지냈다. 골수병도 완화되었고 딱히 친구를 원하는 것처럼 보이지도 않았다. 마리아는 매일같이 구조단체 웹사이트의 입양 공고를 보며 둘째 고양이를 꿈꿨지만, 타이거를 위해서는 새 고양이를 들이지 않는 게 좋다는 사실을 잘 알고 있었다.

고양이를 아예 안 키우는 집은 있지만 한 마리만 키우는 집은 많지 않다. 보통은 두 마리 이상을 기른다. 하지만 실제로 고양이들은 이에 대해 어떻게 생각할까? 우리도 타인과 함께 사는 것은 힘든 일일 수 있다. 공간을 공유하고, 물건을 함께 쓰고, 시끄럽고, 혼자 있고 싶어도 그럴 수 없다. 고양이도 크게 다르지 않다. 일부 고양이는 다른 고양이와 기꺼이 함께 살지만, 많은 고양이는 동반자를 심하게 거부하고 적응하는 데 오랜 시간이 걸리며, 그마저도 처음 소개 시 행동 수정 과정의 도입이 필수인 경우가 대다수다.

4장에서 이미 길들여진 고양이의 사회적 행동에 관해 다루었다. 이번 장에서는 고양잇과 동물의 사회적 행동이 다묘 가정에서의 상호작용에 어떤 영향을 미치는지, 새끼 고양이를 새로 들일 때 어떻게 하면 모두 잘 적응할 수 있는지에 대해 설명하겠다. 현실적인 기대, 다묘 가정에서 평화로운 공존의 가능성을 높이기 위한 기본 지침, 모든 고양이의 기본적 욕구를 충족시키는 방법, 새로운 고양이를 소개할 때 인간과 고양이 모두 스트레스를 덜 받는 방법에 대해 논의할 것이다.

왜 새로운 고양이를 소개하는 것이 그리도 힘든 걸까?

고양이는 다른 고양이와 함께 지내는 걸 좋아할까? 이에 관해서는 의견이 분분하다. 고양이는 사회적이지 않다, 고양이는 개만큼 사회적이지 않다, 고양이는 무척 사회적이다. 이중 과연 무엇이 진실일까?

고양이가 사회적이라면, 왜 새로운 고양이를 소개하는 것이 그리도 힘든 걸까? 왜 많은 고양이가 같은 종에게 적응하지 못할까? 그 답은 고양이 행동의 진화와 생물학에 있다.

길들여진 고양이의 조상인 펠리스 실베스트리스 리비카*felis silvestris lybica*, 즉 아프리카들고양이African wildcat는 혼자 생활하는 동물이었다. 그러다가 수세기에 걸친 길들이기를 통해, 이 들고양이는 놀라운 사회성을 지닌 길들여진 고양이, 펠리스 카투스*felis catus*로 발전했다. 이 고양이들은 사자와 치타처럼 사회적 행동을 하고 그룹을 형성하는 고양이 종이 되었다. 이들은 서로의 새끼를 돌보고 젖을 먹이는 등 복잡하고 흥미로운 협력 행동을 한다.

자유롭게 떠돌아다니는 고양이들은 혈연관계의 암컷 고양이들로 구성된 모계 사회를 꾸리기도 한다. 이들은 함께 지내면서 화학적 의사소통을 통해 그룹의 정체성을 확립하고, 시각보다는 후각을 사용해 개체를 확인한다. 낯선 개체들은 그룹에서 절대 환영받지 못한다. 수컷은 약 한 살쯤 무리를 떠나는 경향이 있으며, 무리 고양이들은 낯선 고양이가 접근하면 공격적으로 쫓아낸다.

두 마리 이상의 고양이를 한 집에서 기르기로 결정하게 되는 경우, 대개 혈연관계가 아닌 고양이들을 인위적인 사회 그룹에 강제로 넣게 된다. 많은 고양이에게 이는 어렵고 심지어 받아들이기 힘든 일이다. 고양이들이 다른 고양이에게 친근한 행동을 보일 수 있지만, 그들은 진화 과정에서 볼 때, 즉 혼자 오랜 시간 살았던 만큼 개를 비롯한 다른 동물들이 마스터한 갈등 해소 행동이 부족하다. 그래서 불편한 상황을 만나면 고양이는 기본적으로 회피와 분산, 즉 도망을 선택한다. 하지만 인간과 함께 실내에서 사는 고양이들은 어디 다른 곳으로 떠날 수가 없다. 그렇기 때문에 새로 고양이를 데려올 때는 적절한 방법으로 소개하는 것이 매우 중요하다. 첫인상이 전부이다. 무슨 수를 써서라도 초반의 다툼은 피해야 한다.

고양잇과 동물의 사회적 선호social preferences는 성격, 유전, 출생 전후의 뇌 발달, 생애 초기 사건과 성묘 생활 경험에 영향을 받는다. 모든 고양이는 다 다르므로 새 고양이를 가정에 합류시킬 때는 이런 개별성을 고려해야 한다.

긍정적인 측면에서, 고양이는 자신만의 공간, 자원 및 대처 메커니즘이 제공되는 한 갈등 없이 공존하는 몇 가지 놀라운 방법을 개발했다. 이제 우리는 일부 고양이들이 최대한 스트레스를 덜 받으며 함께 살 수 있게 해주는 것과 진정으로 유대감을 갖고 친구가 될 수 있게 하는 것이 무엇인지 알게 되었다.

다묘 가정에서 일부 고양이들은 자신만의 그룹을 형성하고 일부는 혼자 살아가는 고양이로 행동할 수 있다. 모두 허용 가능한 일이다. 핵심은, 이 장에서 나중에 설명하겠지만 각 그룹과 각 고양이에게 충분한 여러 자원을 제공하는 것이다.

용어 정리

- **조상**ancestor: 진화를 거슬러 올라가면 만날 수 있는 초기 유형의 동물.

- **친화 행동**affiliative behaviors: 애정 전달과 긴장 완화, 유대감 유지를 목적으로 하는 사회적 행동.

- **적대 행동**antagonistic behaviors: 공격, 싸움 또는 충돌과 관련된 사회적 행동. 스트레스나 두려움을 나타내는 신호, 위협적인 행동, 회피 및 후퇴 행동이 여기에 속한다.

- **불안 장애**anxiety disorders: 불안과 두려움의 강한 감정으로 인해 정상적인 생활이 불가능해지는 정서 장애와 행동 병리를 묶어서 칭하는 용어.

- **불안**anxiety: 어떤 일이 일어날지도 모른다는 걱정으로 불편한 상태 또는 결과가 불확실한 상황에 대한 불안감.

- **달래기 및 화해 행동**appeasement and reconciliation behaviors: 평화를 만들고 상황을 진정시키며 싸움을 피하기 위한 행동. 고양이도 이런 행동을 보이지만, 갈등을 피하기 위해 신체적 회피와 냄새를 사용하는 진화적 역사 때문에 개보다는 행동 레퍼토리가 덜 광범위하다.

- **행동 요법 혹은 행동 수정**behavior therapy or behavior modification: 여러 심리적 문제를 치료하고 기능 장애 행동을 수정하기 위해 학습 절차를 체계적으로 사용하는 것.

- **두려움**fear: 어떤 상황, 동물, 인간, 사건에 대해 겁을 먹거나 두려워하는 감정 상태.

- **페로몬**pheromones: 고양이가 영역을 표시하거나 젖을 먹이는 새끼 고양이를 진정시키기 위해 사용하는 자연 발생적 종 특정 향. 상업적으로 이용 가능한 합성 페로몬(복제본)도 있다.

- **스트레스**stress: 스트레스 요인이라는 자극이 개인의 신체나 정신의 평화로운 균형을 위협할 때 일어나는 생물학적 반응. 스트레스 요인은 물리적 환경이나 사회적 상호작용 같은 외부적인 것 또는 질병, 통증, 불편함 같은 내부적인 것일 수 있다. 스트레스는 신경계와 내분비계의 복잡한 반응인 싸움-도주 반응fight-or-flight response을 일으켜 신체 전체에 영향을 미친다.

친근함과 스트레스를 나타내는 언어

앞 장에서 다룬 스트레스와 친근한 상호작용 행동에 관해 다시 살펴보자. 이런 신호는 무엇인가? 고양이가 다른 고양이를 만났을 때 기분이 좋은지 나쁜지 어떻게 알 수 있을까? 다묘 가정에서 가장 중요한 신호들을 중심으로 고양이의 보디랭귀지를 몇 가지 소개한다.

친화 행동 및 친근한 행동: 고양이들 사이에서는 긴장감 없이 꼬리를 똑바로 세운 채 인사하는 것은 친근함의 흔한 신호다. 시선은 부드럽고 일부 고양이는 천천히 눈을 깜빡이기도 한다. 상대를 핥거나 비비고, 함께 놀고, 가까운 거리에서 같이 쉬고, 서로의 품에 바싹 붙어 있는 것 같은 행동이 이 범주에 들어간다.

위협 행동: 하악거리거나 으르렁거리며 얼어붙은 듯 동작을 멈추고 노려보는 행동이 일반적인 위협 행동이다.

후퇴 행동 및 회피 행동: 시선 회피, 뒤로 물러서기, 다른 곳으로 달아나거나 숨는 행동이 이에 속한다.

공격: 앞발로 후려치거나, 물거나, 할퀴는 행동이 이에 속한다.

스트레스: 고양이는 얼굴 표정, 몸의 움직임, 행동을 통해 스트레스를 표현한다. 대표적인 스트레스 신호로는 얼굴 근육의 긴장이 있는데, 이때 보통 귀를 까딱거리거나 무언가를 응시하면서 귀를 앞으로 향하게 하거나 뒤쪽으로 돌린다. 귀가 뒤로 회전하며 머리에 바싹 붙는 것은 극도의 두려움을 나타내는 신호다. 얼굴에서 쉽게 알아차릴 수 있는 스트레스의 다른 신호는 눈을 빠르게 깜박이거나 가늘게 뜨기(보통 시선을 피하며 고개를 돌리는 것과 동반됨), 동공 확장, 입술 핥기, 침 삼키기 등이 있다. 꼬리 움직임 역시 의미가 있다. 꼬리를 몸에 가깝게 말아 넣거나, 점점 더 짜증이 난다는 신호로 꼬리를 휙휙 움직인다.

스트레스를 받으면 갑자기 자신을 빠르게 핥는 것 같이 맥락에 맞지 않는 행동을 보이기도 한다. 고양이는 신체 근육의 긴장을 보이며 몸을 움츠리기도 하고, 바닥에 웅크리기도 하고, 등을 활처럼 휘기도 한다. 털을 세우거나 솜사탕처럼 부풀리기도 하고 머리를 낮게 내리기도 한다.

스트레스를 많이 받은 고양이는 과민반응을 보이고, 계속해서 환경을 스캔해서 감지한 움직임과 소리에 반응한다. 반면 일부는 조용히 행동하며 생기 없는 것처럼 보일 수 있다. 이러한 행동 변화에 더해 상호작용하고 있는 사람이나 두려운 자극을 피하려는 적극적인 시도가 동반되기도 하는데, 뒤로 물러서기, 다른 곳으로 가버리기, 도망가기, 숨기, 점프하기, 높은 곳으로 뛰어오르기가 포함된다. 일부 고양이는 만져지거나 두려움의 대상이 가까이 다가올 때까지 움직이지 않을 수 있다.

신경질적인 고양이는 종종 소리를 내는데, 이는 고양이의 사회화 이력과 자극 수준에 따라 다를 수 있다. 어떤 고양이는 높은 음의 울음소리를 내고, 어떤 고양이는 하악거리고 으르렁거릴 수 있으며, 심지어 비명을 지르거나 침을 뱉을 수도 있다.

스트레스를 받은 고양이가 코너에 몰리거나 선택의 여지가 없다고 느끼면 공격 행동을 보일 수 있다. 또는 꼼짝 않고 가만히 노려보다가 갑자기 물거나 할퀴는 식으로 스트레스 신호를 번갈아 보일 수 있다. 일부는 적극적으로 쫓아가 공격하기도 한다.

스트레스가 질병을 유발할까?

함께 사는 고양이들이 스트레스 신호를 보일 때 얼마나 걱정해야 할까? 스트레스가 실제로 질병을 유발할까? 대답은 '그렇다'다. 정말로 그렇다. 고양이는 잠재적인 위협이나 도전을 받으면, 몸에서 스트레스 메커니즘이 활성화돼 불안과 두려움이 야기된다. 급성 스트레스를 경험하는 고양이는 특정 신체 언어를 보이는데, 이는 고양이가 도움이 필요한 순간을 감지하는 데 도움이 될 수 있다.

스트레스 반응은 모든 동물 종에게 중요한 방어 메커니즘이지만, 만성 스트레스 상태로 사는 것은 고양이의 정신적, 정서적, 신체적 건강에 해롭다. 만성 스트레스는 불안 장애, 공격적 행동, 대소변 실수 같은 의학적·행동적 문제를 일으킬 수 있다. 예를 들어 스트레스를 받은 고양이는 배뇨가 고통스러워지고 소변에 피가 섞이는 염증 상태를 겪을 수 있으며, 이는 화장실 외부에서 배뇨를 하게 만들 수 있다. 화장실 밖에서 배변하는 것은 어떤 것에 대한 불만이나 항의가 아니라, 안전하고 편안하다고 느끼는 곳에서 배변하려는 시도다(8장 참고).

시작하기_첫 만남의 중요성

긴 하루를 보낸 뒤 이제 막 집에 돌아왔다고 상상해 보자. 와인 한잔을 앞에 두고 긴장을 풀고 좋아하는 TV쇼를 몰아 볼 생각에 들떠 있다. 그런데 갑자기 누군가 현관문을 두드린다. 문을 열자마자 낯선 사람이 성큼성큼 들어와 와인 잔을 손에 들고 소파에 앉아 채널을 바꾼다. 여러분이라면 어떻게 하겠는가? 아마 당장 112에 신고할 것이다.

고양이는 그렇게 할 수 없다. 하지만 우리는 낯선 고양이를 집에 데려와 편안하게 지내길 바란다. 원래 살고 있던 고양이 입장에서는 얼마나 무서운 일일까?

다묘 가정을 미리 계획하는 과정은 곧 고양이들의 건강과 관계에 대한 투자인 셈이다. 새로운 고양이를 소개할 때 과학에 기반한 방법을 사용하면, 고양이들이 '알아서 해결하도록' 두는 것보다 그 과정이 훨씬 순조롭게 진행되고 앞으로 발생할 수 있는 심각한 문제도 예방할 수 있다.

고양이도 사람과 마찬가지로 첫인상이 오래간다. 첫 만남 때 심하게 싸운다면 앞으로도 잘 지내지 못할 가능성이 높다. 2005년 코넬 대학교의 에밀리 르빈Emily Levine이 진행한 연구에 따르면, 새 고양이를 집에 데려온 이후 몇 주 동안 일어난 고양이들 싸움에 가장 큰 영향을 끼친 요인이 바로 첫 만남 때의 비우호적이거나 공격적인 행동이었다. 다시 말해, 첫 만남이 불편하고 공격적이었던 경우 그 후 몇 주 동안 싸움이 잦을 가능성이 높았다.

그렇기 때문에 새로운 고양이를 성공적으로 소개하려면 꼼꼼히 계획해야 하며, 새 고양이나 기존에 살고 있던 고양이들이 싸움-도주 반응을 보이지 않도록 천천히 진행해야 한다. 합사는 점진적으로 이뤄져야 하며 고양이의 속도에 맞춰야 한다. 어떤 고양이는 몇 주 만에 익숙해질 수도 있지만, 몇 달씩 걸리는 고양이도 있다.

정해진 방에 있기

새 고양이를 데려오기 전에 방을 준비한다. 방에는 집의 다른 공간과 차단할 수 있는 문이 있어야 하며, 밥과 물, 화장실, 장난감, 스크래처, 숨을 공간, 높은 휴식 공간 같이 고양이가 필요로 하는 모든 것이 있어야 한다.

새로 입양한 고양이를 준비된 방으로 곧장 데려가 기존의 고양이들과 분리시킨다. 상호작용은 허용하지 않는다. 심지어 냄새 맡는 것도 안 된다. 새로운 환경에서 새로운 시각, 소리, 냄새를 접하는 것은 무서운 일이다. 새로운 고양이는 완전히 독립된 별도의 공간에서 새로운 집에 편안함과 안정감을 느끼고, 기존 고양이들에게 무슨 일이 일어나고 있는지 이해할 시간을 갖게 된다. 이 단계에서는 기존 고양이들과 새로운 고양이가 서로를 보거나 건드리지 않도록 해야 한다.

고양이들이 닫혀 있는 문을 통해 서로 반응할 가능성이 있으므로 정말로 완벽히 차단되어 있는지 확인한다. 문 아래로도 서로를 볼 수 없도록 드래프트 스토퍼draft stopper[11]나 상자를 사용해 막는다. 모든 고양이에게서 스트레스, 두려움, 불안의 징후가 사라지면 다음 단계로 진행할 수 있다.

냄새 소개하기

이 시점이 되면 새로 온 친구도 기존의 고양이도 서로의 냄새를 접할 준비가 되었을 것이다. 고양이는 냄새와 화학적 의사소통으로 많은 것을 판단하므로 시각보다 후각으로 접근하는 게 훨씬 중요하다. 시작하기 전에 한 가지 주의할 점이 있다. 고양이는 인공적인 냄새를 자기 몸에 입히는 것을 좋아하지 않으므로, 고양이에게 향수나 다른 어떤 냄새도 묻혀선 안 된다. 정말 심한 스트레스를 주게 된다. 고양이는 우리가 추가한 냄새가 아니라 자기 냄새를 바탕으로 자연스럽고 점진적으로 그룹 냄새를 형성해야 한다.

처음에는 각 고양이가 사용한 작은 물건, 예를 들어 담요나 작은 장난감을 교환해 서로의 냄새에 익숙해지도록 한다. 다만 이들이 불안해지지 않도록 잠자리나 캣타워 같이 각자의 안전 장소에는 두지 않는다.

새로운 냄새에 적응할 시간을 충분히 준다. 이런 물건을 줄 때는 고양이가 아주 좋아하는 간식을 함께 준다. 최대한 긍정적인 연관을 형성하기 위해 정말 맛있는 간식이나 음식을 사용한다. 고양이들마다 입맛이 다르니 시간을 투자해 저마다 어떤 간식을 가장 좋아하는지 미리 알아 둔다.

시간 분할 사용_ 번갈아가며 공용 구역에 있기

다른 고양이의 냄새가 묻은 물건을 보고 별다른 스트레스 징후를 보이지 않는다면 번갈아가며 공용 구역에서 시간 보내기를 시도할 수 있다. 특정 고양이의 안전한 피난처나 핵심 영역이 아닌 별도의 방에서 서로의 냄새에 노출시켜 준다. 단, 새로 온 고양이에게 한 번에 여러 고양이의 냄새를 소개해선 안 된다.

각 고양이를 공용 구역에 매일 몇 분 동안 들여보내고 점차 시간을 늘린다. 이 단계에서는 고양이가 가장 좋아하는 간식을 작은 크기로 준다. 스트레스, 두려움 또는 불안의 징후가 없을 때 다음 단계로 넘어간다.

살짝 훔쳐보게 하기

가능하다면 고양이들이 신체적 접촉은 불가능하되 서로를 볼 수 있도록 한다. 유리가 달린 미닫이문이나 중문 혹은 투명 아크릴판이 부착된 아기 안전문을 사용하면 안전을 확보한 상태로 이 단계를 진행할 수 있다. 걸쇠를 이용해 문을 약간만 열어 두는 것도 유리문이나 스크린 도어의 대안이 될 수 있다. 이 소개 과정을 고양이가 아주 좋아하는 간식이나 놀이와 함께 진행해서, 고양이들이 우리에게 집중하면서 서로에 대해 긍정적인 연관성을 갖도록 한다. 모든 고양이가 평온하고 친근할 때만 서로에게 관심을 옮길 수 있게 해 준다.

고양이에게 부담을 주거나 억지로 밀어붙이지 않는다. 하루 두 번씩, 5~10분 정도 짧은 세션으로 충분하다. 다시 강조하지만 모든 고양이가 평온한 상태일 때만 서로에게 집중할 수 있게 하고, 분리시켜 주는 문이 있더라도 처음에는 서로 일정 거리를 두도록 한다. 고양이가 서로를 응시하거나 스트레스 징후를 보이면 고양이 중 한 마리를 부르거나, 안전이 확보된 상태에서 한 마리를 들어 올리거나, 두꺼운 담요나 수건을 덮어 시야를 가린다(안아 들거나 할 필요 없게 평소에 간식을 사용해 부르면 오게 하는 교육을 해 두면 좋다).

고양이들이 이 문을 통해 서로를 볼 때 스트레스, 두려움 또는 공격성의 징후를 보이지 않고 문 너머 다른 고양이가 있음에도 불구하고 기분 좋게 문에 접근하면 다음 단계로 진행할 수 있다.

서로 가까이에서 간식 먹게 하기

물리적인 장벽은 없애되, 두 고양이 사이에 어느 정도 거리를 둔 채 동시에 간식을 주기 시작한다. 모두가 평온함을 유지할 수 있을 만큼 거리가 확보되어야 한다. 일반 사료보다는 고양이가 정말 좋아하는 간식을 빨리 먹을 수 있게 작게 잘라서 준다.

이 과정을 진행할 때 최소 한 명 이상의 사람이 도와주는 것이 더 안전하고 좋다. 각자 고양이 한 마리씩 담당해 보디랭귀지를 주의 깊게 관찰한다. 평온하고 친근한 행동을 강화하고 간식과 칭찬으로 보상하며, 만일 스트레스 징후나 응시 같은 적대 행동이 보이면 바로 고양이의 이름을 다정하게 불러 간식이나 우리에게로 관심을 돌린다.

고양이 중 한 마리가 두려움, 불안 혹은 흥분의 징후를 보이면 상황을 종료하거나 큰 담요로 고양이를 덮고 다음 날 다시 시도한다.

서로 가까이에서 놀게 하기

이전 단계에서 고양이들이 성공적으로 만날 때, 즉 모두가 평온하고 상대로 인해 스트레스를 받거나 흥분하지 않으며 서로에게 집중하지 않고 함께 시간을 보낼 때, 모두 한방에 있는 동안 놀이를 시도한다. 이때는 먹이 급여 장난감이 도움이 된다. 고양이들이 서로에게 너무 신경 쓰지 않으면서 사회적 놀이 행동을 보일 수 있게 되기 때문이다. 또 음식과 다른 고양이들 사이에 긍정적인 연관을 지을 수 있다. 간식을 숨겨 놓고 찾게 하는 놀이도 같은 효과를 기대할 수 있다.

다른 유형의 활동은 새로운 작업이나 재주를 가르치는 것이다. 예를 들어, 고양이에게 한 번씩 물건이나 손을 코로 터치하게 한 뒤 맛있는 간식으로 보상한다(이는 조작적 조건화_{operant conditioning}의 한 형태다. 고양이는 학습 능력이 매우 뛰어나며, 교육은 고양이의 정신 건강에 매우 긍정적인 영향을 끼친다. 이에 관해서는 6장을 참고한다).

이 단계가 원만히 진행되면, 별 지시나 통제 없이 고양이들이 서로 함께 시간을 보내도록 한다. 여전히 감독하에 짧은 상호작용을 허용하고, 모든 고양이가 평온하고 스트레스 없는 상태를 유지하면 함께 있는 시간을 점차 늘린다.

갑자기 싸움이 발생해 걷잡을 수 없게 될까 봐 두렵다면 고양이들에게 하네스를 착용하고 긴 줄을 느슨하게 매 두는 방법이 있다. 이때 서로 긍정적인 교류를 하는 동안에는 절대 리드줄을 잡아당겨선 안 된다. 싸우거나 공격하려 들 때만 줄을 당겨 둘을 떼어 놓는다.

놀이를 유도하는 것은 고양이들 간의 긍정적인 상호작용을 촉진하는 효과적인 방법이다.

© *Leticia Mattos De Souza Dantas*

감독 없이 상호작용하게 하기

몇 주 또는 몇 달 동안 모든 고양이에게 스트레스 징후나 적대적인 행동이 전혀 보이지 않는다면 감독 없이 상호작용하게, 즉 자유롭게 함께 생활하게 해 줄 수 있다. 고양이들이 서로 꼬리 세우고 다가가기, 부드러운

디코딩 유어 캣

눈빛으로 바라보기, 가르릉대기, 코 맞대기, 얼굴이나 몸 비비기, 서로 그루밍해 주기, 장난치기 같은 친근한 행동을 할 때마다 바로 칭찬하고 제일 좋아하는 간식으로 보상한다. 이것이 중요한 포인트다.

어느 순간에는 퇴보하는 것을 경험할 수 있지만 좌절할 필요는 없다. 고양이를 포함해 우리 모두는 때로 안 좋은 날이 있을 수 있다. 심호흡을 한 뒤 어떤 고양이도 스트레스 징후를 보이지 않는 단계로 돌아가 다시 시작하면 된다.

고양이들이 (사진에는 잘 보이지 않지만) 먹이 급여 장치 주위에 모여 이에 집중하고 서로에게는 신경 쓰지 않고 있다.
©Leticia Mattos De Souza Dantas

하지 말아야 하는 것

지금까지 무엇을 해야 하는지에 알아 봤으니 이제 피해야 할 것들을 살펴보자.

• 기존 고양이들이 자유롭게 돌아다닐 수 있는 상태에서 새로 데려온 고양이가 집을 탐험하게 둬서는 안 된다.

• 새 고양이가 든 이동장을 내려놓아 기존 고양이들이 둘러싸도록 해선 안 된다. 이런 '상어 탱크' 방법은 새 고양이가 낯선 기존 고양이들에게 위협받는 동안 상자에 갇혀 있게 하는 것이다. 게다가 기존 고양이들도 갑작스럽게 나타난 침입자 때문에 혼란스러울 수밖에 없다. 이는 모두에게 좋지 않은 상황이고 올바른 첫 인사법이 아니다.

• 어떤 고양이든 부정적인 반응을 보인다고 해서 혼내거나 그 자리에서 고치려 들지 않는다. 오히려 긴장감을 더할 수 있다. 하악질, 으르렁대기, 앞발로 때리기 같은 행동은 스트레스와 두려움에서 비롯된 것이며 고양이는 이런 감정을 표현할 권리가 있다. 같은 이유로, 물 뿌리기, 큰 소리 내기, 소리 지르기, 물건 던지기 같은 행동은 생각도 하지 말자. 이런 모든 처벌은 고양이들과 우리의

고양이들의 신호 파악하기

가장 흔한 실수는 고양이들을 소개하는 과정을 서두르는 것이다. 그러니 이 책에서 배운 방법을 믿고 시간을 충분히 갖는다. 기억하자. 다음 단계로 넘어갈 시기를 결정하는 기준은 바로 고양이들의 행동이다. 고양이들은 적응할 시간이 필요하며 그들이 어떻게 느끼는지가 가장 중요하다.

고양이들은 대개 스트레스, 두려움, 불안감을 우리에게 명확한 신호로 표현하지 않는다. 그 대신 회피 행동(숨기)과 냄새 표시(소변 스프레이 또는 스크래칭)를 통해 다른 고양이들에게 자신의 감정을 알린다. 감정을 더 적극적으로 드러내는 고양이도 있고 소극적으로 표현하는 고양이도 많다. 하악질이나 으르렁대기, 달려들기, 앞발로 때리기, 할퀴기, 물기 같은 심한 두려움과 공격성의 신호는 고양이가 스트레스를 심각하게 받고 있다는 것이다. 하지만 스트레스를 받는 모든 고양이가 이런 신호를 보내는 것은 아니다. 때로는 두려움에 그대로 얼어 버리기도 하고 아주 천천히 조심스럽게 움직이기도 한다. 다시 말해, 적극적 공격성을 보이지 않는다고 해서 고양이가 편안한 상태라고 단정해서는 안 된다.

그루밍 빈도 감소, 식욕 감소, 수면 패턴 변화, 울음소리 증가, 대소변 실수 같은 '질병 행동' 중 하나라도 보인다면, 이는 고양이가 현재 상황에 불안하거나 스트레스를 받고 있다는 신호일 수 있다. 소개 과정을 멈추고 모든 고양이가 진정될 때까지 분리한다.

장난기가 감소하거나, 사람과 고양이 모두와의 사회적 상호작용을 피하거나, 자주 숨거나, 방 주변에만 머무는 것도 스트레스 신호다. 그러니 이런 변화를 잘 파악해야 한다. 평소 감정을 잘 드러내지 않거나 소극적인 기질을 지닌 고양이의 경우는 특히 더 주의 깊게 살펴야 한다. 관심 끌기 행동의 변화 또한 고양이가 스트레스를 받고 있음을 나타내는 단서가 된다. 이 경우 적극적인 고양이는 관심을 더 구하고, 소극적인 고양이는 더 적은 사회적 상호작용을 할 수 있다(고양이의 의사소통, 보디랭귀지, 질병의 징후 등에 관해서는 1장 참고).

평화를 위한 환경 조성법

2013년, 미국고양이수의사회American Association of Feline Practitioners와 세계고양이수의학회International Society of Feline Medicine에서 《고양이 필수 환경 가이드라인AAFP and ISFM Feline Environmental Needs Guidelines》이라는 훌륭한 책을 펴냈다.[12] 수의행동학자를 비롯해 저명한 수의사들이 수년간 연구한 내용을 취합해 고양이의 삶의 질을 향상시키는 데 도움이 되는 것을 객관적 문서로 만든 것이다. 중요한 지침과 자료는 미국고양이수의사회 웹사이트(www.catvets.com)에서 확인할 수 있다.

《고양이 필수 환경 가이드라인》이 발간되기 훨씬 전부터, 수십 년간의 연구를 통해 환경 풍부화가 동물의 건강에 큰 도움이 된다는 사실이 밝혀졌다. 이런 연구 중 일부는 보호소나 실험실에서 수행되었는데, 그 목표는 그들의 삶의 질을 향상시키고 스트레스 수준을 낮추는 것이었다. 그 외 가정 내 고양이와 그들의 웰빙을 최적화하는 방법에 초점을 맞춘 연구도 있다. 2012년 메간 헤론Meghan Herron과 토니 버핑턴Tony Buffington이 진행한 연구가 대표적이다. 또한 스트레스가 주 원인으로 알려진 고양이 방광염을 환경 풍부화를 통해 치료하고자 하는 연구도 이뤄지고 있다(8장 참고).

다묘 가정의 경우,《고양이 필수 환경 가이드라인》에 설명된 일부 풍부화 전략이 고양이들의 그룹 생활 스트레스에 대한 대응 메커니즘이 될 수 있다. 평화로운 다묘 가정을 이루는 데 필요한 환경 조성법과 우리가 알아야 할 내용은 다음과 같다.

주요 자원은 각자 가질 수 있게 한다

고양이들은 여러 자원을 각각 가져야 한다. 가장 중요한 자원을 공유하지 않아도 된다면 고양이들이 자신에게 중요한 것들을 통제할 수 있기 때문에 갈등의 가능성이 줄어든다.

주요 자원에는 먹이와 물이 있는 장소, 화장실, 스크래처, 장난감, 놀이 공간, 높은 휴식 장소, 안전한 은신처가 포함된다. 이런 자원은 한곳에 모아 두지 않고 여러 곳에 분산시켜 두어야 한다. 특히 화장실이 그렇다. 화장실이 여러 개이더라도 한 군데에 모여 있다면 고양이 입장에서는 화장실이 하나인 거나 마찬가지다. 다른 고양이들이 접근을 막거나 화장실을 사용하는 동안 기습 공격을 받을까 봐 두려운 고양이는 그 구역을 피해 자신이 안전하다고 여기는 엉뚱한 장소에 대소변을 할 수 있다.

밥도 가까운 곳에서 먹지 않게 한다. 다른 고양이와 나란히 먹거나 큰 그릇 하나에 접근하기 위해 싸워야 하는 것은 스트레스가 될 수 있다. 식사는 모두에게 안전하고 평화로운 과정이어야 하며 그렇지 못하면 불안 수준이 올라갈 수 있다(교육이나 소개 과정 중에는 빨리 먹을 수 있도록 작은 크기의 간식을 사용한다. 그럴 때는 고양이들 간의 거리도 신중하게 조절해야 한다. 지금 여기서는 이런 경우가 아닌 평소 식사를 말하는 것이다).

디코딩 유어 캣

이동장은 고양이에게 훌륭한 은신처가 될 수 있으며 고양이마다 하나씩 있어야 한다. 이렇게 이동장을 항상 접근 가능하게 해 두면 이동장을 안전한 은신처로 인식하게 되어 동물병원에 갈 때 스트레스를 줄여 줄 수 있다. © *Leticia Mattos De Souza Dantas*

혼자 놀까, 같이 놀까?

성묘와 노령묘도 놀이가 필요하다! 놀이는 고양이의 정신적·신체적 웰빙에 중요하며 고양이가 잘 지내고 있음을 나타내는 지표이다. 고양이는 혼자 놀 수도 있고, 다른 고양이들과 함께 놀 수도 있으며, 인간 가족과 놀 수도 있다. 어떤 고양이는 무엇이든 누구와든 잘 놀지만, 어떤 고양이는 특정 종류의 장난감과 놀이 스타일만 고집하기도 한다. 어떤 고양이들은 보호자와 일대일 놀이를 선호하고, 다른 고양이들과 장난감을 공유하거나 사회적 놀이를 하는 것을 별로 좋아하지 않는다. 만약 고양이가 이런 성향을 보인다면 다른 고양이들과 떨어진 별도의 공간에서 놀아 준다.

고양이의 선호도를 알아보기 위해 다양한 장난감을 시도해 본다. 구겨진 종이공 같은 단순한 장난감도 써 보고 사냥 본능을 자극하는 (배터리로 작동하는) 복잡한 장난감도 써 본다. 우리의 고양이들은 길들여졌지만 여전히 야생의 성향도 일부 가지고 있다. 많은 고양이가 스토킹, 추격하기, 덮치기, 낚아채기, 할퀴기, 물기 같은 사냥 본능을 자극하는 장난감을 선호한다. 고양이들이 놀이를 통해 사냥 행동을 드러낼 기회를 갖지 못하면, 한 집에 사는 다른 고양이들을 대상으로 추격, 덮치기, 물기 같은 부적절한 행동이 발달할 수 있다.

고양이들이 음식과 장난감을 찾도록 유도하는 놀이로 고양이를 바쁘게 만들면서 함께 즐거운 시간을 보낼 수 있다. © *Leticia Mattos De Souza Dantas*

예측 가능한 일과 만들기

예측 가능한 일과는 고양이에게 추가적인 통제감을 주고 스트레스 수준도 감소시킨다. 변화는 최대한 점진적으로 서서히 진행한다. 고양이는 매일 무엇을 기대할 수 있는지, 식사부터 놀이까지 하루가 어떻게 진행될지를 알면 스트레스와 불안이 크게 줄어든다. 이는 또한 평화롭게 공존하기 위해 시간과 장소를 분배하는 방법을 이해하게 돕는다. 예를 들어 사이가 좋지 않은 고양이들은 함께 살더라도 각자 활발하게 활동할 시간대와 장소를 다르게 설정할 수 있다.

긍정적이고, 일관성 있고, 예측 가능한 인간-고양이 간의 사회적 상호작용

우리 고양이들은 다른 고양이보다 우리에게 더 애착을 느낀다. 이는 우리 생각보다 더 중요한 문제다. 2017년 모니크 우델Monique Udell, 린지 메르캄Lindsay Mehrkam, 크리스틴 비탈레 슈리브Kristyn Vitale Shreve가 발표한 연구에 따르면, 대부분의 고양이가 먹이, 장난감, 음식 냄새보다 인간과의 상호작용을 더 선호하는 것으로 나타났다.

고양이에게 일대일로 관심과 애정을 주는 시간을 예측 가능하도록 정해 두고, 이를 고양이와 우리 모두에게 특별한 시간으로 만든다. 이는 고양이들이 소개 과정 동안 분리되어 방을 옮겨 다녀야 하는 경우에 특히 중요하다. 이 경우 각각의 고양이와 보내는 시간이 줄어들기 때문이다.

야외 공간

일반적으로 고양이들이 실내에서 지내는 편이 더 안전하고 오래 산다고 알려져 있다. 그러나 아무리 잘 설계된 실내 공간도 야외에서 느끼는 흥미와 자극을 다 충족해 주지는 못한다. 그러니 공간과 예산이 허락한다면, 외부 공간 일부를 그물로 덮거나 울타리로 완전히 막아 고양이들이 그곳에서 안전하게 지낼 수 있도록 하는 편이 좋다. 추가적인 공간 및 자극은 고양이들의 복지를 크게 향상시키고, 더 흥미로운 놀이와 정상적인 행동을 할 수 있는 기회를 제공해 갈등을 예방하고 해소하는 데 도움이 된다(환경 풍부화 및 욕구 충족에 관해서는 3장 참고).

이는 고양이에게 아주 훌륭하고 안전한 야외 안식처다.　*© Leticia Mattos De Souza Dantas*

마킹과 비비기를 통해
집단의 냄새를 만든다

고양이 한 마리가 집을 나갔다가 돌아오면 어떻게 될까? 집에 있던 고양이들이 이 고양이를 처음 보는 것처럼 행동할 수 있다. 몇 년이나 함께 살았다고 해도 말이다. 왜 그럴까?

과학자들은 고양이가 마킹과 비비기를 통해 집단의 냄새를 만든다고 본다. 한동안 집단을 떠나 외부에 머물거나 병원에 입원해 있었다면 이 냄새를 잃었을 수 있으며, 집에 돌아왔을 때 다른 고양이들에게 낯설게 느껴질 수 있다. 어떤 고양이들은 반나절 정도 수의사의 진찰을 받고 돌아온 고양이에게 예민하게 굴거나 심지어 공격적으로 대하기도 한다.

집에 돌아온 고양이도 스트레스를 받고 기분이 좋지 않은 상태일 가능성이 높다. 고양이를 집에 데려온 후에는 자신을 진정시키고 외부 냄새를 털어낼 수 있도록 잠시 방에 혼자 둔다.

다른 고양이들이 여전히 이 고양이를 모르는 것처럼 군다면 이 장의 앞부분에 설명했던 소개 절차를 밟는다. 돌아온 고양이를 별도의 구역으로 데려가 진정할 시간을 주고 별도의 자원을 제공한다. 남아 있던 고양이들에게는 이 친구의 냄새와 소리에 다시 적응할 수 있는 시간을 준다. 소개 절차의 모든 단계를 따르되, 재소개는 처음에 비해 훨씬 빠르게 진행될 수 있다.

몇 개월 혹은 몇 년 동안 잘 지내던 고양이들도 갑자기 갈등을 보일 수 있다. 이 경우 벽에 붙은 선반이 떨어지거나 길고양이나 야생동물이 창가로 다가오는 것과 같이 고양이를 긴장하게 하고 반응성reactive을 보이게 만드는 외부 사건이 트리거가 될 수 있다. 어떤 고양이는 나이를 먹고 무서운 경험을 하게 되면서 두려움과 불안감을 발전시킬 수 있다.

갈등을 유발한 스트레스의 주요 원인이 제거된 후에는 새로운 고양이를 소개할 때처럼 문제를 해결할 수 있다. 고양이들을 분리하고 진정할 시간을 준 뒤, 냄새 교환과 재소개 절차를 단계적으로 진행한다. 이때 좋아하는 간식과 칭찬을 많이 사용한다.

약물 및 보조제의 도움을 받는다

스트레스가 급증하거나 만성화될 경우, 약물의 도움으로 흥분 정도를 낮추고 두려움과 불안을 조절하는 뇌 영역의 기능을 지원할 수 있다. 물론 약물 투여 결정은 신중해야 한다. 주치의와 충분히 상의하고 행동전문가의 상담도 받아 본다. 지식은 힘이며 전문가들은 고양이를 위한 최선의 방법에 대해 필요한 모든 정보를 제공한다.

고양이의 스트레스 수준을 낮추고 특정 문제, 예를 들어 다묘 가정의 고양이들이 갈등 없이 공존할 수 있도록 돕는 시판 제품들도 있다. 보통 합성 페로몬, 허브 보조제, 동종 요법 치료제, 에센스 오일, 영양 보충제 같은 것이 이에 해당된다.

하지만 쉽고 빠른 해결책을 보장하는 것에는 주의해야 한다. 이런 제품은 보통 FDA 승인도 받지 않았으며 대부분 효능을 검증할 만한 연구나 임상도 거의 또는 아예 거치지 않은 경우가 허다하다. 때로는 활성 성분 및 화학 구조를 공개하지 않는다. 일부 페로몬 유사 제품이나 영양 보충제가 스트레스를 줄이는 데 도움이 된다는 연구 결과가 있지만, 동종 요법 치료제나 에센셜 오일은 그렇지 않다.

펠리웨이 클래식Feliway Classic은 고양이가 물건에 얼굴을 문지를 때 남기는 페로몬의 합성 버전이며, 펠리웨이 멀티캣Feliway MultiCat은 퀸이 자신의 새끼를 돌볼 때 분비되는 모성 안정 페로몬의 합성 버전이다. 두 제품

모두 스프레이와 플러그인 디퓨저 형태로 나오며, 고양이들에게 안정감을 준다고 주장한다. 2014년, 테레사 디포터Therasa DePorter가 사이가 좋지 않은 고양이들을 키우는 다묘 가정 45곳을 대상으로 펠리웨이 멀티캣 플러그인 디퓨저를 사용한 결과, 갈등 수준이 플라세보placebo(가짜 약)에 비해 감소했다. 이외에도 페로몬을 성분으로 나열하는 여러 제품이 있지만 과학적 연구가 뒷받침된 것은 현재 펠리웨이 제품들뿐이다.

아미노산 L-티아닌(안시테인Anxitane)과 우유 단백질 알파-카소제핀alpha-casozepine(질켄Zylkene)이 개와 고양이의 불안을 치료하는 데 도움이 된다는 일부 증거가 있다. 게리 랜즈버그의 연구가 그 예다. 하지만 고양이를 대상으로 한 대규모 통제 연구는 아직 부족한 상태다.

아무리 '천연' 원료를 썼다 해도 고양이에게 약물을 투여하기 전에는 반드시 수의사와 상담해야 한다. 그리고 과학적 근거가 있는 제품들조차도 적절한 관리와 행동 치료 전략을 대체할 수는 없다는 사실을 기억한다.

캣닢은 어떤가?

캣닢은 고양이를 소개할 때 긍정적인 연관성을 형성하기 위해 사용할 수 있는 특별한 간식 중 하나다. 일반적으로 고양이들은 캣닢에 노출되면 이완되고 놀이 행동을 보이기 때문에 유용하다.

직접 캣닢을 기르면 신선한 잎을 따서 줄 수 있어서 좋다. 말린 캣닢이나 캣닢이 들어간 장난감을 구입할 수도 있다. 하지만 모든 고양이가 캣닢에 반응하는 것은 아니다. 행동적으로 반응하는 고양이는 50~60퍼센트에 불과하다. 반응 여부는 유전적 영향이므로, 고양이가 신경 써서 사 온 캣닢에 아무런 관심을 보이지 않는다고 마음 상하지 말자.

캣닢에 행동적으로 반응하는 고양이 중 일부는 흥분해서 다크 사이드dark side로 전향하기도 한다. 이런 고양이는 눈이 커지고(동공이 팽창되기 때문에 눈이 커 보이고), 긴장된 모습을 보이거나 울며(즐거움보다는 경고하는 듯한 방식으로),

등을 움찔거린다. 가까이 다가오는 대상을 앞발로 때리거나 물기도 한다.

고양이가 이런 반응을 보인다면 캣닢을 들이지 말아야 한다. 고양이는 심하게 흥분하면 가장 가까이 있는 대상에게 공격성을 드러낼 수 있다. 사람이든 고양이든 위험에 빠뜨리고 싶지는 않을 것이다. 공격적인 사건이 발생하면 고양이들 관계가 심각하게 훼손될 수 있으니, 이런 반응을 보이는 고양이는 캣닢에 노출되지 않도록 한다.

모든 고양이가
다른 고양이와 함께 살 수 있나?

일부 사람들이 그렇듯이 고양이들도 우리가 최선을 다해 올바른 방법을 총동원해도 서로 어울리지 못할 수 있다. 타이거와 릴리를 떠올려 보자. 타이거와 릴리는 다른 고양이와의 사회화가 부족했을 수도 있고, 단순히 낯선 고양이와 함께 있는 스트레스를 견디지 못했을 수도 있다. 과거에 다른 고양이와 평화롭게 잘 지냈던 고양이도 새로운 고양이와 함께 사는 것을 어려워할 수 있다.

이론적으로, 어울리지 못하는 고양이들은 집의 별도 구역에서 지낼 수 있다. 다만 각 고양이에게 필요한 모든 환경적 자원을 제공해 줘야 한다. 이렇게 살면서 스트레스를 별로 받지 않으며 적응하는 고양이도 있다. 하지만 같은 환경에서도 스트레스를 심하게 받아 삶의 질이 떨어져 수명에까지 영향을 받는 고양이도 있다.

소개 과정에서 설명한 절차를 성실히 따르고 충분한 시간을 주었음에도 고양이들이 적응하지 못한다면, 수의행동학자나 공인 행동 컨설턴트와 상담한다. 전문가가 해당 고양이가 약물의 혜택으로 두려움과 불안을 치료할 수 있는지, 아니면 다른 집에서 사는 편이 더 행복할지 파악하는 데 도움을 줄 것이다.

우리 고양이가 평생 다른 고양이와 분리해야 한다면, 특히 공격적인 행동을 보이는 경우라면 한집에 사는 사람들에게도 부담이 될 수 있다. 가족들의 웰빙도 고려해야 한다. 그러나 고양이를 포기하기 전에 수의행동학자와 상담해 다시 한 번 기회를 주기를 진심으로 권한다.

두 마리 이상을 키우고 싶다면

앞서 언급했듯이 혈연관계인 고양이들은 잘 지낼 가능성이 높다. 연구에 따르면 초기 사회화도 고양이 간 유대감을 크게 증가시킨다. 따라서 앞으로 고양이를 입양할 의사가 있다면 한 마리 이상의 새끼가 딸린 어미 고양이 혹은 두 마리 이상의 동배묘, 아니면 꼭 혈연관계가 아니더라도 태어난 지 얼마 안 된 새끼 고양이 두세 마리를 한 번에 데려오는 것을 신중히 검토해 보자.

하지만 가장 중요한 고려사항은 기존에 있는 고양이, 혹은 지금 입양을 고려 중인 나이 많은 고양이가 다른 고양이 동반자를 원하는지의 여부다. 성격에 따라 혼자 있는 걸 선호하는 고양이도 분명 있으므로 그 영향과 결과를 신중히 그리고 충분히 생각해야 한다.

기존의 고양이가 다른 고양이와의 동거를 내켜 하지 않는다면 그 고양이의 웰빙을 최우선으로 생각해야 한다. 즉 다른 고양이를 입양하지 않는 것이 최선일 수 있다. 마찬가지로 두 고양이의 소개 과정이 오래 걸리고 어려웠지만 결국 잘 지내고 있다면, 세 번째 고양이를 들여 그 조화를 깨뜨리고 싶지 않을 것이다. 우리로서는 실망스러울 수 있지만, 만성적인 스트레스와 불안감 속에서 사는 것은 고양이와 우리 모두에게 힘든 일이다. 모든 고양이는 평화롭고 스트레스 없는 삶을 살 자격이 있다.

디코딩 유어 캣

- 고양이는 자유롭게 돌아다니는 상황에서 모계 사회 그룹을 형성하는데 일반적으로 낯선 성묘는 그룹에 받아들이지 않는다.

- 고양이는 개와 달리 갈등 완화 능력이 부족하기에 갈등이 있으면 그 자리를 피하거나 흩어지는 경향이 있다. 새 고양이를 천천히 신중하게 소개하는 것도 중요하지만, 기존에 잘 지내는 고양이들 간의 갈등을 예방하는 것도 중요하다.

- 스트레스는 고양이의 신체 건강에 매우 심각한 영향을 미친다. 고양이에게는 숨을 장소, 안전함을 느낄 장소, 진정할 장소가 '반드시' 필요하다.

- 각 고양이에게 충분한 공간과 자원, 스트레스 대처 방법이 제공된다면 고양이는 갈등 없이 공존할 수 있다. 자원을 강제로 공유하도록 하기보다는 고양이가 점유하는 공간 전체에 여러 개 그리고 별개의 환경적 자원을 제공해야 한다.

- 집에 새 고양이를 소개할 때는 시간을 두고 이 장에서 설명한 단계별 계획을 따른다. 절대 서두르지 않는다. 고양이의 행동 반응이 진행 방법과 시기를 알려 주는 최고의 지표다.

- 처벌 기반 기법이나 도구를 사용하지 않는다. 이는 스트레스 수준을 높이고 갈등을 심화시킬 뿐이다.

- 최선을 다했음에도 고양이 중 하나가 적응하지 못한다면, 주치의와 상담하거나 수의행동학자 혹은 공인 행동 컨설턴트의 도움을 받는다. 두려움과 불안을 위한 의료적 치료가 필요할 수 있다.

- 어떤 고양이는 혼자 사는 걸 선호한다. 이는 집 안의 독립된 구역에서 혼자 지내는 것이거나 아예 집에 다른 고양이가 없는 생활일 수 있다.

- 고양이를 입양할 때는 어미 고양이와 한 마리 이상의 새끼, 한배 형제 아니면 혈연관계가 아니더라도 태어난 지 얼마 안 된 새끼 고양이 두세 마리를 한 번에 데려오는 걸 고려한다. 혈연관계이거나 어린 나이에 만난 고양이들은 유대감을 형성하고 평화롭게 함께 살 가능성이 높다.

6장

고양이의 학습과 교육

학습이란 무엇이며 고양이는 어떻게 가르칠까?

리사 라도스타 Lisa Radosta, DVM, DACVB

레슬리는 순백의 페르시안 고양이 슈가와 함께 살고 있다. 슈가가 3개월령일 때 데려왔고, 현재의 집으로 이사하기 전에는 엄마와 여동생과 같이 살았다. 지금까지 슈가가 만난 남자라고는 목소리 크고 활기가 넘치는 레슬리의 삼촌과 수리공들뿐이었고, 그때조차도 슈가는 침대 밑에 숨어 종일 나오지 않았다. 지금의 약혼자인 조가 집에 놀러 올 때도 슈가는 그가 떠날 때까지 침대 밑에서 나올 생각이 없었다.

레슬리와 조가 데이트를 시작한 지 1년이 지난 후, 슈가의 행동은 어느 정도는 개선되었지만 여전히 조에게서 1~2미터쯤 거리를 두고 있었다. 레슬리는 자신의 고양이와 약혼자 사이에서 마음이 찢어지는 듯했다. 고양이를 사랑하는 조는 슈가에게 상처를 받았다. 도대체 왜 슈가는 조를 좋아하지 않는 걸까? 조 관점에서는 슈가가 레슬리의 애정을 독차지하고 싶은 마음에 조를 질투하거나 악의로 행동하는 것만 같았다.

슈가는 이전 경험을 통해 남자는 시끄럽고 무서운 존재라고 배웠기 때문에 조를 두려워했다. 두려움을 느끼는 성향은 유전적 영향이므로 이런 슈가의 기질은 부모로부터 물려받았을 가능성이 크다. 그래도 생애 초기에 적절한 노출과 교육으로 이런 경향을 줄이거나 강화할 수 있는데, 슈가는 어린 시기에 경험한 학습으로 오히려 '남자는 무서운 존재'라는 의심을 더 굳혔다. 조가 나타났을 때 슈가는 두려움이 너무 커서 그를 받아들일 수 없었다.

많은 고양이 보호자가 그렇듯 레슬리는 남자 주변에서 슈가가 보이는 행동을 '정상적인 고양이 행동'으로 여겼고 개입할 생각을 조금도 하지 않았다. 고양이는 원래 침대 밑에 숨지 않나? 물론 그렇기는 하지만 오랫동안 그러지는 않으며 손님이 와도 절대 숨지 않는 고양이도 있다.

이 장의 내용을 통해 알게 되겠지만, 두려움과 연관된 학습은 사실 모든 다른 유형의 학습을 압도한다. 고양이가 두려움에 대한 유전적 기질을 가지고 있더라도, 두려움이 너무 강해지기 전 적절한 조건화conditioning와 교육을 통해 슈가가 보이는 문제를 예방할 수 있다. 슈가에게도 희망은 있다. 교육은 슈가와 조 사이에 애정 관계를 형성하는 데 도움이 될 것이다.

'고양이는 교육이 불가능하다'는 말이 있다. 들어본 적도 있고 직접 말해 본 적도 있을 것이다. 고양이는 매우 지능이 높다. 고양이가 어떻게 학습하고 동기부여를 받는지 안다면 실제로 비교적 쉽게 교육할 수 있다. 물론 충분한 시간과 노력이 필요하다. 그래도 교육을 통해 고양이는 더 편안해지고 스트레스에 더 잘 대처할 수 있게 될 것이며 우리와의 관계도 훨씬 좋아질 것이다.

이 장에서는 다음과 같은 항목을 다룬다.

- 고양이는 어떻게 학습하는가?
- 왜 고양이를 교육시켜야 하는가?
- 고양이를 어떻게 동기부여할 것인가?
- 고양이를 효과적으로 교육하는 방법은 무엇인가?
- 고양이마다 필요한 교육이 무엇인지 어떻게 결정할 것인가?

안타깝게도 우리가 소중한 가족 구성원인 고양이를 위해 만든 환경이 그들에게 스트레스를 주거나 충분한 만족을 주지 못할 수 있다. 보호자의 결혼, 출산, 새 반려동물, 이사, 이직 등은 그들의 생활에 변화를 가져온다. 가장 무서운 경험인 동물병원 방문도 빼놓을 수 없다.

설상가상으로 고양이는 자신에게 일어나는 일에 대해 거의 또는 전혀 통제권이 없다. 만약 우리가 병원에 갈 때만 집 밖으로 나갈 수 있고, 음식과 물은 물론 사랑하는 사람과 심지어 화장실까지 공유해야 하는 룸메이트를 들이는 것 등 모든 결정을 다른 누군가가 내린다면 어떨까? 스트레스를 받을 수밖에 없다.

교육받지 못한 고양이는 이런 상황에 대처할 준비가 되어 있지 않으며, 이는 공격성, 우울증, 두려움 또는 강박 행동으로 이어질 수 있다. 교육은 고양이가 이런 삶의 변화와 도전에 잘 대처할 수 있게 해 준다. 또한 고양이가 이름을 부르거나 특정 소리를 내면 오는 것 같은 간단하지만 유용한 재주를 익히게 한다. 이 장에서 소개하는 기술에 약간의 시간과 노력만 들이면, 고양이가 덜 스트레스 받는 삶을 살게 할 수 있다. 우리 고양이가 이미 꽤 행복해 보일지라도 교육으로 지금보다 더 행복해질 수 있다는 것을 기억한다.

문제: 고양이가 손님이 오면 침대 밑에 들어가 숨는다.

해결책: 고양이가 손님 손이 닿지 않는 캣타워 위에 눕도록 가르쳐 두려움을 극복하게 도와준다. 손님에게는 고양이가 그 위에 있을 때는 만지지 않도록 당부하면 고양이가 편안해할 수 있다.

문제: 고양이를 쓰다듬으려고 할 때 가끔 문다.

해결책: 고양이가 쓰다듬어 주길 바랄 때 코로 우리 손을 터치하는 것 같은 신호를 가르친다.

문제: 다른 고양이를 쫓는다.

해결책: 쫓는 행동을 막을 수 있게, 부르면 오도록 가르친다.

문제: 고양이가 수의사를 싫어한다.

해결책: 고양이가 기꺼이 이동장에 들어가고 차를 타며 소란 떨지 않고 검사를 받을 수 있게 가르친다.

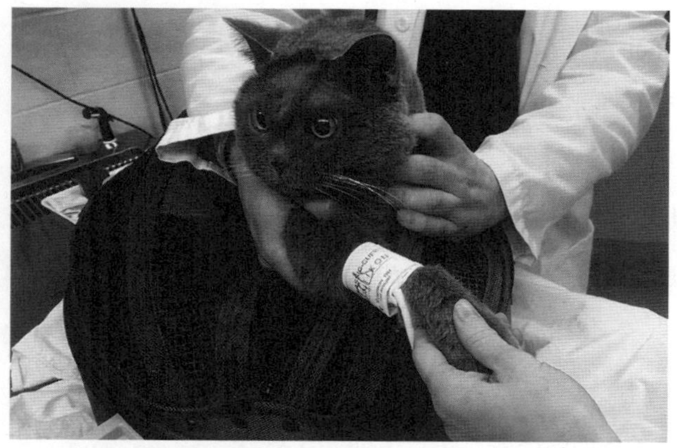

고혈압으로 시력에 문제가 있는 마르코스가 집에서 편안한 침대로 사용해 무척 좋아하는 이동장 안에서 혈압을 재고 있다. *© Carlo Siracusa*

고양이는 어떻게 학습할까?

많은 사람이 고양이는 가르칠 수 없다는 속설을 믿기 때문에 가르칠 시도조차 하지 않는다. 겁이 많든, 장난꾸러기든, 포식자의 본능이 넘치든 간에, 고양이의 학습에 영향을 미치는 요소를 이해하면 고양이의 행동을 변화시키는 데 큰 도움이 된다. 모든 문제에는 해결책이 있다. 고양이가 어떻게 학습하는지 기본 개념을 이해하면 수많은 기회의 문이 열린다.

학습이란 무엇인가?

겉으로 학습은 간단해 보인다. 하지만 뇌를 들여다보면 조금은 복잡하다. 학습은 발달적 변화를 일으키고 전기적 충격에 변화를 주며 신경 화학 물질을 분비하게 한다. 행동과학자들은 학습을 '경험이 뇌와 신체의 뉴런 및 신경 화학 물질을 변화시켜 외적으로 행동 변화를 일으키는 과정'이라고 정의한다.

야생 고양이들과 마찬가지로 우리 고양이도 주변에서 일어나는 사건에 주의를 기울이며 많은 것을 배운다. 사건과 그 결과를 연관 지어서 '내가 이렇게 하면 저런 일이 일어나는구나'를 학습한다. 이러한 연관성은 고양이가 환경에서 무슨 일이 일어날지를 예측하고 안전과 행복을 위해 필요한 것을 얻을 수 있도록 행동을 조정하게 해 준다.

신경화학적으로 뇌에서 일어나고 있는 일은 그 순간 고양이의 학습 능력에 영향을 미친다. 특히 두려움, 불안, 스트레스와 관련된 신경화학적 반응(우리가 스트레스 반응이라고 부르는 것)은 고양이의 판단 능력을 방해한다. 예를 들어 수의사에게 데려가려고 이동장에 넣으려 할 때 우리를 할퀴는 경우가 그렇다. 상황을 더 악화시키는 것은 이 스트레스 반응이 특정 상황과 관련된 환경, 사람, 동물, 사물에 대한 생생한 감각 기억을 촉진한다는 것이다. 무서웠던 기억은 비슷한 상황에 처했을 때 쉽게 떠올라 매우 강력하게 학습된다.

이제 고양이가 수의사를 단 한 번 방문했을 뿐인데도 그 공포를 절대 잊지 않는 이유, 그러나 부엌 조리대에 올라가지 않게 하는 데는 열 번의 시도가 필요한 이유를 이해할 수 있을 것이다. 고양이는 두려움, 불안, 스트레스를 느낄 때 학습에 어려움을 겪는다.

고양이는 독특하다

과학을 기반으로 한 학습 원칙은 꿀벌에서 인간까지 모든 동물에게 동일하게 적용된다. 하지만 각 종은 또한 고유의 성향 및 경향을 가지고 있다. 그렇다면 고양이를 독특하게 만드는 것은 무엇일까.

인간에 비해 고양이의 뇌는 사고보다는 감각 처리 영역이 더 큰 비중을 차지한다. 감각 처리란 고양이의 신경계가 감각 기관을 통해 입력한 외부 자극을 행동적 반응으로 전환하는 것이다.

고양이는 뇌가 감각 처리에 능숙할 뿐만 아니라 각 신체 부위도 시각, 청각, 후각을 통해 정보를 수집하고 이를 뇌에 빠르게 전달하도록 발달되어 있다. 예를 들어, 고양이는 귀를 여러 방향으로 독립적으로 움직일 수 있어 우리가 들을 수 없는 소리를 정확하게 포착할 수 있다. 또한 귀 내부에 융기ridge가 있어서 소리 근원지까지의 거리와 높이를 정확하게 포착할 수 있다. 예민한 청력 덕분에 고양이는 교육 세션 중 미세한 신호를 들을 수 있고 무서운 사건을 예측하는 소리도 알아차릴 수 있다. 그래서 교육 중 주변이 시끄럽다면 고양이는 산만해질 수 있다.

고양이는 포식 행위에 적합한 뛰어난 시력을 가졌다. 고양이는 우리보다 야간 시력이 좋지만 약간 원시이다. 최소한 코에서 20센티미터 정도는 떨어져서 수신호를 줘야 잘 볼 수 있다.

대부분의 포식 동물이 그렇듯 고양이도 후각이 매우 발달했는데, 인간과 비교하면 천 배 정도 더 민감하다. 우리는 전혀 인식하지 못하는 냄새도 고양이는 쉽게 감지한다. 이런 냄새를 과거 상황과 연관지어 특정 행동을 하거나 새로운 연관성을 만들어 뇌에 저장할 수 있다. 예를 들어 수의사에게 다녀온 고양이를 갑자기 다른 고양이들이 피하는 것을 본 적 있다면 이는 부분적으로 고양이의 냄새가 바뀌었기 때문이다.

용어 정리

- **자극**stimulus: 환경 내의 모든 것(사물, 사람, 동물, 사건) 그리고 그 사물 또는 사건과 관련된 모든 감각 요소(시각, 후각, 미각). 감각적(예: 동공 확장) 또는 행동적(예: 숨기) 반응을 유발하는 것.

- **습관화**habituation: 스트레스나 무서움 없는 환경에서 반복되는 자극을 무시하게 되는 학습의 한 유형.

- **민감화**sensitization: 고양이가 환경의 무언가에 반응할 가능성이 더 높아지는 학습의 한 유형. 감작이라고도 한다.

- **조건화**conditioning: 학습을 의미하는 또 다른 용어. 두 자극 혹은 두 사건의 연관성으로 인한 행동 변화를 나타낼 때 사용한다.

- **둔감화**desensitization: 고양이가 두려워하는 자극에 대해 가능한 한 위협적이지 않고 최소한의 두려움 반응을 유발하는 방식으로 노출시키는 과정(예: 불꽃놀이나 폭풍 소리를 녹음한 파일을 아주 낮은 볼륨으로 재생). 이 과정은 고전적 역조건화와 함께 사용할 때 효과적이다. 탈감작이라고도 한다.

- **고전적 조건화**classical conditioning: 원래는 별다른 의미가 없었던 단어나 소리, 냄새, 시각적인 것이 특정 결과를 예측하게 할 때 발생하는 학습의 한 유형. 이 연관성은 특정 고양이에게 자발적인 감정적 반응과 반사적 행동을 유발한다. 즉 고양이는 이 반응을 통제할 수 없다. 파블로프 조건화라고도 한다. 감정적 반응에는 두려움이나 행복이 포함될 수 있고, 반사적 행동에는 심박수나 호흡 증가 같은 생리적 변화가 포함될 수 있다.

- **고전적 역조건화**classical counterconditioning: 두려움을 유발하는 자극과 긍정적인

감정 반응을 유발하는 것(예: 음식이나 장난감 놀이)을 연관 지어 고양이의 두려운 감정 상태를 변화시키는 과정.

- **조작적 조건화**operant conditioning: 고양이가 행동을 수행할지 말지 의식적으로 선택하고 그 결과로 나타나는 반응에 의해 이뤄지는 학습의 한 유형. 고양이는 자신의 행동을 바꿔서 그 행동의 결과를 통제할 수 있다.
- **처벌**punishment: 특정 행동의 빈도를 줄일 목적으로 상황에 더하거나(정적positive) 빼는(부적negative) 것[13]으로 처벌물, 처벌인punisher이라고도 부른다.
- **강화**reinforcement: 특정 행동의 빈도를 늘릴 목적으로 상황에 뭔가를 더하거나(정적) 빼는(부적) 것으로 보상reward이라고도 부른다.
- **연속 강화**continuous reinforcement: 행동을 올바르게 시도할 때마다 강화하는 것.
- **간헐적 강화**intermittent reinforcement: 행동을 올바르게 시도할 때마다 매번 강화하지는 않는 것.
- **조건화된 강화물**conditioned reinforcer: 원래는 고양이에게 아무런 의미 없는 중립 자극이지만 교육을 통해 보상과 연관 지어질 때 이 조건화된 강화물이 보상을 예측하게 한다. 대표적인 조건 강화물로는 클리커가 있으며 고양이를 교육할 때 특히 유용하다. 클릭 소리를 듣는 순간 고양이는 보상을 예측하게 된다.

학습의 종류

어떤 학습은 고양이나 우리의 별다른 노력 없이도 이루어진다. 습관화와 민감화가 그 예다. 특정 자극에 습관화가 되면 고양이는 이에 적응해 무시하는 법을 배운다. 그 결과 해당 자극에 대한 반응이 감소하는데, 이는 그 자극과 긍정적이거나 부정적인 연관성을 배우지 않았기 때문이다.

예를 들어, 함께 사는 개가 매우 차분하고 조용하다면 고양이는 그 개에게 습관화되었을 수 있다. 우리가 둘이 잘 지내도록 돕기 위해 특별히 노력하지 않았음에도 서로에게 적응한 것이다. 고양이가 개를 매우 두려워한다면 두려움은 다른 모든 유형의 학습을 압도하므로, 습관화되지 않을 것이고 그 대신 민감화될 수 있다.

민감화는 습관화의 반대다. 무언가에 대한 고양이의 반응이 더욱 두드러질 때 일어난다. 개의 예로 돌아가서, 고양이가 개를 두려워하는데, 이 상태가 약 일주일 내에 개선되지 않는다면 민감화가 이뤄질 수 있다. 개의 다른 행동, 즉 아주 조용하게 있는 대신 크게 짖는 것 같은 행동이 다른 결과를 초래했을 수 있다. 이 연관성을 바꾸기 위한 조치를 빠른 시일 내에 취하지 않는다면 고양이는 개를 더욱 두려워하고 스트레스를 받게 된다. 고양이가 집 안의 특정 자극에 민감화되어 있다고 생각된다면 장기적인 해로움을 막기 위해 즉시 행동을 취해야 한다.

한 고양이가 자극에 습관화될지 민감화될지 여부는 그 대상 혹은 사건과의 직접적인 경험뿐 아니라 각자의 성격에도 달려 있다. 두려움을 많이 느끼는 동물은 특정 자극에 더 민감화될 가능성이 높다.

고전적 조건화

이사벨라는 커다란 호박색 눈을 가진 검정 숏헤어 츄이를 위해 매일 같은 시간에 먹이를 주었다. 먹이 급여 장난감을 내려놓을 때마다 이름을 불렀다. 결국 츄이는 이사벨라가 자기 이름을 부를 때마다 먹이를 준다는 것을 배웠다. 그래서 이제 이사벨라가 부르면 츄이는 어디에 있든지 즐거운 울음소리를 내며 달려온다.

이사벨라의 교육 기술이 뛰어나서일까? 그렇다고 볼 수 없다. 이는 츄이가 사건을 결과와 연관 지었고, 이사벨라가 의식적으로 교육시키지 않았음에도 학습할 수 있는 능력을 가진 덕분이다.

여기서 두 가지 학습 유형이 발생해 신뢰할 만한 행동이 나타났다. 하나는 고전적 조건화('조건화'라는 말은 '학습'을 뜻한다)이며, 다른 하나는 잠시 후 다루게 될 조작적 조건화이다.

입양되었을 때 츄이는 "츄이"라는 말이 무슨 뜻인지 전혀 몰랐다. "츄이"는 그저 새 보호자가 만들어 내는 무의미한 소리에 불과했다. 그러나 이사벨라가 "츄이"라는 소리를 낼 때마다 먹이 급여 장난감에 먹이를 넣으면서 츄이의 뇌에는 다음의 연관성이 만들어졌다.

"츄이" = 음식

우리도 특정 향기나 노래가 행복한 느낌을 유발한 경험이 있을 것이다. 츄이도 고전적 조건화로 자기 이름을 들을 때 행복감을 느끼게 됐다. 실제로 맛있는 간식을 받을 때처럼 말이다. 이제 '츄이'라는 이름을 들으면 먹이가 없더라도 행복감이 생겨난다.

"츄이" = 음식
음식 = 기쁨
"츄이" = 기쁨

고전적 조건화는 긍정적일 수도 부정적일 수도 있다. 따라서 고양이의 웰빙을 향상시키거나 저하시킬 수 있다. 고양이를 행복하게 하는 것보다 스트레스 받고 두려워하고 화나게 하는 것을 더 쉽게 조건화할 수 있다. 츄이의 경우, 고양이 이동장에 대한 두려움이 고전적 조건화되었다. 이동장은 수의사에게 간다는 것을 의미하기 때문이다. 츄이는 이동장을 보면 겁에 질려 도망간다. 고전적 조건화는 매우 강력하며 한 번 발생하면 변경하기가 어렵다.

고전적 역조건화

고양이가 고전적 조건화로 인해 이동장을 두려워하고 동물병원에 가기 싫어하게 되었다면 어떻게 해야 할까? 다행스럽게도 고전적 조건화는 양방향으로 작용해서, 고전적 역조건화를 통해 부정적인 감정 반응을 '역으로' 바꿀 수 있다. 예를 들어 이동장이나 동물병원 같은 자극과 고양이가 좋아하는 간식을 짝지어 주길 반복하면 부정적인 반응이 긍정적인 반응으로 바뀌어 이동장과 동물병원을 좋게 느끼게 된다.

둔감화

이동장 안에 맛있는 간식을 넣어 두었는데도 고양이가 안 들어가려고 하면 어떻게 해야 할까? 이럴 경우엔 역조건화 과정에 둔감화를 포함시킨다. 두려운 반응을 유발하지 않는 수준에서부터 시작한다. 이동장 윗부분을 분리하고 간식을 바닥에 놓는다. 고양이가 그곳에서 간식을 편안하게 먹을 수 있게 되면 윗부분을 일부분만 덮는다. 고양이가 여기에 더 편안해지면 차츰 이동장의 윗부분을 더 많이 덮는다. 결국 윗부분이 완전히 덮일 때까지 이 과정을 아주 천천히 진행한다. 고양이가 이동장 안에 들어가서 차분하고 편안한 상태에 있게 되면 문을 추가하고 점차 닫는다. 과정이 완료되었다!

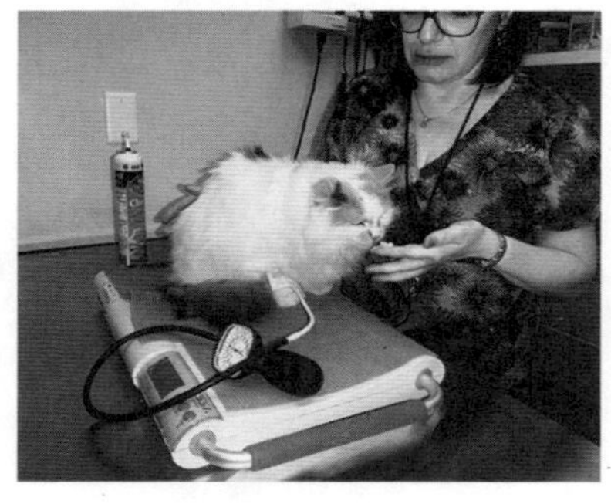

동물병원에 갔을 때 치즈를 주는 것은 진찰에 긍정적인 감정적 반응을 고전적 조건화하는 데 도움이 된다.
©Lisa White/Courtesy of Karen Pryor Academy's Better Veterinary Visits Course

디코딩 유어 캣

조작적 조건화

조작적 조건화는 고양이가 의식적으로 무언가 하는 것을 선택하고 그 결과로 어떤 반응을 얻을 때 발생한다. 이 경우, 츄이는 이제 고전적 조건화로 인해 자신의 이름을 들으면 행복한 상태에서 이사벨라에게 달려가기로 선택할 수 있다. 이 선택의 결과는 음식을 얻는 것이다. 사실 츄이는 이름을 듣고 달려가거나 그냥 편안한 침대에 머무르는 것 중 하나를 선택함으로써 음식을 얻을지 여부를 스스로 통제할 수 있다. 이것이 조작적 조건화로 인해 츄이의 뇌에 형성된 연관성이다.

"츄이" + 달려가기 = 음식

조작적 조건화에서 행동의 가능한 결과는 네 가지이며, 각 결과는 해당 행동의 빈도를 감소시키거나 증가시킨다. 네 가지는 다음과 같다.

1. 정적 강화positive reinforcement
2. 부적 강화negative reinforcement
3. 정적 처벌positive punishment
4. 부적 처벌negative punishment

이 개념들을 이해하고, 어떤 것이 행동을 더 많이 하게 만들거나 더 적게 하게 만드는지 알면, 고양이에게 거의 모든 것을 효과적으로 가르칠 수 있다.

그럼 강화부터 살펴보자. 만일 고양이가 그 행동이 무엇이든 간에 특정 행동을 계속하길 원한다면 반드시 보상을 해 준다. 행동과학자들은 보상하는 행위를 '강화'라고 부르며, 보상은 '강화물'이라고 한다. 강화는 특정 행동의 강도를 높인다. 기둥이 건물의 강도를 높이는 것과 같다. 즉, 그 행동이 미래에 더 자주 발생할 가능성을 높인다.

반면, 처벌은 행동이 발생할 가능성을 줄인다. 조작적 조건화의 네 가지 결과에 대한 자세한 내용은 다음의 표를 참고한다.

표 6.1 조작적 조건화의 네 가지 결과

	고양이의 관점	행동의 빈도	예	그 상황이 발생할 때 고양이의 다음 반응
정적 강화	좋은 일이 생김	증가	고양이가 야옹하면 쓰다듬어 준다.	더 야옹함
부적 강화	나쁜 일이 사라짐	증가	고양이가 야옹하면 이동장에서 꺼내 준다.	더 야옹함
정적 처벌	나쁜 일이 생김	감소	고양이가 야옹하면 물을 뿌린다.	덜 야옹함
부적 처벌	좋은 일이 사라짐	감소	고양이가 야옹하면 쓰다듬는 걸 멈춘다.	덜 야옹함

강화 스케줄

이름을 부르면 달려오는 츄이의 행동을 강화한 것은 무엇일까? 바로 음식이다. 만일 이사벨라가 츄이를 부른 뒤 밥 주는 것을 중단한다면 츄이는 불러도 오지 않게 될 것이다. 츄이의 이 행동을 유지하게 하려면 이사벨라는 이 행동을 계속 강화해야 한다.

행동을 얼마나 자주 강화할 것인지를 강화 스케줄이라고 부른다. 고양이의 멋진 행동을 강화하기 위해 사용할 수 있는 스케줄에는 여러 가지가 있다. 츄이는 연속 강화 스케줄로 교육이 진행된 경우다. 즉 이사벨라가 부를 때마다 달려가면 매번 보상을 받았다.

고양이에게 새로운 뭔가를 가르칠 때는 연속 강화 스케줄이 가장 효과적이다. 하지만 츄이가 충분히 교육되어 이사벨라가 부를 때 열에 아홉 정도 반응한다면(정확도 90퍼센트), 이사벨라는 츄이를 간헐적 강화 스케줄로 강화할 수 있다. 항상은 아니지만 가끔씩 보상을 주는 것을 의미한다.

기술이 습득된 후에는 간헐적 강화 스케줄이 연속 강화 스케줄보다 더 강력해서 바꾸기 어려운 강한 행동 반응을 만든다. 이는 신중한 사람들을 슬롯머신 앞에서 몇 시간씩 앉아 있게 하는 것과 똑같은 강화 스케줄이다. 도박꾼은 언제 큰 보상이 터질지 예측할 수 없기 때문에 하루 종일 기계에 돈을 넣게 된다.

교육 신호에 대해 강력하고 신뢰할 수 있는 반응을 형성하고 싶다면, 먼저 연속 강화 스케줄로 가르친 후, 고양이가 약 90퍼센트 정확성을 보일 때 간헐적 강화 스케줄로 전환한다.

그렇다고 하더라도, 두려움과 불안 같은 부정적인 감정은 학습을 어렵게 하고 고양이의 반응 정확성을 감소시킬 수 있으니, 두려움 많고 불안한 고양이들은 좋은 교육 결과를 얻기까지 더 오랜 기간 동안 연속 강화 스케줄을 유지해야 할 수도 있다.

강화되지 않은 행동은 결국 사라진다는 사실을 기억한다. 만약 츄이가 보상을 받지 않거나 충분히 자주 보상받지 않는다면 이사벨라가 이름을 불러도 오지 않을 것이다.

반대로, 고양이의 어떤 행동을 '멈추게' 하고 싶을 수도 있다. 이 경우 모든 강화를 제거하는 것이 좋다. 이때 주의할 점이 하나 있는데, 이전에 보상받았던 행동, 심지어 우리의 관심만으로도 보상받았던 행동이 무시되면, 그 행동이 줄어들기 전 오히려 증가하는 경향이 나타난다. 다시 말해, 행동이 사라지기 전에 고양이가 3~5일 동안 매우 끈질기게 그 행동을 계속할 것을 예상하고 있어야 한다.

처벌

지금까지는 바람직한 행동을 강화하는 것에 대해 이야기했다. 그렇다면 고양이가 원치 않는 행동을 할 때는 어떻게 해야 할까? 이제 처벌에 대해 이야기할 차례다. 못마땅한 행동을 처벌하면 그 행동이 사라질까? 미안하지만 실제로 이렇게 작동하는 경우는 좀처럼 없다.

처벌이란 간단히 정의하면, 올바르게 적용되었을 때 행동을 감소시키거나 중단시키는 결과를 말한다. 처벌은 관심을 주지 않거나 장난감을 제거하는 것에서부터 단호하게 "안 돼!"라고 말하는 것, 물을 뿌리거나 때리는 것까지 여러 형태이다. 무엇보다 중요한 것은 동물이 이를 처벌로 인식해야 한다는 점이다. 성공하려면 처벌이 행동을 그만두게 할 만큼 동기부여가 되어야만 한다는 뜻이다.

크고 늘씬한 오렌지 태비, 마일로는 주방 조리대에 올라가 있는 것을 매우 좋아했다. 그 위에서 꼬리와 뒷다리를 가장자리 밖으로 늘어뜨리고 잠을 자곤 했다. 또 저녁 식사를 준비하는 보호자 주디에게 다가가기 위해 조리대를 가로지르는 것도 즐겼다. 그러나 주디는 마일로가 화장실을 밟은 발로 음식을 준비하는 조리대 위를 왔다 갔다 하는 것이 싫었다. 마일로는 조리대에 있고 싶어 하고 주디는 그가 그곳에 있지 않기를 원하면서 갈등이 일어났다.

주디가 맨 처음 한 일은 단호하게 "안 돼!"라고 말한 뒤 마일로를 바닥에 내려놓은 것이었다. 주디의 행동에 혼란스러워진 마일로는 다시 조리대로 뛰어올라갔고, 가스레인지 위에 뭐가 있는지 살피려고 주디 곁으로 다가갔다. 이 과정은 저녁 식사 전 매일 반복되었고, 어느 한쪽이 포기할 때까지 계속됐다. 주디가 좌절하고 지쳐서 더 이상 마일로를 바닥에 내려놓지 않으면, 마일로는 조리대 위 평소 자리로 돌아갔다. 주디가 인내심을 발휘해 계속해서 마일로를 내려놓는 날엔 마일로가 포기했다. 즉, 때로는 마일로가 자신의 행동(조리대에 뛰어오르기)으로 인해 보상을 받고(조리대에 있게 됨) 때로는 그렇지 않았다. 생각해 보자. 지금까지 마일로에게 적용된 강화 스케줄은 무엇일까? 뛰어오르는 행동에 무슨 일이 일어났다고 생각하는가?

몇 달 후 주디는 마일로가 더 집요해졌다는 것을 깨달았다. 마일로를 조리대에 못 올라오게 하는 데 점점 더 많은 시도를 해야 했다. 그녀는 싸움에서 지고 있었다.

도대체 어떻게 된 걸까? 명확히 말하면, 주디는 정적 처벌 방법을 쓰고 있었다. 행동과학자들이 말하는 '정적'은 무언가를 더한다는 의미이다. 그러므로 정적 처벌은 고양이가 싫어하는 뭔가를 더해서 행동의 빈도를 줄이는 것이다. 주디는 마일로가 조리대에 뛰어오르는 것을 줄이기 위해 "안 돼!"라고 말했다. 소리치거나, 때리거나, 물을 뿌리는 것 같은 행동을 추가하면 고양이가 좋아하지 않는 것을 더해서(정적) 벌을 주는 것이 된다(처벌).

그러나 상황은 주디가 원한 방향으로 흘러가지 않았다. 마일로의 관점을 전혀 고려하지 않았기 때문이다. 아마도 조리대 위에 있고자 하는 마일로의 동기가 주디의 "안 돼!"보다 강했을 것이다. 게다가 주디의 교육 방식에는 일관성도 없었다. 주디가 등을 돌리면 마일로는 다시 조리대로 뛰어올랐고, 이따금씩 주디는 그냥 포기하고 그를 내버려두었다. 주디가 가르치고자 했던 것은 다음과 같다.

조리대 위로 올라온다 + "안 돼!"라고 소리친다 = 조리대에 덜 올라옴

그러나 실제로 마일로는 가끔씩은 조리대 위로 오를 수 있을 뿐만 아니라 그곳에 머물 수도 있다는 것을 배웠다. 만약 고양이가 행동을 '할 때마다' 약 1초 이내에 처벌이 이뤄지지 않는다면 그 행동은 간헐적으로 강화되고 만다. 다시 말해, 때로는 그 행동이 효과가 있고 때로는 효과가 없다. 방금 배운 것처럼 간헐적 강화는 행동을 더 강하게 만든다. 마일로가 실제로 배운 것은 다음과 같다.

조리대 위로 올라간다 +가끔 강화되고, 가끔은 아니다 = 조리대에 더 올라감

그다음에 무슨 일이 일어났는지 보자. 주디는 정적 처벌을 사용하는 사람들이 일반적으로 그러듯이 처벌 수위를 높였다. 마일로가 더 큰 벌을 받아야 한다고 생각하고는, 다음 날 물뿌리개를 준비해 두었다. 그리고 마일로가 조리대로 뛰어오르자 단호하게 "마일로!"라고 말한 뒤 물을 뿌렸다. 마일로는 즉시 조리대에서 뛰어내렸다.

하지만 주디가 벌을 주는 데 일관성이 없었기 때문에, 조리대에 뛰어오르는 행동은 간헐적으로 강화되었고 그는 다시 조리대에 뛰어올랐다. 비록 10분간은 시도하지 않았지만 말이다. 며칠 동안, 마일로가 다시 조리대 위로 뛰어오르면 그 순간 주디가 "마일로!"라고 외치며 물을 뿌리는 일이 반복됐다. 이제는 주디가 부엌에 있을 때 물뿌리개를 꺼내 놓기만 해도 마일로는 조리대에 뛰어오르지 않았다.

그렇게 문제가 해결된 걸까? 전혀 아니다. 불행히도 더 큰 문제가 생겼다. 주디는 마일로의 행동이 변했음을 알게 되었다. 마일로는 주디가 이름을 불러도 반응하지 않았다. 주디가 집에 돌아왔을 때 문에서 기쁘게 맞이하지 않았다. 마일로는 주디가 이름을 부르는 일이 물을 뿌리는 일로 이어진다고 배웠기 때문이다.

더 심각한 문제가 있었다. 직장에서 CCTV로 집을 확인한 주디는 마일로가 조리대 위에서 아주 편안히 쉬고 있는 걸 보았다. 그것도 물뿌리개 바로 옆에서 말이다. 문제는 해결된 것이 아니었다.

정적 처벌의 문제점

주디가 했던 것 같은 실수 또는 잘못된 타이밍은 엉뚱한 행동을 처벌하게 된다. 주디는 마일로에게 이름과 처벌을 연관 짓게끔 가르친 셈이 됐다. 불행히도 정적 처벌은 단 한두 번만으로도 강력한 고전적 조건화를 통해 보호자에 대한 두려움을 유발시킬 수 있다. 고양이는 이런 두려움 때문에 보호자를 때리거나 물 수 있고, 때로는 그 순간 근처에 있는 고양이, 개, 어린아이 같은 다른 대상을 물 수도 있다.

고전적 조건화는 강력한 학습 유형이다. 마일로는 주디 가까이 있고 싶어 하지 않았다. 그녀에 대해 다르게 느끼도록 고전적 조건화되었기 때문이다. 더 이상 마일로는 기쁨에 차서 주디에게 달려가지 않았다. 주디와 마일로 모두에게 슬픈 일이었다.

이제 마일로의 마음속에는 다음과 같은 연관성이 형성되었다.

"마일로!" = 물 뿌리기

물 뿌리기 = 두려움

"마일로!" = 두려움

정적 처벌은 자발적으로 행동하려는 고양이의 의지를 감소시켜 교육을 더 어렵게 만든다. 이제 주디는 마일로의 이름을 불러서 그를 오게 할 수 없다. 이제 자기 이름을 들을 때 두려움을 느끼게 되었기 때문이다. 교육 세션을 시작하는 데 가장 좋은 도구를 잃은 것이다. 게다가 처벌에 대한 두려움은 마일로가 교육 세션 중 새로운 시도를 하기 꺼리게 만든다. 마일로 입장에서는 물을 맞기보다는 자기가 아는 것을 고수하거나 그 자리를 떠나는 것이 낫다.

또한 정적 처벌은 혼란을 준다. 고양이에게 무엇을 해야 하는지는 가르치지 않고 그저 뭔가를 하지 말라고만 가르치기 때문이다. 만약 주디가 부엌 조리대 근처에 캣타워를 설치하고 마일로에게 거기에 있도록 가르쳤다면, 마일로는 높이 올라가서 주디 근처에 있을 수 있었을 것이다. 그것이 마일로가 원했던 것이다. 그리고 그것에 대해 보상도 받을 수 있었을 것이다.

혼란스러운 상황이 발생하면 우리가 원하지 않는 그 행동이 감소할 수도 있다. 그러나 그 행동에 대한 동기가 그대로 있기 때문에 고양이는 우리가 더 원하지 않는 다른 행동을 보이곤 한다. 마일로의 경우, 여전히 주디 가까이에 있고 싶었지만, 그녀의 관심을 끌기 위해 어떻게 해야 할지 몰랐다. 그 결과 부엌에서 주디가 움직이려 할 때 그녀의 다리에 몸을 비비고 울기 시작했을지도 모를 일이다. 이는 성가시고 위험한 상황을 만들었을 것이다.

정적 처벌의 함정을 정리해 보자.

- 일관성 있게 사용하지 않으면 오히려 해당 행동을 강화한다.
- 행동 직후 약 1초 내에 실행해야 한다.
- 고전적 조건화는 보호자에 대한 두려움이나 공격성을 불러일으킨다.
- 자발적으로 행동하려는 고양이의 의지를 감소시킨다.
- 고양이에게 하지 말아야 할 것만 가르치고 무엇을 해야 하는지는 가르치지 못한다.

한마디로 정적 처벌은 피하는 것이 좋다. 특히 처벌 과정이 우리와 연관되어 있다면 더더욱 그렇다. 때로는 정적 처벌을 가족이나 다른 동물과 연관되지 않게 사용할 수 있다. 이 옵션을 고려하고 싶다면, 공인 동물 행동 컨설턴트나 수의행동학자와 반드시 상담해야 한다. 그마저도 두려움이나 공격성을 보이는 고양이는 불가능하다.

정적 처벌은 학습으로 이어지기도 한다. 뜨거운 냄비를 손으로 한번 잡아 보면 다시는 그러지 않도록 배우는 것처럼 말이다. 하지만 그보다는 바람직하지 않은 행동과 양립할 수 없는 새로운 행동을 가르치는 것이 가장 좋다. 예를 들어 마일로라면 캣타워에 올라가 쉬게끔 가르치는 것이다.

부적 처벌 사용법

이쯤 되면 고양이에게 잘못된 행동을 어떻게 알려 줘야 할지 궁금할 것이다. 고양이가 잘못을 아는 것이 중요하지 않은가? 그렇다. 그런데 고양이가 잘못했을 때는 명확하고 일관성 있게 피드백 해야 한다. 이런 피드백은 학습 과정에 도움이 된다. 이때가 부적 처벌이 필요한 순간이다.

부적 처벌은 고양이가 좋아하는 무언가를 제거해 행동을 감소시키는 것이다. 스콧에게 애정을 얻기 위해 울어 대는 고양이 테드를 예로 들어 보자. 스콧이 테드를 쓰다듬고 있을 때조차 테드는 계속 울어 댄다. 마치 "멈추지 마"라고 말하는 것 같다.

스콧은 테드를 끔찍이 아꼈지만 힘들게 일하고 퇴근한 뒤에는 조용히 테드를 쓰다듬으며 쉬고 싶었다. 스콧은 테드를 쓰다듬다가 테드가 울면 손을 뗐다. 그는 테드가 좋아하는 쓰다듬기를 제거해서 울음소리를 감소시켰다. 이런 유형의 부적 처벌은 매우 효과적이다.

하지만 이때 고양이가 좋아하는 것을 제거하기만 하고 이를 다른 활동으로 전환시키지 않으면 좌절감이 쌓여 물기나 앞발 때리기 같은 부정적 행동이 나타날 수 있다. 만일 고양이가 쉽게 좌절하거나 짜증을 많이 내는 편이라면, 뭐가 됐든 부적 처벌 직후 고양이가 재밌게 놀거나 편안히 쉴 수 있는 새로운 활동을 마련해 주어야 한다.

고양이는 질투가 많고 앙심을 품는다?

잠시 레슬리, 슈가, 조의 예로 돌아가 보자. 조는 슈가의 행동을 앙심이나 질투심 때문으로 생각했다. 실제로 그럴까?

대뇌 피질은 의식적 사고에 관여하는데 고양이의 뇌에서 대뇌 피질의 비중은 그리 크지 않 다. 그런 이유로 동물행동 과학자들은 고양이가 존재를 탐구하기보다는 환경을 관찰하고 감각 입력에 근거해 연관성을 형성하는 데 대부분의 시간을 보낸다고 믿는다. 다시 말해, 고양이는 우리가 이상한 사람과 데이트를 한다거나 우리의 업무 일정이 바뀐다고 이에 대해 복수할 계획을 세울 수 없다. 고양이는 침대 커버가 300달러라는 것을 이해할 수 없다. 만약 고양이가 이불에 소변을 봤다면 더러운 화장실, 가정 내 다른 반려동물의 위협 또는 무언가 다른 큰 스트레스 요인 때문일 것이다. 고양이는 우리에 대한 복수심으로 가득 차지 않는다. 고양이는 단순히 소변을 봐야 했고 그 순간 가장 편리하고 안전하며 편안한 장소가 그곳이었을 뿐이다. 고양이는 매우 지능적이지만 교활하거나 앙심을 품지는 않는다.

또 하나 우리가 알고 있는 사실은 고양이는 현재에 살고 있다는 것이다.

이는 그들이 현재에서 학습한다는 것을 의미한다. 그렇다고 고양이가 하루하루 일어나는 일을 기억하지 못한다는 뜻은 아니다. 물론 기억한다. 만약 고양이가 장기 기억을 형성하지 못한다면, 우리 머리 위에서 자는 것이 편안하다는 것 또는 동물병원에 가는 것이 무섭다는 것을 기억하지 못할 것이다.

고양이가 현재에 살고 현재를 배우는 성향을 가지고 있다는 것은, 고양이가 우리가 원하는 행동이나 원하지 않는 행동을 했을 때 몇 초 이내에 보상과 결과를 제공해야 한다는 것을 의미한다. 일례로 고양이가 침대에 소변을 봤다면, 그렇게 부드럽고 깨끗한 표면에서 방광을 비우는 것이 얼마나 기분 좋은지 기억할 것이다. 만약 환경이 바뀌지 않는다면, 고양이는 나중에 그 장소를 다시 사용할 것이다.

나중에 소변 자국을 발견하고 고양이에게 소리를 지르면, 고양이는 그것도 기억할 것이다. 하지만 침대에 소변을 보는 것과 우리의 반응을 연관 짓지는 않는다. 시간이 너무 지났기 때문이다. 대신 고양이는 침실을 우리의 분노와 연관 짓는다. 이는 고양이가 우리가 침실에 있을 때 우리를 피하는 것 같은 의도치 않은 학습 반응을 불러일으킨다.

고양이의 뇌가 우리와 다르다고 해서 그들이 감정이 없다는 것을 의미하지는 않는다. 대부분의 고양이 보호자들이 고양이에게서 두려움, 기쁨, 슬픔, 즐거움을 본다. 고양이는 대부분의 상황에서 그들이 어떻게 느끼는지를 보디랭귀지로 보여 준다. 고양이도 우리처럼 감정을 가지고 있다. 그 감정에 대해 깊이 생각하는 데 시간을 쓰지 않을지라도 그 감정은 실재이며 고양이가 학습하는 방식에 영향을 준다.

교육, 어떻게 시작해야 할까?

고양이 교육을 시작할 준비가 되었다면 교육을 통해 뭘 이루고자 하는지를 먼저 명확히 파악해야 한다. 다음을 생각해 보자.

- 교육하고 싶은 새로운 행동이나 바꾸고 싶은 구체적인 행동은 무엇인가?
- 새로운 행동은 어떤 모습이어야 하는가?
- 기존 행동을 바꾸고 싶다면, 그 행동에 대한 고양이의 동기는 무엇인가? 환경적·사회적 상황(사람들이나 다른 고양이들과의 관계) 또는 충족되지 않은 욕구가 그 행동의 동기인가? 기억하자. 행동은 그 결과에 의해 유지된다. 따라서 고양이가 행동을 계속하게 만드는 원인을 파악해야 한다.

고양이를 동기부여하는 것이 무엇인지 생각해 보자. 고양이가 음식, 빗질, 놀이, 쓰다듬기 중 무엇을 좋아하는가? 고양이가 즐기는 모든 것을 자세히 적고, 가장 좋아하는 것부터 덜 좋아하는 것 순으로 나열한다. 이것들이 정적 강화물이다.

정적 강화와 필요하다면 부적 처벌만 사용하기로 결심한다. 긍정적으로 생각한다. 고양이를 교육 시킬 기분이 아니라면 기분이 좋아질 때까지 교육을 미룬다.

교육을 시작하기 전에 고양이의 전반적인 건강 상태를 고려한다. 간식을 줄 수 있는가? 그렇다면 어떤 종류인가? 과체중인가? 나이가 많은 고양이라면, 특정 작업을 수행하는 데 제한이 되는 통증 문제가 있는가? 이러한 것들이 모두 고려되어야 한다. 고양이의 성격도 고려한다. 활발한 성격인가 아니면 게으른 성격인가? 고양이의 성격은 교육 방식에 영향을 미친다. 식사 시간에 맞춰 교육을 시도하되 고양이가 배고플 때는 주의한다. 일부 고양이는 배가 고프면 좌절감을 느끼는데, 이는 학습에 방해가 되며 고양이들은 원하는 음식을 정확한 때에 얻기 위해 신체적으로 반응할 수 있다. 즉, 간식을 들고 있을 때 손을 때릴 수 있다. 이런 경우에는 식사를 한 뒤 한두 시간이 지나서 교육하는 것이 좋다.

대부분의 고양이는 조건 강화물이 필요하다. 조건 강화물은 고양이에게 방금 수행한 행동이 올바르다는 신호를 주는 소리나 단어이다. 이는 매우 효율적인 교육 방법이다. 명확한 신호가 즉시 전달되기 때문이다. 클릭 소리가 나는 클리커가 효과적일 수 있으며, "잘했어!" 같은 특정 단어도 좋다. 교육할 때마다 동일한 소리나 단어를 일관되게 사용해야 그것이 조건 강화물이 된다.

클리커는 고양이에게 행동이 올바르며 보상이 주어질 것이라는 신호를 주는 효과적인 조건 강화물이다. 이 클리커는 손목에 끼울 수 있는 고리가 있다. 일부 고양이는 큰 클릭 소리에 놀랄 수 있으므로 부드러운 소리 톤의 클리커를 선택하는 것이 좋다.

© *Carlo Siracusa*

고양이 교육 도구 상자

교육에 필요한 도구를 한곳에 모아두면 편리하다. 사용하지 않을 때는 치워 두어 교육이 끝났음을 고양이가 이해하게 한다.

교육 도구 상자에 갖춰야 할 물품

- 조건 강화물(클리커 또는 단어나 짧은 어구)
- 진도 기록용 트레이닝 일지

- 트레이닝 목표 리스트
- 간식
- 장난감
- 매트: 고양이에게 자기 자리로 가서 진정하도록 가르칠 때 사용한다.
- 그릇: 음식(보상)을 담아둘 때 사용한다. 멀리서도 음식을 줄 수 있다.
- 가르칠 행동 리스트
- 고양이가 화나거나 산만해졌을 때 나타나는 보디랭귀지 리스트

고양이가 제일 좋아하는 간식과 장난감을 교육 세션을 위해 아껴 둔다. 고양이는 새로운 것에 끌리기 때문에 교육 때마다 최소 세 종류의 간식을 준비한다. 사용할 간식은 완두콩 크기로 작게 만든다. 필요하면 미리 잘라 둔다. 교육 도구 상자 외에도 집 안 곳곳에 간식과 다른 조건 강화물을 놓아두고 고양이가 바람직한 행동을 할 때마다 보상해 준다. 예를 들어 조리대 대신 캣타워에 올라가면 보상한다.

교육 세션은 한 번에 최대 5~10분 정도로 짧게 하고, 항상 고양이가 즐겁고 성공적일 때 긍정적인 분위기로 끝낸다. 고양이가 흥미를 잃으면 교육 세션을 끝낸다. 단 1분짜리 교육 세션도 성공으로 간주한다. 교육을 했다면 성공이다. 고양이가 관심을 가장 많이 보일 때 하루에 두 번 교육하는 것을 목표로 한다.

고양이에게 특정 행동을 교육하기 전 보호자는 며칠간 교육 기술을 연습한다. 조건 강화물과 작은 간식을 준비한다. 고양이가 좋아하는 행동을 할 때마다 클리커를 클릭하거나 조건화된 강화물로서의 단어를 말하고 간식을 준다. 이런 연습은 긍정적인 마음가짐을 유지하게 하고 관찰 능력을 향상시켜 준다. 고양이도 우리를 더 주목하게 될 것이다. 고양이가 방을 걸어 다니며 '지금 내가 하는 행동이 좋아?'라고 묻듯이 우리를 바라볼 수도

있다. 교육을 시작하기 전에 이런 기술을 연습하면 고양이가 더 빨리 배울 수 있다.

하루 종일 고양이를 관찰하고, 고양이가 관심을 잃거나 화가 났을 때 보이는 보디랭귀지 목록을 작성한다. 예를 들어, 꼬리를 탕탕 치거나 귀를 뒤로 젖히는 행동이 있을 수 있다. 고개를 돌리거나 우리를 피하려고 그루밍을 시작할 수도 있다. 고양이가 교육 중에 이런 보디랭귀지를 보인다면, 쉽게 성공했던 지점으로 돌아가서 더 자주 또는 더 가치 있는 보상으로 원하는 행동을 강화해 준다.

루어링과 행동형성

고양이에게 새로운 행동을 가르치는 대표적인 방법은 루어링luring과 행동형성shaping 두 가지다.

루어링은 보상을 직접 들고 제스처를 사용해 고양이에게 원하는 행동을 하도록 유도한 뒤 이를 강화하는 것이다. 예를 들어 고양이에게 앉는 것을 가르치고 싶다면 간식을 고양이의 코 바로 위에 들고 살짝 뒤로 움직인다. 그러면 고양이는 간식을 눈으로 쫓다가 앉게 된다. 고양이가 간식을 앞발로 때리거나 앉지 않으면, 앉을 때까지 기다려야 할 수도 있다. 앉으면 클릭하고 간식으로 보상한다.

'자리로 가' 가르치기

조작적 조건화를 통해 고양이에게 신호에 맞는 행동을 가르치는 방법이다. 고양이를 위치로 유도하는 루어링을 사용한다.

1. 고양이도 편하고 우리도 교육하기 편한 장소를 선택한다. 보통 캣타워가 무난하다.

2. 그 자리에서 한 발자국 정도 떨어진 곳에 선다.

3. 이름을 부르거나 간식 주머니를 흔들어 고양이의 주의를 끈다.

4. 고양이가 다가오면 클리커를 클릭하고 작은(완두콩 크기) 간식을 준다.

5. 즉시 간식 하나를 캣타워에 톡 던진다. 고양이가 캣타워에 올라가면 다시 클리커를 누르고 캣타워 위에 간식 보상을 던져 준다.

6. 고양이를 불러 캣타워에서 내려오게 한 뒤 5번 과정을 두 번 더 반복한다. 또는 고양이가 알아들을 때까지 이를 반복한다.

7. 고양이가 간식을 던지기 전에 캣타워에 확실히 올라가면 "자리로 가"라는 신호를 추가한다. 고양이가 캣타워에 올라갈 때마다 반드시 클리커를 누르고 간식으로 보상한다.

8. 열에 아홉 번 정도, 처음 신호에 맞춰 캣타워에 올라가면 우리와 캣타워 간의 거리를 늘린다.

9. 고양이가 신호에 반응하는 능력이 점점 더 좋아지면 거리를 더 늘린다. 이 과정이 반복되면 나중에는 집 어디에서든지 고양이를 '자리로' 보낼 수 있다.

행동형성은 최종 행동에 점점 가까워지는 점진적 행동들을 보상하는 것을 의미한다. 예를 들어 헹동형성을 사용해 캣타워에 올라가는 것을 가르친다면, 처음에는 캣타워 근처에 가는 것부터 보상하고, 그 다음에는 낮은 칸에 올라가면 보상하고, 그 다음에는 한 칸씩 올라갈 때마다 보상하는 식으로 점차 목표에 가까워질 수 있게 한다. 이때 클리커 같은 조건 강화물을 사용하는 것이 타이밍을 맞추는 데 도움이 된다. 고양이가 원하는 행동을 하는 정확한 순간에 강화를 해야 하기 때문이다.

조건화된 강화물을 이용한 교육 방법 중 캡처링capturing도 무척 유용한데, 특히 고양이에게 매우 효과적이다. 캡처링은 사진 찍는 것과 유사하다. 고양이가 자발적으로 하는 행동에 언어 신호를 연관시키고, 그 후 신호를 사용하여 고양이에게 그 행동을 하도록 요청하는 것이다. 행동을 포착하려면, 고양이가 원하는 행동을 할 때 클리커를 클릭하고 보상을 주면 된다. 만약 고양이에게 앉는 것을 가르치고 있다면 고양이가 앉아 있는 것을 볼 때마다 클릭하고 보상한다. 곧 고양이는 우리를 볼 때마다 앉으려고 할 것이다.

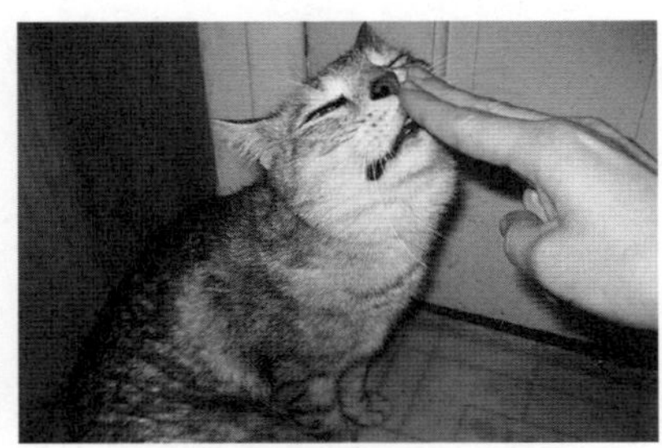

마일로가 신호에 맞춰 코 터치를 하고 있다.

© Meghan E. Herron

주디와 마일로는 어떻게 됐나?

결국 주디가 마일로를 조리대에서 내려오게 하기 위해 다음에 무엇을 했는지 알아보자.

주디는 그동안 자신이 썼던 방법이 효과가 없다는 것을 알았다. 마일로는 주디가 집에 없을 때 조리대에 올라와서 쉬었고 주디와는 거리를 두려 했다. 주디는 마일로를 사랑했지만 조리대에 있지 않길 바랐다. 친구는 전기 충격을 가하는 쇼크 매트를 조리대 위에 올려 두라고 제안했지만 주디는 마일로를 다치게 하고 싶지 않았고, 정적 처벌은 답이 아니라는 걸 알고 있었다. 물을 뿌리는 처벌을 사용한 결과를 보았기 때문이다. 이제는 다른 방법을 써야 했다.

주디는 마일로가 잘못한 것에 초점을 맞추는 대신, 그가 조리대에 올라가는 동기가 무엇인지 그리고 그 욕구를 어떻게 충족시킬 수 있을지에 초점을 맞추었다. 주디는 시간을 들여 마일로를 관찰했고, 마일로가 소파 뒤와 그녀의 화장대 같은 높은 곳에 자주 있는 것을 알게 되었다. 그녀는 마일로가 그녀와 가까이 있고 싶고 또한 높은 곳에 있고 싶어 조리대로 올라간다는 결론을 얻었다.

주디는 캣타워를 하나 구입해 주방 조리대 근처에 두었다. 매일 저녁 식사 전 캣타워에 캣닢과 간식 몇 개를 올려놓았다. 예상대로 마일로는 캣타워에 올라가 간식을 먹고 캣닢 위에서 뒹굴다가 잠이 들었다. 주디는 저녁 식사 준비 전, 매일 이 과정을 반복했다.

주말에 시간이 있을 때 주디는 클리커와 간식을 사용해 마일로에게 '자리로 가'라는 언어 신호에 따라 캣타워로 올라가도록 가르쳤다. 몇 주 만에 주디는 저녁을 만들기 전 마일로를 캣타워로 올려 보내고 요리를 하면서 간헐적으로 보상을 줄 수 있게 되었다. 마일로에게 조리대에 올라가지 않으면서도 주디와 마일로 모두가 만족할 만한 대체 행동을 가르쳤다. 마일로는 그토록 원하던 그녀와의 상호작용을 계속할 수 있게 됐고, 그녀는 깨끗한 조리대와 함께 다시 돌아온 마일로의 관심도 즐기게 됐다.

우리와 가까이 있을 수 있는 높고 편안한 장소를 많이 마련해 주면 갈등을 예방할 수 있다. 이러한 장소는 고양이에게 보상을 받을 수 있는 대안이 된다.

© Craig Zeichner

이제 이 장을 읽으면서 배운 것을 테스트해 보자.

마일로의 머릿속에는 어떤 연관성이 형성되었을까?

주디 = 간식과 캣닢

주디 = 행복

캣타워 = 간식과 캣닢

캣타워 = 행복

"자리로 가"+캣타워 꼭대기로 올라가기 = 간식과 주디

마일로가 이러한 연관성을 배우도록 돕는 데 사용된 조건화 유형은 무엇일까?

고전적 조건화와 조작적 조건화다.

고양이 교육 시 발생하는
흔한 문제 해결법

우리는 우리 고양이의 특성을 사랑하지만, 때로는 이런 특성이 교육을 힘들게 만들 수 있다. 고양이를 교육할 때 생기는 문제를 극복하는 방법을 알아보자.

노령묘

고양이는 10살이 넘으면 노령묘로 본다. 고양이는 통증이나 불편감을 숨기는 데 전문가나 다름없다. 노스캐롤라이나 주립대학의 엘리자베스 하디Elizabeth Hardie가 보호자가 통증이 없다고 보고한 12살 이상의 노령묘 100마리를 조사한 결과, 90퍼센트가 관절염을 앓고 있었다. 고양이가 나이가 들었다면, 교육할 때 천천히 진행하는 것이 좋다. "나를 봐watch me" 같이 움직이지 않고 한자리에서 눈을 마주치는 것부터 교육하는 것이 좋다.

과체중 고양이

고양이가 조금 통통해서 체중 증가가 걱정된다면, 사료 양을 한 스푼씩 줄이고 먹이 급여 장난감을 사용해 먹이를 주는 것을 고려한다. 물론 식단을 변경하기 전에 수의사와 상의해야 한다. 교육할 때는 간식 크기를 완두콩 크기로 유지한다. 사료도 교육용으로 사용할 수 있는데, 이 경우 일일 배급량에서 해당 분량을 제외해야 한다.

성격 맞춤형 교육

에너지 넘치면서 쉽게 좌절감을 느끼는 고양이는 교육 중에 보상을 빨리 주지 않으면 앞발을 휘두를 수 있다. 고양이가 참을성이 없는 편이라면 원격으로 보상을 제공하는 장치를 사용하거나 교육하는 곳 바로 옆에 보상을 두는 게 좋다. 또는 튜브 같은 용기에 캔 간식을 넣어 한 입씩 짜줄 수도 있다. 이렇게 하면 직접 간식을 주지 않아도 된다.

간식을 그릇에 넣거나 원격 장치를 사용할 경우, 단어든 클리커든 조건화된 강화물을 반드시 사용한다. 그래야 간식이 조금 늦게 주어지더라도 정확한 행동을 즉시 보상해 줄 수 있다. 고양이가 게으르다면, 캔 음식이나 참치, 닭고기와 같은 매우 가치 있는 먹이를 사용하고, 식사 시간 전에 교육한다.

먹을 것에 욕심이 없거나, 너무 천천히 먹거나, 처방식을 먹는 고양이

고양이는 개보다 천천히 먹는다는 점을 기억한다. 고양이는 본능적으로 의심이 많은 성격이라 처음에는 새로운 음식을 탐색부터 할 수 있다. 이를 흥미가 없는 것으로 받아들이지 말고, 고양이가 탐색할 시간을 준다. 고양이가 간식에 익숙해지기까지 몇 번의 시도가 필요할 수도 있다. 교육을 시작하기 전에 새로운 간식을 시도해 보고 고양이가 좋아하는 것을 알아둔다.

교육할 때 간식 대신 장난감, 빗질, 쓰다듬기 또는 돌기가 있는 브러시에 몸을 비비는 기회를 보상으로 준다. 모든 고양이가 음식에 동기부여를 받는 것은 아니다. 처방식을 먹고 있다면 그 식단이나 수의사가 승인한 간식을 사용해 교육한다. 처방식이 캔 형태라면 그것을 사용한다. 숟가락이나 튜브 용기를 이용해 조금씩 제공할 수 있다. 식사 전에 교육하는 것도 좋은 방법이다.

교육이 끝나지 않았는데 그냥 가 버리는 고양이

고양이가 교육 도중 관심을 잃고 자리를 뜬다면, 피곤하거나 좌절했거나 교육을 그만하겠다는 의지를 나타내는 것이다. 이럴 경우 교육 세션을 매우 짧게 한다. 1분 정도도 충분하다. 고양이가 더 하고 싶어 할 때 긍정적인 분위기에서 끝내고 가장 가치 있는 간식을 보상으로 사용한다. 최고의 간식, 빗질 도구, 장난감은 교육 시간을 위해 아껴 두어야 그 특별한 가치가 유지된다.

요점 정리

- 고양이는 매우 지능적이며 교육이 가능하다. 독특한 방식으로 세상을 인식하고, 정보를 처리하며, 학습에 중요한 연관성을 만든다.
- 고양이는 강한 자기 방어 메커니즘을 가지고 있으며, 이는 빠르게 고전적 조건화된 두려움 반응을 일으킬 수 있다. 두려움은 교육에 쏟는 우리의 노력을 무효화할 수 있으므로 두려운 상황을 피하거나 그 상황을 고양이가 덜 무섭게 느낄 수 있게 도와 줘야 한다.
- 고양이는 우리와 마찬가지로 감정을 느끼지만 앙심을 품거나 복수심을 가지지는 않는다.
- 원치 않는 행동을 바꾸려면 고양이를 동기부여하는 것이 무엇인지 찾아내고, 우리와 고양이 모두가 받아들일 수 있는 방법으로 고양이의 욕구를 충족시켜 준다.
- 교육할 때는 정적 강화만을 사용하도록 노력하고, 꼭 필요한 경우라면 부적 처벌을 병행한다.
- 더 효과적인 교육을 위해 조건 강화물을 사용하는 연습을 한다.
- 고민할 시간이 없다. 지금 당장 고양이를 교육시키자.

디코딩 유어 캣

7장

고양이의 공격성

고양이는 날 때부터
못됐을까?

테리 마리 커티스Terry Marie Curtis, DVM, MS, DACVB

두 살 된 오렌지 태비 몰리는 새끼 때부터 사람 손에 자랐다. 그때부터 사람이 손과 발로 열심히 놀아 주었고, 몰리는 이를 장난감처럼 깨물고 레슬링하며 신나게 놀곤 했다. 몰리가 자라면서 이빨과 발톱이 날카로워져 이제는 놀고 나면 손발이 긁히고 물린 자국이 꽤 남았다. 몰리는 공격적인 고양이가 된 걸까? 이제 몰리와 그만 놀아 줘야 하는 걸까?

흑백이 조화로운 털을 가진 10개월 된 시드는 8주쯤 됐을 때부터 형제들과 떨어졌다. 집에 다른 고양이는 없지만 여전히 매우 장난스러웠다. 시드는 종종 아무 이유 없이 보호자를 스토킹하고 공격했고, 보호자는 시드의 행동에 괴로워하고 있다. 사랑하고 껴안아 줄 고양이를 원했는데 공격적인 고양이를 얻은 것이다! 현재 시드의 보호자는 시드를 보호소에 맡길 것을 고려하고 있다. 정말 그렇게 해야 할까?

다섯 살 된 칼리코 고양이 데이지는 옆집에 사는 회색 고양이를 볼 때마다 예민하게 반응했다. 거실 창으로 옆집 고양이가 보이면 하악질에 털 세우기는 기본이고 울부짖기까지 했다. 데이지는 산책 나온 요크셔테리어를 볼 때도 똑같이 반응했는데, 공교롭게 이 강아지도 회색이었다. 데이지는 창밖을 보다가 회색의 생명체에 잔뜩 흥분할 때면, 보호자를 찾아가 다리를 물었다. 한번은 상처가 너무 심해서 병원에 간 적도 있다. 데이지 보호자는 데이지의 행동을 도무지 납득할 수 없었다. '왜 데이지가 나를 찾아와 공격하는 걸까?' 그 이유를 알고 싶었다.

동물병원 수의사는 매일 이렇게 공격적인 고양이를 만나는 게 일상이다. 뒤로 젖혀진 귀, 동그랗게 뜬 커다란 눈, 잔뜩 웅크린 몸, 몸 아래로 집어넣은 꼬리, 하악질에 으르렁까지. 수의사는 고양이를 검사하고 도움을 주기 위해 노력하고 있다. 하지만 어떻게?

고양이의 생존 전략은 우선 일단 도망가 숨고 나중에 싸우는 것이기 때문에 이런 공격적인 반응은 오해를 받기 쉽다. 도망칠 수 있다면 대부분의 고양이는 도망친다. 그러나 궁지에 몰리면 이빨과 발톱을 드러낸다. 으르렁거리고, 하악대고, 울부짖고, 할퀴고, 무는 것은 모든 고양이에게 정상적인 행동이다. 그렇지만 행동이 정상적이라고 해서 받아들일 수만은 없다.

몰리와 시드, 데이지의 공격적인 행동은 비슷해 보일지라도 동기가 다 다르다. 몰리는 아마도 사회화가 충분히 이루어지지 않았고 인간과 어떻게 적절하게 상호작용해야 하는지에 대한 명확한 규칙을 배우지 못했을 것이다. 신체 일부를 물어뜯는 행동이 어릴 때와 달리 더 이상 귀엽지 않은데, 몰리는 왜 그리고 언제 규칙이 바뀌었는지 전혀 모른다.

시드는 새 보호자를 유일한 놀이 친구로 보고 있을 가능성이 높다. 새끼 고양이는 생후 약 3주가 되면 놀이를 시작하며, 8주가 되면 주로 짝을 이루어 논다. 이러한 놀이는 종종 거칠다. 짝을 이루는 놀이를 할 수 없게 되면, 새끼 고양이는 주변의 유일한 놀이 친구인 보호자와 놀 수밖에 없다.

데이지가 보여준 공격성은 행동학에서 '대상 전환 공격성redirected

aggression'이라고 부르는 공격성의 전형적인 증상 중 하나다. 어떤 대상을 잠재적 위협으로 인식하여 흥분한 고양이가 그 대상(데이지의 경우, 옆집 고양이와 요크셔테리어)과 직접 상호작용할 수 없기 때문에 적절하지 않지만 접근 가능한 대상, 즉 다른 반려동물이나 보호자에게 그 감정을 분출하는 것이다. 이러한 유형의 공격성은 정도가 매우 심하고, 감정적으로 매우 격앙된 상태에서 발생하기에, 공격을 당한 대상은 매우 고통스러울 수 있다.

동물병원에 오는 고양이의 경우, 공격성의 주요 원인은 주변 상황을 위협으로 인식하는 것이다. 병원에 온 고양이들의 상당수가 생명이 위협받고 있다고 믿으며 도망치거나 숨을 방법이 없다고 생각한다.

공격성의 동기가 무엇이든 간에, 고양이의 물기와 할퀴기는 국소 조직 감염을 일으킬 수 있으며, 경우에 따라 더 심각한 결과를 초래할 수 있다. 고양이 이빨로 인한 손 부위의 물림 사고 중 약 30~40퍼센트가 감염되는데, 이는 고양이 이빨이 깊이 침투하고 작은 피부 구멍을 만들기 때문이다. 질병통제예방센터CDC에 따르면, 매년 약 1만 2,000명이 고양이 할큄병cat scratch disease에 걸리며 500명이 그로 인해 입원한다. 가족을 향한 공격성은 고양이가 파양되는 원인이 된다.

공격성이란 무엇인가?

공격성은 해를 끼치거나 적어도 해를 끼치겠다고 위협하는 행동으로, 공격자와 피해자 사이의 거리를 늘리려는 의도가 있다고 생각할 수 있다. 피해자를 도망가게 하거나, 심각한 상해를 입히거나 혹은 죽임으로써 말이다. 신경과학자들은 이런 형태의 공격성을 '감정적affective'이라고 부른다. 그러나 이는 물거나 할퀴는 모든 고양이의 행동을 설명할 수 없으며, 거리를 만들거나 해를 입히려는 의도가 없는 비감정적non-affective 공격성

유형도 있다. 예를 들어, 몰리와 시드의 물기 행동은 놀이 친구인 보호자를 다치게 하려는 의도가 아니라, 놀이와 사냥 기술을 연습하고 발전시키기 위한 것이었다. 이는 정상적인 행동이다. 문제를 해결하려면 이 점을 이해하는 것이 매우 중요하다.

물론 호르몬 불균형이나 신진대사 변화, 통증, 불편감, 메스꺼움, 수면 부족 같은 의학적 문제를 겪는 고양이는 짜증을 내거나 공격적일 수 있다. 결론적으로 고양이는 다 다르고 그렇게 행동하는 자기만의 이유가 있다.

왜 고양이는 감정적 공격성을 보이는 걸까? 자신이 위협을 느끼기 때문이다. 우리는 느끼지 못할지라도 말이다. 고양이가 강력한 무기를 가진 슈퍼 포식자로 보일 수 있지만, 자연 환경에서 고양이는 먹이가 되는 취약한 동물이다. 그래서 신중하고 때로는 아무런 위험이 없는 상황에서도 두려움을 느낀다. 이는 명백한 두려움의 신호, 즉 귀가 뒤로 젖혀지고, 하악거리고, 웅크리는 자세로 나타날 수 있으며, 영역 공격성territorial aggression의 경우처럼 스토킹, 추적 같은 더 공격적인 보디랭귀지로 나타날 수도 있다.

공격성의 종류

고양이가 보이는 공격성에는 부적절한 놀이 행동, 두려움 관련 공격성, 대상 전환 공격성, 통증 관련 공격성, 쓰다듬기 유발 공격성이 있다. 질병과 관련된 과민성 공격성, 같은 집에 사는 고양이나 그 외 고양이에게 향하는 고양이 간 공격성도 있다(4장과 5장 참고). 공격성으로 분류하지 않는 포식 행동도 있는데 전형적으로 먹이가 되는 대상을 향하며 놀이 행동의 일부로 간주된다.

부적절한 놀이 행동misdirected play behavior은 놀이 관련 공격성이라고도 하는데, 주로 새끼 고양이와 젊은 고양이에게서 나타난다. 물론 모든 연령의 고양이에게서 나타날 수도 있다. 놀이 행동은 고양이의 정상적인 행동 레퍼토리에서 큰 부분을 차지하기 때문이다. 정상적인 고양이의 짝 놀이 pair play에는 스토킹, 매복, 습격이 포함된다. 일단 신체 접촉이 이뤄지면 두 고양이는 구르고 물어뜯고 치고 서로의 뒤를 쫓기도 한다.

고양이는 함께 놀 친구 혹은 신나는 장난감을 통해 놀이 욕구를 발산하지 못하면, 종종 놀기를 원하지 않는 다른 고양이나 보호자를 향해 놀이 행동을 한다. 일관되고 적절한 놀이가 제공되지 않는 환경에서는 놀이가 과도해지거나 부적절한 방향으로 흐를 수 있다.

고양이가 위협을 느끼고 있는지 즐겁게 놀고 있는지 어떻게 알 수 있을까? 보디랭귀지가 핵심이다. 장난치는 고양이는 자신의 '희생자'를 집 안을 돌아다니는 쥐나 벌레 같은 잠재적인 먹잇감 대하듯 한다. 종종 물건 뒤나 모퉁이 뒤에서 매복하고, 스토킹하고, 추적하고, 덮친다. 꼬리를 까딱거리며, 이때는 귀와 수염도 앞으로 향해 있다.

올리브가 놀이 도중 스토킹 자세를 취한다. 몸을 낮추고 먹잇감 대상(장난감)을 노려보며 서서히 다가간다. 고양이는 이런 행동을 할 때 보통 소리를 내지 않는다. © *Patrizia Porazzi*

고양이가 두려움 관련 공격성fear-related aggression을 드러낼 때 오히려 방어적으로 보일 수 있다. 귀가 뒤로 젖혀지고, 몸과 꼬리는 바닥에 낮게 깔리며, 털이 곤두선다. 눈은 커지고 검게 보일 수 있다. 위험에 빠졌다고 느끼는 순간 싸움-도주 반응이 활성화되면서 아드레날린이 분비되어 동공이 팽창되기 때문이다.

두려움으로 인해 공격성을 드러내는 고양이들은 보통 소리를 낸다. 하악거리거나, 으르렁대거나, 울부짖고 때로는 비명을 지른다. 사실상 하악거리는 것은 두려움 외에 다른 동기는 없다. 고양이가 하악거린다면 겁을 먹은 것이다. 두려움이 극에 달하면 항문낭을 비우거나 대소변을 지리는 일도 있다.

대상 전환 공격성redirected aggression은 갑작스러운 소음, 외부 고양이나 개의 모습, 낯선 동물의 냄새 같은 고양이가 직접 다가갈 수 없는 자극에 두려움이나 좌절 같은 감정적 흥분이 심해져 고양이가 자신을 통제할 수 없을 때 일어난다. 공격성이 원래의 자극에서 벗어나 무고한 대상에게로 전환될 수 있다. 결과적으로 이 공격성은 보통 근처에 있는 대상을 향하지만, 때로는 데이지의 경우처럼 특정 대상을 적극적으로 찾아내기도 한다. 도발의 정도에 따라 이 공격성은 매우 심각할 수 있으며, 일부 고양이에서는 몇 시간 또는 며칠 동안 흥분이 지속되기도 한다. 때로는 공격자가 피해자를 초기의 두려운 자극과 연관 지을 수 있으며, 피해자도 오랫동안 트라우마를 겪을 수 있다.

통증 관련 공격성pain-related aggression은 겉으로는 두려움 관련 공격성과 매우 유사해 보이지만, 통증, 불편감, 과민성 같은 명확하거나 잠재적인 원인으로 발생한다. 보통 부상, 통증 또는 병에 걸린 고양이를 만지거나 움직이려는 사람이 그 대상이 될 가능성이 크다. 수의사도 포함된다.

쓰다듬기 유발 공격성petting-induced aggression은 고양이가 견딜 수 있는 시간보다 더 오래 쓰다듬어졌거나, 자기가 만져지는 것을 좋아하지 않는 부위를 만졌을 때 발생한다. 이럴 때는 귀를 뒤로 젖히고, 꼬리를 까딱거리며 때로는 앞발을 휘두르거나 소리를 내며 불쾌함을 알린다. 갑자기 동공이 확대되기도 한다.

고양이끼리 서로 그루밍해 주는 모습을 보면, 보통 머리와 목을 짧은 시간 동안만 그루밍한다. 따라서 그 외 다른 부위를 쓰다듬거나 고양이가 원하는 것보다 더 오래 쓰다듬는 것은 문제를 일으킬 수 있다. 모든 고양이는 피부에 풍부한 촉각 수용체가 있어 매우 민감하다. 일부 고양이는 다른 고양이보다 더 민감해서 쓰다듬는 것을 강한 자극으로 인식할 수도 있다. 그래서 자신을 쓰다듬는 사람에게 하악거리거나 으르렁대다가 물려고 고개를 돌린다.

용어 정리

- **공격성aggression**: 다른 개체에게 해를 입히거나 해치겠다고 위협하는 행동. 공격성의 기능은 대개 공격자와 상대 간의 거리를 만드는 것이다. 공격적인 행동은 공격자에게도 비용이 발생하기 때문이다(싸움이 발생하면 다칠 수 있음). 고양이의 경우 하악질이나 으르렁대기, 앞발 때리기, 할퀴기, 입질, 물기가 이 거리 늘리기 행동에 속한다. 거리를 벌릴 목적이 아닌 공격성으로는 놀이 동기 행동과 포식 행동이 있다.

- **두려움 관련 공격성fear-related aggression**: 자기 방어로 사용되는 공격성. 고양이가 도망칠 수 없을 때 최후의 수단으로 사용하거나 위협을 예상할 때 선제적으로 사용한다. 고양이는 손님이 집에 오는 것 같은 특정 상황이 두려움을 일으킨다고 배울 수 있다. 최선의 방어는 공격인 셈이다.

- **통증 관련 공격성pain-related aggression**: 통증이나 불편감으로 인해 직접적으로 발생하는 공격성.

- **과민성 공격성irritable aggression**: 질병이나 불편감과 관련된 공격성. 예를 들어 몸이 안 좋거나 메스꺼움을 느끼는 고양이는 공격성의 임계치가 낮아져서 이전에는 아무렇지 않았던 일에 갑자기 예민하게 굴 수 있다.

- **쓰다듬기 유발 공격성petting-induced aggression**: 원치 않는 곳을 쓰다듬거나 혹은 너무 긴 시간 또는 너무 세게 쓰다듬을 때 발생하는 공격성.

디코딩 유어 캣

- **대상 전환 공격성**redirected aggression: 창밖으로 보이는 고양이 같은 어떤 자극에 의해 흥분했지만 그 자극에 접근할 수 없을 때 발생하는 공격성으로, 감정적 반응이 다른 대상에게 전이된다.
- **포식 행동**predatory behavior: 먹기 위해 탐지하고 추적하고 죽이는 본능에 의해 동기부여되는 행동으로 공격적 행동이 아니다. 명백한 공격적 행동과 달리, 포식 행동의 목적은 공격자(고양이)와 대상(먹잇감) 간의 거리를 벌리는 것이 아니다. 다른 유형의 공격에서 고양이는 종종 하악거리기, 으르렁거리기 또는 다른 소리를 내지만, 포식 행동을 하는 고양이는 보통 조용하다.
- **부적절한 놀이 행동**misdirected play behavior: 내켜하지 않는 인간이나 고양이를 대상으로 하는 정상적인 고양이 놀이 행동으로, 공격적인 행동이 아니다.

공격성과 관련된 궁금증과 진실

사람 손에 큰 고양이는 커서 더 공격적으로 변하나?

아니다. 수의사 E. 천E. Chon은 어미 고양이가 기른 고양이와 사람 손에 큰 고양이를 비교해 공격성이나 다른 행동 문제에 미치는 영향을 연구했다. 연구 결과, 사람 손에 길러진 고양이가 어미의 돌봄을 받으며 자란 고양이에 비해 다른 사람이나 고양이에게 두려움과 공격성을 보일 가능성이 높지 않았고, 여러 행동 문제도 마찬가지였다.

같은 연구에서 연구진은 집에 다른 고양이가 있거나 가족이 낚싯대 형태의 장난감으로 놀아 줄 경우, 그만큼 사람에게 공격성을 보일 가능성이 줄어든다는 것도 발견했다. 이는 사람 손에 키워진 경우에 새끼 고양이에게 적절한 놀이 출구가 필요하다는 것을 의미한다. 다른 고양이와 장난감, 손이나 발이 아닌 놀이 도구가 필요하다.

이 장 첫머리에 소개한 고양이 시드와 몰리는 둘 다 새끼 고양이로, 새끼 때부터 이런 행동을 보였다. 고양이는 대략 2~7주 사이가 민감한 사회화 시기로, 이때 새로운 경험에 가장 많이 열려 있다. 즉 사회화와 규칙을 배우는 중요한 시기다. 몰리는 사람과 특정 방식으로 놀도록 배웠기 때문에 계속 그렇게 놀 가능성이 크다. 시드는 놀이 친구를 잃었으므로 다른 놀이 친구를 찾고 있을지도 모른다.

두려움도 새끼 고양이의 공격적인 행동에 영향을 미칠 수 있다. 여러 연구에 따르면, 이 민감한 시기에 사람 손에 길러진 새끼 고양이는 조금 더 커서 사람 손을 탄 고양이나 사람 손을 전혀 타지 않은 고양이보다 사람에게 다가가고 머무르는 경향이 더 높다. 고양이는 인간에게 두려움을 느끼면, 하악거리고, 할퀴고, 물 수 있다. 방어적 공격성을 지닌 고양이는 정작 공격을 두려워하기 때문에 웅크린 자세, 하악거림, 으르렁거림, 할퀴고 무는 행동 등을 보이는데 이는 두려움의 대상을 물러나게 하기 위한 시도이다.

우리 집 고양이는 쓰다듬어 달라고 다가와 놓고는, 쓰다듬어 주면 고개를 돌려 콱 문다. 제정신이 아닌 건가?

다행히 우리 고양이는 미친 게 아니다. 문제는 의사소통이다. 둘 다 상대의 언어로 말하지 않는다.

우리도 누군가의 손길을 원할 때가 있고 그렇지 않을 때가 있다. 처음에는 손길을 원했더라도 시간이 흐르며 그만했으면 싶을 때도 있다. 같은 말을 쓰는 사람에게는 그냥 "아파!" 혹은 "간지러워!"라고 말하면 된다. 아마도 우리 고양이 역시 자신을 쓰다듬는 우리에게 그런 신호를 보냈을 테지만, 우리가 그 신호들을 알아채지 못한다.

고양이 언어는 매우 섬세하다. 귀가 뒤로 가고, 눈이 커지고, 꼬리가 움찔거리기 시작한다(고양이 보디랭귀지는 1장 참고). 고양이가 이렇게 '말로 할 때' 고양이를 쓰다듬는 것을 멈춰야 한다. 그래야 고양이가 우리에게 '소리

디코딩 유어 캣

지르지' 않는다.

고양이가 너무 공격적인데 물을 뿌려야 할까?

고양이의 공격성 대부분은 두려움에서 비롯된다. 즉 누군가를 지배하려는 게 아니라 자신을 보호하기 위함이다. 두려움 기반 공격성을 중단시키기 위해 처벌을 사용한다면, 두려움의 부정적인 감정 순환을 더 악화시킬 수 있다.

두려움이 동기가 아닌 경우에도, 또는 두려움이 미미한 요인일 때도 물 뿌리개나 물총을 사용하는 것은 안 좋은 생각이다. 이런 처벌로는 제대로 벌을 주기도 어렵고, 우리와 고양이 간의 유대감만 손상시킬 수 있다. 또한 행동을 중단시킬 수 있다 하더라도 고양이에게 올바른 행동이 무엇인지는 가르쳐주지 못한다.

처벌이 효과가 있으려면 다음 세 가지 요건이 충족되어야 한다.

1. 일관성이 있어야 한다. 즉 행동이 발생할 때마다 매번 처벌해야 하며, 예외가 있어서는 안 된다.
2. 타이밍이 정확해야 한다. 행동이 시작된 후 1~2초 안에 처벌이 이뤄져야 고양이가 처벌을 그 행동과 연관 지을 수 있다.
3. 행동을 멈출 만큼 충분히 혐오적이어야 한다.

대부분의 고양이에게 물 뿌리기는 3번 항목을 충족시키지 못한다. 실제로 이 처벌을 실행해 보면 사실상 1, 2번도 어렵다고 봐야 한다. 고양이의 행동을 멈출 만큼 강한 처벌을 찾아서 실행하면 고양이가 두려움을 느끼고 처벌을 실행하는 사람과 두려움을 짝지어 연관 짓게 되기 쉽다. 이제 고양이는 우리를 두려워하게 되어, 부적절한 놀이 행동 또는 쓰다듬기 유발 공격성은 두려움 관련 공격성으로 변하고 만다.

6장에서 배운 처벌의 다른 문제점도 기억하자. 고양이에게 뭔가를 가르치는 가장 좋은 방법은 보기 싫은 행동을 처벌하는 것이 아니라 원하는 행동을 보여 주는 것이다. 물을 쏘는 대신 장난감을 던져 준다. 공격적으로 굴지 않고 평온하게 상호작용할 때 맛있는 간식으로 보상한다. 고양이가 겁을 먹거나 불편해하면 상호작용을 중단한다. 이렇게 하면 우리가 원하는 바를 고양이에게 가르칠 수 있다. 우리가 다정하고 안전한 인간이라는 사실 말이다.

공격성 다루는 법

우리는 고양이를 사랑하고 고양이도 우리를 사랑하지만, 어떤 상황에서는 고양이가 우릴 물고 할퀼 수 있음을 인정해야 한다. 고양이가 다른 고양이와 하듯이 장난치고 있는 건가? 눈이나 귀에 약을 넣으려 해서 두려운 것인가? 쓰다듬기가 너무 길어지진 않았나? 혼자 있고 싶은데 우리가 껴안고 있지는 않은가? 우리가 위로의 표시로 여기는 행동, 즉 포옹, 키스, 터칭, 껴안기가 고양이에겐 그렇게 받아들여지지 않는다는 것을 기억한다. 우리 또는 다른 사람과 상호작용할 때 고양이가 어떤 신호를 보이는지 주의 깊게 관찰한다.

• **언제 고양이가 공격적인 행동을 보일지 알아 둔다.** 고양이의 행동 원인을 파악하고 관리하려면 행동의 맥락을 파악해야 한다. 고양이가 가장 흔히 보이는 공격성의 원인을 이해하는 것부터 시작하자.

  · 놀이: 특히 새끼 고양이와 젊은 고양이 사이에서 흔히 나타남.

  · 두려움/자기 방어: 고양이가 우리가 들고 있는 시끄러운 물체 같은

자극에 겁먹었을 때.

- 대립: 고양이를 야단쳤을 때. 결과적으로 자기 방어로 볼 수 있다.
- 통증/불편감: 특히 장모종의 경우 그루밍하거나 발톱 손질할 때.
- 장시간 쓰다듬거나 만지는 것에 대한 인내심이 부족할 때.
- 집 안팎의 다른 자극으로 생겨난 흥분의 대상이 전환됐을 때.
- 약을 먹이거나 바를 때처럼 움직임을 제한할 때.
- 좌절감: 원하는 것을 얻지 못하거나 안전한 장소로 도망갈 수 없는 상황일 때.

- **고양이의 의사소통 방법과 보디랭귀지를 인지한다.** 고양이의 보디랭귀지는 개보다 미묘하지만, 조금만 귀를 기울이면 고양이가 하는 말을 알아들을 수 있다. 다만, 고양이는 위협이나 화해의 의도를 표현할 수 있는 행동의 범위가 개와 달리 매우 좁다. 여러 다양한 상황에서 고양이가 어떻게 행동하는지 관찰한다. 우리와 단둘이 있을 때는 어떠한가? 방에 다른 사람이 있을 때는 달라지는가? 고양이의 언어를 이해하면 이런 미묘한 변화에도 잘 대응할 수 있고, 고양이가 '소리 지르고' 공격적이 되기 전에 안전한 장소로 데려갈 수 있다. 중요한 것은 불편함을 표현하면 우리가 상황을 개선해 준다는 사실을 고양이가 배우는 것이다. 보디랭귀지의 작은 변화가 실제로 결과에 영향을 미친다는 것을 알게 되면, 더 이상 공격성으로 치닫지 않을 것이다.

- **불필요한 자극은 피한다.** 고양이는 우리 친구나 가족을 모두 만나고 사랑할 필요가 없다. 고양이가 숨고 싶어 하면 내버려둔다. 동물병원에 데려갈 때마다 호랑이가 되곤 한다면, 왕진을 생각해 보는 것도 좋다. 물론 수의사를 포함해 어떤 대상을 좋은 일과 연관 짓도록 교육할 수

도 있다. 항상 훌륭한 결과, 즉 맛있는 간식이나 재미있는 놀이가 뒤따르고, 그 사람들이 고양이를 존중하는 태도를 보이면 된다.

안전이 우선이다

공격적인 행동에 대처하는 가장 좋은 전략은 애초에 이를 피하는 것이다. 하지만 항상 가능하지는 않다. 하악거리거나 울부짖는 고양이와 마주친다면 재빨리 그 자리를 피하는 것이 무엇보다 중요하다. 가능하면 천천히, 조용히 움직이면서 고양이와의 거리를 늘린다.

하지만 우리 움직임이 공격을 유발할 수 있다는 사실도 알아야 한다. 이럴 때는 내 자신을 지켜야 한다. 맛있는 간식으로 주의를 돌릴 수 있는 경우도 있지만, 예상치 못한 상황에서 항상 주머니에 간식이 있으리라는 보장은 없다. 베개나 담요, 널빤지 같은 것을 화가 난 고양이와 내 사이에 안전막으로 활용한다. 고양이가 습관적으로 공격성을 보인다면 간식과 안전장치를 가까이 둔다. 처벌은 절대 해결책이 아니다. 불에 기름을 부어 화가 난 고양이를 더욱 흥분시킬 뿐이다.

일단 상황에서 벗어난 후에는 고양이가 진정할 수 있는 시간을 준다. 원인에 따라 흥분이 가라앉는 데 걸리는 시간 또한 다르다. 발톱을 깎으려고 해서 고양이가 화가 난 거라면, 잊는 데 몇 분밖에 걸리지 않을 수 있다. 그러나 창문으로 몹시 싫어하는 뭔가를 본 경우에는 진정하는 데 몇 시간 또는 며칠이 걸릴 수 있다. 어느 경우든 고양이에게 필요한 만큼의 시간을 주는 것이 중요하다.

만일 고양이의 공격적인 행동에 패턴이 있다면, 고양이가 긴장하고 흥분하게 되는 상황을 받아들이는 법을 배우도록 돕는다. 목표는 잠재적으로 무서운 상황과 긍정적인 연관성을 짓도록 새로운 것을 가르치는 것이다(6장과 9장 참고).

환경이 공격성에 영향을 미칠 수 있다

고양이가 오를 수 있고 긁을 수 있는 다양한 3차원 옵션을 제공하는 것은 여러 면에서 도움이 된다. 캣타워와 선반을 마련해 주면 고양이는 잠재적으로 무서운 대상이나 상황에서 벗어나 안전한 높은 곳에서 상황을 지켜볼 수 있게 된다.

스모키 조와 피넛은 필요하면 언제든 올라갈 수 있는 캣타워에 안전한 자리가 있으며, 불필요한 위험을 감수하지 않고도 주변 상황을 관찰할 수 있다.
© *Brittany Vance*

고양이 전용 계단을 통해 사진처럼 높은 선반에 접근할 수 있게 해 준다. ©*R. Hack*

왼쪽 사진의 계단 꼭대기까지 올라가면 이 방에서 가장 높은 선반에 도달하게 된다. 이곳에서 고양이는 안전하게 주변을 살펴볼 수 있다. © *R. Hack*

고양이의 정상적인 행동을 인식하고 허용하며 존중하는 것이 중요하다. 이러한 행동에는 사냥과 먹이가 포함된다. 보니 비버Bonnie Beaver는 저서 《고양이 행동: 수의사를 위한 가이드Feline Behavior: A Guide for Veterinarians》에서 "만일 고양이에게 마음대로 식사 스케줄을 짜라고 한다면 고양이는 하루에 최대 13번까지 먹이를 나누어 먹을 것이다. 자율급식을 하는 고양이에 비해 식사 시간이 정해진 제한 급식을 하는 고양이가 덜 협조적이며 조금 더 공격적인 모습을 보이는 경향이 있다"라고 언급했다. 나 역시 고양이에게 먹이 급여 스케줄을 자연스러운 방식으로 바꾸는 것으로 사람에 대한 공격성이 개선되는 사례를 많이 경험했다. 레티샤 단타스Leticia Dantas도 자신이 진행한 연구에서 먹이 급여 장난감을 사용하면 공격성과 거친 행동, 비만 같은 문제가 개선될 수 있다는 사실을 증명했다.

물론 체중 증가 같은 다른 문제의 가능성도 고려해야 하지만, 급여 방식을 바꾸는 것은 쉽게 시도할 수 있다. 고양이의 정상적인 사냥 및 먹이 패턴에 맞춘다고 온종일 그릇에 음식을 넣어둘 필요는 없다. 고양이가 굴리고 손으로 건드리면 알갱이 사료가 나오는 먹이 급여 장난감이나, 문이 열려 캔 음식이 나오는 장난감들도 있다.

고양이는 새벽과 초저녁에 가장 활발하게 움직이는 박명박모성 동물이다. 야생에서는 이 시간에 대부분 사냥을 한다. 다시 말해 하루 중 이때 배도 더 고프고 먹이를 원할 가능성도 높을 뿐만 아니라, 장난도 더 치고 싶어 할 수 있다. 이런 습성을 이해하고 잠자기 전과 깨어날 때 고양이와 놀아 준다면, 우리는 고양이의 방해를 받지 않고 밤새 잘 잘 수 있다. 또한 자동급식기를 사용해 이른 아침에 급여가 이뤄지게 설정하면 고양이가 아침에 일어나서 밥 달라고 귀찮게 하지 않을 수 있다.

놀이 공격성을 보이는 고양이

고양이들 간의 사회적 놀이는 초기 생애에 흔하다. 고양이들은 8주령이나 그 이후까지도 서로 매우 거칠게 논다. 그러므로 새끼 고양이를 입양할 때는 가능하면 동배묘나 비슷한 나이의 고양이를 둘 이상 입양할 수 있다면 좋다. 내가 참여했던 한 연구에서는 혈연관계이거나 혈연이 아니더라도 어렸을 때부터 대부분의 시간을 함께 보낸 고양이들이 그렇지 않은 고양이들보다 서로를 더 많이 그루밍하고 가깝게 있었다. 친구인 두 고양이는 서로 정상적인 놀이 행동을 즐겁게 할 수 있다. 이들은 서로 활발한 놀이 대상이 되므로 우리를 대상으로 삼지 않는다.

한 마리든 두 마리든, 적절한 놀이 기회를 많이 제공해 주는 것이 중요하다. 대략 8주령 이후, 고양이는 다른 새끼 고양이와 몸싸움하는 것보다는 물체를 가지고 노는 데 더 관심을 보인다. 그래서 고양이는 혼자 놀 수 있는 장난감뿐만 아니라 우리와 함께 놀 수 있는 장난감도 필요하다. 이러한 상호작용 장난감은 특히 우리가 앉아 있거나 서 있는 상태에서 유용하다. 저녁 식사를 준비하거나 책상에서 일하거나 TV를 볼 때 말이다.

예를 들어 장난감 쥐가 매달린 긴 줄을 허리에 감고 집 안을 돌아다니는 것만으로도 고양이에게 놀잇감을 제공해 줄 수 있다. 이때 줄의 길이는 1.5미터는 돼야 장난감 쥐가 우리 몸에 너무 가까이 있지 않게 된다. 만약 이 줄을 매지 않고 있는데도 고양이들이 여러분의 움직임에 민감해한다면 사람 몸을 대상으로 부적절하게 노는 것을 방지하기 위해 장난감을 바꾸거나 다른 놀이 방법을 쓰는 편이 좋다.

고양이와 놀아 줄 때는 사람 손과 발은 장난감이 아니라는 사실을 반드시 가르쳐 주어야 한다. 손발을 깨물며 놀았던 귀여운 새끼 고양이는 나중에 커서 갑자기 왜 이 '장난감'이 금지되는지 이해하지 못한다.

대상 전환 공격성

대상 전환 공격성은 고양이가 창밖의 낯선 고양이 같이 특정 자극으로 흥분했으나 그 자극에 직접 다가갈 수 없어 근처의 다른 엉뚱한 대상에게 그 흥분을 돌릴 때 발생한다. 그 대상은 다른 고양이, 개, 사람이 될 수 있고, 고양이가 대상을 찾을 때쯤에는 흥분 수준이 매우 높아져서 심한 공격성이 나타날 수도 있다.

우리 고양이가 어떤 자극에 반응하는지 안다면, 예를 들어 길고양이나 이웃 고양이에 반응한다면 가장 먼저 할 일은 그들의 접근을 차단하는 것이다. 특정 방의 문을 닫거나 창문에 불투명 필름을 붙인다. 초음파 소음 발생 장치와 동작 감지기(예: CatStop Ultrasonic Cat Deterrent)를 집 주변에 배치해 외부 고양이의 접근을 막을 수도 있다. 이 소음은 고양이와 일부 다른 동물들만 들을 수 있다.[14] 또한 다른 고양이를 유인할 수 있는 새 모이통은 없앤다.

대상 전환 공격성을 보이는 고양이의 상당수가 목표를 찾으면서 으르렁거리고 울부짖는다. 고양이가 이런 행동을 보인다면 간식 봉지나 캔을 흔들어 주의를 돌리고 간식을 고양이에게 던져 준다. 상황을 긍정적이고 맛있는 것과 연관시키고, 우리를 공격하는 대신 할 수 있는 다른 할 일을 제공해 주는 것이다. 하지만 간식으로 흥분이 멈추지 않을 경우를 대비해 자신을 보호할 베개나 두꺼운 이불도 준비한다.

만일 고양이가 너무 흥분해서 통제가 어려워 보인다면 방문을 닫고 스스로 차분해질 수 있게 시간을 주는 것도 좋다. 고양이를 잡으려 하거나 안는 것은 피한다. 고양이가 더 흥분해 더 공격적으로 행동할 가능성이 있다. 고양이의 이런 공격성에 악감정을 가져선 안 된다. 그 순간 고양이는 너무 감정적이고 생리적으로 격앙되어 우리를 알아보지도 못한다.

쓰다듬는 것을 못 견디는 고양이

어떤 고양이는 한참을 쓰다듬어도 가만히 있지만, 어떤 고양이는 아주 조금만 견디거나 아예 견디지 못한다. 그 이유는 아직 알려지지 않았다. 지금으로서는 쓰다듬기에 대해 개별적 선호도가 있거나, 일부 고양이는 쓰다듬기를 다른 고양이와 다르게 느낄 수 있다고 생각하는 정도다.

고양이 지각과민증후군feline hyperesthesia syndrome(FHS)은 가벼운 접촉만으로도 통증 혹은 비정상적인 감각을 유발하며 심지어 때로는 접촉 없이도 이런 증상을 느끼게 하는 질환이다. 물론 쓰다듬기를 견디지 못하는 고양이가 대부분 지각과민증후군이라는 의미는 아니지만, 우리가 고양이를 쓰다듬을 때 의도한 것이 고양이에게 어떻게 받아들여지는지 고려해 보는 것은 중요하다. 아무리 부드럽게 쓰다듬는다 해도 일부 고양이는 불편함을 느껴 공격적인 반응을 보일 수 있다. 일부 행동과학자들은 고양이가 서로를 그루밍해 주는 부위가 머리와 목이므로 이 부위가 쓰다듬기와 만지기에 더 수용적일 수 있다고 제안한다.

쓰다듬기를 견딜 수 있는 한계에 이른 고양이는 일반적으로 이를 매우 명확하게 표현한다. 즉 우리가 쓰다듬기를 너무 오래하거나 만져지는 것을 좋아하지 않는 부위를 만지면 경고 신호를 보낸다. 귀가 뒤로 돌아가고 동공이 확대된다. 옆구리와 등 쪽 피부가 물결치듯 꿀렁거리기도 한다. 수염이 앞을 향하고 꼬리는 움찔거린다. 이런 신호 중 하나라도 보이면 쓰다듬는 것을 멈춰야 한다. 이런 스트레스 신호가 일정 시간이 지난 후에 나타나는 경향이 있다면, 고양이가 그 한계에 이르기 전에 쓰다듬기를 짧고 기분 좋게 끝낸다.

천천히 점진적으로 쓰다듬기와 맛있는 음식을 연관시켜 고양이가 쓰다듬어 줄 때는 좋은 일이 일어난다는 것을 배우게 함으로써 쓰다듬는 시간을 늘릴 수도 있다. 쓰다듬기를 충분히 받았다는 신호를 보내면 우리가 그 한계를 존중하고 쓰다듬기를 멈춘다는 것을 이해하면 고양이는 쓰다듬기를 더 허용하고 심지어 요청할 수도 있다. 또한 고양이가 우리 가까이 있거나 심지어 우리 무릎 위에 있고 싶어 할 수는 있지만, 쓰다듬기나 긁기 또는 만지기는 원하지 않을 수 있다는 사실을 잊지 말아야 한다.

고양이와 우리 모두에게 편하고 안전한 발톱 깎기

발톱 깎기는 적절한 스크래칭 도구가 있는 고양이에게는 필요 없을 수도 있다. 하지만 일부 고양이는 이를 사용하지 않거나 사용하더라도 발톱이 과도하게 자라서 다듬어야 할 필요가 있다. 이 절차는 우리와 고양이 간에 갈등을 일으킬 수 있지만 얼마든지 안전하고 평화로운 방법으로 발톱을 자르도록 교육할 수 있다.

- 손에 잘 맞는 발톱깎이를 장만한다. 사람용 손톱깎이도 고양이용만큼 잘 깎이고 쓰기에 더 편하다는 이도 많다.
- 발톱 손질을 한 번에 다 끝내야 한다고 생각할 필요는 없다. 발톱 하나만 깎고 특별한 간식을 주는 것으로 고양이에게 이것이 재미있는 일이라는 것을 천천히 가르칠 수 있다. 두 사람이 함께 진행하면 훨씬 수월한데, 한 사람은 발톱을 깎고 다른 한 사람은 간식을 주면 된다.
- 고양이와 우리 모두에게 편안한 자세를 찾는다. 아무래도 고양이를 무릎에 앉히는 게 편한데, 이렇게 하면 네 발 모두 깎기가 수월하다. 하지만 대부분의 경우 뒷발 발톱은 깎을 필요가 거의 없다.
- 새끼일 때부터 발톱 깎는 습관을 들이는 것이 좋다. 하지만 나이 든 고양이도 새로운 걸 배울 수 있다.

우리가 기대한 것보다 발톱 깎기에 잘 적응하지 못하는 것 같다면 역조건화와 둔감화 교육에 더 많은 노력을 기울이고 이를 짧게 진행하도록 한다.

그러나 과정 중에 고양이가 계속 물거나 할퀴고 발버둥 친다면 이는 적절한 방법이 아닐 수 있다. 공격성은 시간이 지남에 따라 증가할 수 있으며 우리와 고양이 모두에게 상처를 입힐 수 있다. 필요한 경우, 수의사에게 주기적으로 고양이 발톱 깎기를 맡기는 것을 고려한다.

두려움 때문에 공격적인 고양이

영어권 국가에서 겁 많은 사람을 고양이에 빗대곤 하는데, 그럴 만한 이유가 있다. 고양이의 관점에서 세상을 보면 두려워할 게 많다. 낯선 광경, 소리, 냄새, 새로운 사람들, 시끄럽고 예측할 수 없는 아이들, 새로운 개……. 우리는 몇 주 전에 이미 알았으면서도 손님 방문에 긴장하곤 한다. 그런데 고양이는 우리와 단둘이 있다가 갑자기 낯선 사람들로 집이 가득 차는 일을 그냥 겪어야 한다. 그중에는 절대 떠나지 않는 사람도 있다.

고양이는 이런 상황에서 회피를 통해 안정감을 찾으려 들 수 있다. 고양이만의 공간에 밥과 물, 화장실, 스크래처, 캣타워, 장난감 같은 각종 풍부화 용품을 마련해 주고 그곳에 혼자 편하게 있는 것을 가르친다. 이는 손님을 무서워하는 고양이에게 좋은 방법이다.

만일 손님들이 자고 가기로 했다면 고양이를 전용 호텔 등 다른 시설에 잠시 맡기는 것도 좋다. 이 선택을 하기 전에는 해당 시설을 방문해 직원이 두려움으로 인해 공격적이 되는 고양이를 다룬 경험이 있는지 확인한다. 시설은 고양이에게 안전한 숨을 곳이 있는 적절한 케이지나 돌아다닐 공간을 제공해야 하며, 이 공간은 되도록 고양이 전용 영역이어야 한다. 합성 고양이 얼굴 페로몬Feliway Classic을 뿌리는 것도 긴장하고 두려운 고양이를 진정시키는 데 도움이 된다.

집에 사람이 오면 좋은 일이 생긴다는 걸 고양이에게 가르칠 수도 있다. 9장에서 다시 다루겠지만 손님과 맛있는 간식을 연관지어 줄 수 있다. 이렇게 하면 낯선 사람이 무섭고 예측 불가능한 존재가 아니라 긍정적인 존재임을 가르치게 된다.

상당수의 고양이가 동물병원에 가는 걸 극도로 싫어한다. 앞서 언급했듯 왕진이 가능한 수의사가 있는지 알아본다. 왕진을 받게 되면 고양이 이동장에 넣기, 차 타기, 다른 고양이나 개와 함께 대기실에서 기다리기, 검사실에서 또 기다리기 과정을 피할 수 있고, 이런 상황들 때문에 고양이가 수의사를 만나기도 전부터 불안해지는 걸 막을 수 있다. 신체검사나 진찰을 위해 몸을 붙잡아야 하는 문제는 마찬가지지만, 최소한 자극이 '쌓이는' 일은 없다. 검사 과정을 원활히 하기 위해 고양이에게 쉽게 접근할 수 있도록 준비하고, 고양이가 침대 아래처럼 손이 닿지 않는 곳에 숨어 버리지 못하게 미리 조치를 취해 놓는다.

찰리 라이트Charlie Wright와 스티븐 보Stephen Baugh가 최근 진행한 한 연구에 따르면, 동물병원에 고양이가 숨을 수 있는 상자가 있다면 스트레스가 다소 줄어든다. 매우 특별하고 맛있는 간식을 더해 주면, 동물병원에 가는 게 좋은 것, 적어도 무서운 것은 아니라는 사실을 배울 수 있다.

이동장을 항상 꺼내 두고 간식을 사용해 이를 좋은 것과 연관시킨다. 고양이가 이동장만 덜 싫어하게 되더라도 동물병원에 가는 일이 그렇게까지 힘든 과정은 아니다. 합성 고양이 얼굴 페로몬을 써서 이동장에 대한 스트레스를 줄이거나, 캣닢, 개다래나무silvervine로 유인해 이동장에 대한 인식을 개선할 수도 있다(이동장에 대한 거부감을 줄이는 교육에 관해서는 부록 A 참고).

약물 치료가 필요한 경우

어떤 행동 문제는 다른 문제에 비해 고치기가 유난히 어렵다. 특히 행동이 학습의 결과가 아니라 유전적 요인에 의한 것일 때 더욱 그렇다.

모든 유형의 고양이 공격성이 이 장에서 설명한 방법으로 해결되지는 않는다. 환경과 주변 요소를 바꾸고 관리해서 고양이의 행동을 수정하려는 시도로는 공격성을 크게 줄일 수 없을 수도 있다. 그럴 때는 전문가와 상담하여 약물이나 보조제, 식단, 기타 보조 요법을 사용해 불안과 반응성을 감소시키는 것이 도움이 된다. 이런 방법의 유용성은 수의사나 수의행동학자가 내린 고양이에 대한 평가와 가족의 목표 및 기대 등을 포함해 여러 요인에 따라 달라진다.

약물을 처방할 자격과 면허를 가진 사람은 수의사와 수의행동학자다. 현재로서는 FDA 승인을 받은 고양이 행동 약물은 없다.[15] 즉 공격성을 치료하기 위해 라이선스나 구체적인 승인을 받은 약은 없다는 의미다. 현재 고양이에게 처방되는 많은 항불안제는 처음에 사람을 위한 항우울제로 개발되었다. 이런 약물이 고양이의 여러 행동 문제에 효과가 있다는 연구 결과는 있지만 공격성에 관한 연구 결과는 아직 없는 상태다. 그래도 특정 경우에는 공격성 치료에 쓰일 수 있다.

행동 약물이 도움이 되는 경우는 어떤 것일까?

- **불안이나 두려움이 근본적으로 있는 경우**: 불안하고 두려워하는 고양이는 행동 수정만으로는 원하는 결과를 보일 가능성이 낮다. 예를 들어, 많은 고양이가 새로운 사람에게 두려움을 느껴 공격적으로 반응한다. 교육을 통해 낯선 사람과의 연관성을 개선하려고 노력할 수 있지만, 불안과 두려움은 학습을 방해한다. 두려움에 휩싸인 고양이는 우리가 원하는 긍정적인 연관성을 형성하기 어렵다. 어려운 수학 문제를 푸는데, 뱀, 타란튤라, 전갈이 기어 다니고 있다고 상상하면 된다. 그런 상황에서는 무엇을 배우기 어렵다. 불안과 두려움은 고통의 한 형태이며 고양이는 그로부터 벗어날 자격이 있다.

- **불안과 두려움을 유발하는 자극을 통제할 수 없는 경우**: 예를 들어 고양이는 마구 우는 신생아를 보며 두려움을 느낀 나머지, 약한 공격성을 보이기도 한다. 갓난아이의 움직임과 울음소리는 고양이에게 무서운 자

극이 될 수 있는데, 약물의 도움을 받으면 고양이가 스트레스를 줄이는 데 도움이 된다.

- **고양이의 공격성이 폭발적으로 나타날 때:** 특히 대상 전환 공격성을 보일 때가 그렇다. 자극을 받는 순간 고양이는 눈 깜박할 사이에 전혀 딴 고양이가 된다. 이때도 약물을 이용하면 고양이의 반응성을 조절해 자극을 위협적이지 않은 것으로 인식하도록 도울 수 있다.

- **공격 행동이 신체 문제와 관련 있을 때:** 과민성과 공격성은 통증이나 갑상선 불균형이나 고양이 지각과민증후군 같은 다른 의학적 문제와 연관이 있을 수 있다. 적절한 의학적 치료가 공격성을 줄이는 데 도움이 된다.

- **공격성을 보이는 고양이와 그 희생자의 삶의 질이 위협받고 있어 큰 변화가 필요할 때**

약물 처방에 앞서 반드시 신체 및 행동 건강 평가를 마쳐야 한다. 문제가 진단되었다면, 환경 관리 및 행동 수정과 함께 종합적인 치료 계획의 일부로 약물을 사용해야 한다. 수의사나 수의행동학자는 약물을 처방할 때 기대할 수 있는 효과와 함께 부작용에 대해서도 충분히 설명하여 고양이에게 나타날 여러 변화를 미리 예상할 수 있게 한다. 약물은 종합적인 치료 계획의 일부지만, 이 계획이 100퍼센트 효과를 보장하는 것은 아님을 늘 기억한다.

알파-카소제핀이나 L-티아닌 같은 기능성 보조제 혹은 영양 보조제 역시 불안과 두려움으로 인해 발생하거나 복잡해진 공격성을 치료하는 데 도움이 될 수 있다. 하지만 이런 보조제가 고양이 공격성에 효과가 있다는 것을 증명하는 광범위한 연구는 이뤄지지 않았다. 특히 고양이가 상해를 입힐 정도의 공격성을 보인다면 영양 보조제에만 의존하지 말고 수의사와 상담해야 한다.

발톱 제거 수술의 폐해

고양이는 공격적 맥락이 아닌 경우에도 사람을 할퀼 수 있다. 즉, 위협을 느끼거나 장난을 치다가 발톱으로 사람 피부에 상처를 입힐 수 있다는 말이다. 고양이의 할큄이 유발하는 증상은 가벼운 통증에서부터 생명을 위협하는 감염과 출혈에 이르기까지 다양하며, 피부가 얇고 혈액 희석제를 복용하는 노인에게는 위험할 수도 있다.

흔히 발톱 제거술로 불리는 절제술onychectomy은 고양이 발가락 세 번째 마디 전체 또는 일부를 아예 절단하는 것이다. 고양이 발가락 마디는 발의 마지막 뼈다. 절제술은 사람을 할퀴는 행동으로 인한 부상 위험을 줄일 수 있는 건 사실이지만 윤리적으로 논란이 있다. 환경적 트리거 변경, 행동적 개입, 기타 치료 옵션이 동반되지 않는다면, 발톱 절제술만으로는 문제를 근본적으로 해결할 수 없다.

유기묘 중에는 발톱이 제거된 고양이보다 물건이나 사람을 할퀴는 고양이의 비율이 높다고 믿는 사람이 많다. 하지만 발톱 제거 수술을 받은 고양이는 할퀴는 문제 대신 화장실 문제나 공격적인 물기 문제를 더 많이 일으키며 이로 인해 집을 잃을 위험도 있다.

최근 연구들은 논란을 더 부추긴다. 한 연구 결과에 따르면, 발톱이 제거된 고양이가 공격성이나 대소변 실수 같은 원치 않는 행동을 보일 확률이 더 높고 허리 통증이 발생할 확률 역시 더 높다. 수의사의 수술 실력 부족으로 허리 통증이 증가한다는 연구 결과도 있다. 발톱 제거 절차에 사용되는 방법(이산화탄소 레이저 혹은 비레이저 기술)이 배변 문제 발생에 어떤 영향을 미치는지도 조사했는데, 전반적으로 발톱 제거가 고양이 배변 문제의 위험 요소로 드러났다. 특히 비레이저 기술로 수술받은 고양이의 경우가 대소변 실수 문제를 보일 확률이 더 높았다. 또한 3~5마리를 기르는 다묘 가정의 고양이가 발톱 제거 수술을 받을 경우, 혼자인 고양이에 비해 대소변 문제가 발생할 확률이 세 배 이상 높다는 사실도 드러났다.

발톱 제거 수술은 감정적이고 논란의 여지가 많은 문제이며, 일부 국가와 미국 일부 주에서는 이를 법으로 금하고 있다. 미국수의행동학회는 발톱 제거 수술에 앞서 할 수 있는 모든 행동 수정 방법과 교육, 약물 치료를 시도해도 여전히 사람의 건강과 안전이 위협받는다면 최후의 수단으로 이를 시행해야 한다고 본다. 미국수의학회 역시 고양이 발톱 제거 수술에 따르는 각종 부작용과 이후 발생할 수 있는 여러 문제에 관해 수술 전 충분히 설명하는 것이 의무라고 믿는다. 단순히 고양이가 발톱으로 뭔가를 긁어서 파손한다는 이유만으로 발톱 제거 수술을 떠올려서는 안 된다.

고양이 발톱 제거 수술이 논란의 중심에 있는 건 발톱 제거가 고양이가 긁는 문제를 해결하지 못하기 때문이다. 스크래칭은 고양이의 정상적인 행동이다. 만약 긁는 문제가 발생한다면 근본 원인을 해결해야 한다. 발톱 제거술을 고려하고 있다면 정확히 어떤 수술인지, 어떤 과정으로 발톱을 제거하는지, 어떤 선택지가 있는지, 발톱 제거 말고 다른 대안은 없는지 충분히 고민한 후에 결정을 내려야 한다.

- 고양이의 입장에서, 사람을 향한 공격성의 대부분은 그럴 만한 이유가 있어서 나타나는 방어 행동이다. 놀이와 포식 행동은 공격성에 해당하지 않는다.

- 고양이가 불안하거나 두려움을 느낄 때 하는 보디랭귀지에는 귀 뒤로 돌리기, 하악거리기, 으르렁대기 같이 확연히 눈에 띄는 것도 있지만, 경계하는 눈빛, 회피, 숨기 같이 미세해서 알아채기 쉽지 않은 것도 있다.

- 고양이의 표정과 귀, 꼬리, 자세, 울음소리에 집중하면 고양이가 무슨 말을 하는지 알아들을 수 있다.

- 두려움과 실패감을 겪을 수 있는 상황으로부터 고양이를 보호한다.

- 새끼 고양이는 민감한 사회화 시기를 거치는데, 이 시기에 겪는 인간의 손길은 훗날 애착을 형성하는 데 매우 중요하므로 되도록 이른 시기부터 새끼 고양이와 활발하게 상호작용하는 것이 좋다.

- 고양이의 정상적인 행동과 패턴, 특히 사냥과 놀이, 먹이 활동과 관련된 부분을 잘 관찰한다. 이런 행동들을 자연스럽게 발산할 수 있는 기회를 더 많이 제공할수록 고양이가 억지스러운 방법으로 그 행동들을 표현할 가능성이 줄어든다.

- 고양이의 공격적인 행동 때문에 고민이라면 수의사 혹은 수의행동학자와 상담한다. 직접 방문상담을 하는 것이 가장 좋다. 이를 통해 수의사가 행동 문제를 진단하고 보호자와 고양이에게 맞춤 치료 계획을 세울 수 있다.

- 행동 문제, 특히 공격성 문제를 치료할 때는 다각적으로 접근해야 한다. 환경 변화, 관리, 행동 수정은 문제를 완화하는 데 도움이 될 수 있다. 일부 경우에는 약물 치료를 포함한 다른 치료가 필요할 수 있다.

8장

고양이
화장실 문제

우리 집은 화장실이 아니야

사브리나 포지아글리올미_{Sabrina Poggiagliolmi, DVM, MS, DACVB}

스텔라의 가족은 스텔라가 고양이 화장실에 들어가기를 거부하고 집 안 곳곳에 대소변을 해 대는 바람에 수의사를 찾았다. 이 문제로 스텔라는 바닥이 청소가 쉬운 타일로 마감된 지하실에서 지내고 있었다. 젊고 건강한 스텔라는 도대체 왜 고양이 화장실을 쓰지 않는 것일까?

스텔라의 가족은 주차장에서 떠돌던 새끼 고양이를 한 마리 발견해 집으로 들였다. 엄밀히 말하면 이들은 아주 기초적인 것 외에는 고양이에 대해 몰랐다. 고양이 화장실을 깨끗하게 유지하기 위해 하루에 최소 두 번은 치워 줘야 한다는 사실도 몰랐다. 일주일에 한 번쯤 고양이 화장실을 비우는 것으로 충분하다고 생각했다.

다행히 수의사는 스텔라의 배변 습관과 함께 화장실 청소가 어떻게 이뤄지는지도 질문했다. 수의사는 스텔라의 가족에게 화장실을 매일 아침저녁으로 청소해 항상 깨끗하게 유지하라고 말했다. 이 간단한 조치로 스텔라의 배변 문제는 말끔히 해결되었고 스텔라는 다시 집 안에 들어올 수 있었다. 지하 수감 생활이 끝난 것이다!

고양이는 깔끔하기로 유명한데도, 우리는 종종 이 깔끔함이 화장실에도 적용된다는 사실을 잊곤 한다. 내 어머니가 키웠던 마고는 사람이 화장실 청소를 하루만 깜박해도 곧바로 발코니에 있는 화분을 화장실 대용으로 썼다. 고양이 화장실 위생 문제를 공감하기 힘들어하는 사람에게 나는 "공중화장실에 갔는데 누가 물을 안 내려 두었으면 쓰고 싶겠느냐"라고 묻는다. 그럼 다들 안 쓸 것이라고 대답한다. 그러면서 고양이에게는 그걸 참고 쓰라고 하다니, 너무 불공평하지 않은가!

고양이의 배변 습성과 행동

고양이는 아프리카 사막에 살았던 조상, 펠리스 실베스트리스 리비카 *Felis silvestris lybica*로부터 모래 같은 장소에 대한 화장실 선호도를 물려받았다. 이 습성으로 고양이는 고운 질감의 재료, 주로 모래를 채운 화장실에 쉽게 적응한다. 사실 많은 사람이 배변 교육이 거의 필요 없다는 사실 때문에 반려동물로 고양이를 선택한다.

일반적으로 성묘는 하루 2~4번 소변을 보고, 적어도 한 번 대변을 본다. 이 빈도는 식습관에 따라 달라질 수 있다. 암컷과 수컷 모두 소변보기 전에 바닥을 킁킁 냄새 맡고 앞발로 긁어 구덩이를 만든 후 그 위에 쪼그려 앉아서 소변을 본다. 진짜로 앉은 것처럼 보이지만 엉덩이가 바닥에 닿지 않는다. 방광을 비운 뒤 대부분의 고양이는 그 자리를 다시 모래로 덮고 나온다.

고양이는 배변 전에 킁킁 냄새를 맡고 바닥을 판다.
© Sabrina Poggiagliolmi

적당한 위치를 찾으면 얕은 구덩이를 판 뒤에 소변을 보기 위해 쪼그린다. 용변을 마친 후 일부 고양이는 다시 킁킁댄 다음 모래로 그 자리를 덮는다.
© Sabrina Poggiagliolmi

대변을 볼 때도 마찬가지로 먼저 적절한 자리부터 잡는다. 소변볼 때와 비슷한 자세를 취하는데 엉덩이와 바닥의 거리가 조금 더 멀고 등도 더 구부정하다. 대변을 본 후 그 자리를 덮는 고양이도 있고 덮지 않는 고양이도 있다.

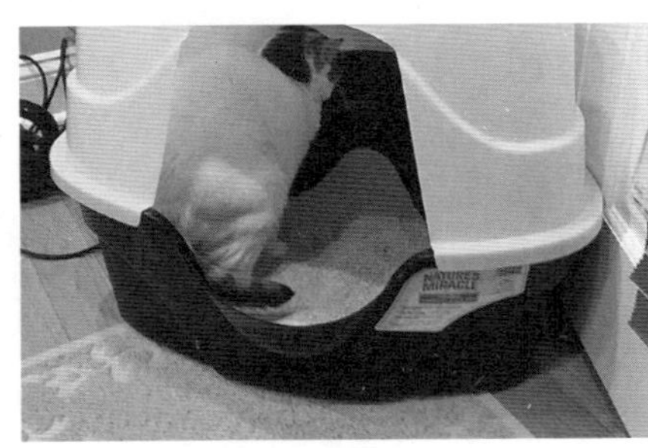
고양이는 대변을 볼 때도 마찬가지로 쪼그려 앉는 자세를 취하지만, 소변볼 때와 비교해 엉덩이가 바닥에서 조금 더 떨어져 있고 등이 더 구부정하다.
© Carlo Siracusa

대소변 실수, 즉 화장실이 아닌 곳에 대소변을 보는 것은 미국에서 수의사와 수의행동학자가 가장 많이 접하는 고양이 행동 문제다. 소변 마킹을 포함해 대소변 문제의 원인은 무척 다양하지만, 주로 화장실 위치, 접근성, 청결 상태, 가정환경의 변화 또는 스트레스 받는 각종 사건에 대한 반응으로 나타날 수 있다.

많은 고양이가 화장실 밖에서 배변을 하는 이유는 단지 방광과 장을 다른 장소에서 비우고 싶어서다. 또한 일부 고양이는 소변과 대변을 같은 화장실에서 보는 것을 좋아하지 않는다. 그러니까 이런 고양이들은 가족이 정해 놓은 화장실 외에 자신이 원하는 장소를 골라 대소변을 보는 것뿐이다. 즉 한두 군데 스스로 정한 특정 장소에서 정상적인 양의 소변이나 대변을 배출한다.

소변 마킹은 비슷해 보이지만 다른 문제다. 고양이가 소변으로 표시를 할 때는 보통 수직 표면에 엉덩이를 향하고 소변을 뿌린다. 고양이가 소변을 뿌릴 때 취하는 자세는 뚜렷하고 명확하다. 꼿꼿이 서서 꼬리를 곧게 세우고 선택한 장소에 소량의 소변을 뿌린다. 이때 꼬리 끝이 떨리는 경우가 많다. 때로 소변을 뿌리면서 뒷발로 땅을 다지듯 밟는다. 일반적으로 고양이는 소변 표시를 하기 전에 선택한 장소의 냄새를 맡고, 일부 고양이는 소변을 뿌린 후에도 냄새를 맡는다.

수평면에 소변 마킹을 하는 고양이도 있다. 이때는 보통 쪼그려 앉는 자세로 마킹을 하며, 꼬리를 세우거나 발로 밟는 동작을 할 때도 있고 안 할 때도 있다. 쪼그려서 마킹을 시작했다가 서서 마무리하는 고양이도 있다. 일반적으로는 마킹은 소변에 비해 양이 적어 그 흔적도 소변 자국에 비해 작지만 항상 그런 것만은 아니다.

소변 마킹의 빈도는 호르몬 상태, 스트레스 요인 그리고 화장실 상자 이슈에 따라 달라진다. 마킹은 수컷과 암컷 모두 하는 행동이지만, 중성화되지 않은 수컷이 중성화된 수컷이나 중성화되지 않은 암컷보다 더 자주 한다. 마킹의 목적은 자신의 영역을 알리고, 특히 중성화되지 않은 고양이에게 자신의 존재를 알리려는 것이다. 고양이는 마킹된 영역을 더 안전하고 익숙하게 느낀다. 흥미로운 점은 소변 마킹을 하는 고양이도 소변과 대변은 모두 화장실에서 본다는 것이다.

대변으로 마킹하는 경우도 드물게 발생하는데, 이를 미드닝middening이라고 부른다. 미드닝은 대개 소파 같이 눈에 띄고 사회적으로 중요한 영역에 하며, 이 또한 다른 고양이에게 메시지를 전달하거나 자신의 영역을 구분하기 위해서다.

대소변 문제와 관련해
자주하는 질문과 진실

화장실 말고 딴 데 대소변 보는 건 나한테 앙심을 품어서 복수하려는 것인가?

집 안에서 고양이 소변을 발견하면 불쾌할 수 있지만, 고양이가 의도적으로 우리와 싸움을 벌이려고 그러는 건 아니다. 이 문제를 감정적으로 받아들여선 안 된다. 이는 우리와 무관하며 고양이의 개인적 선호이거나 우리에게 무언가를 말하려는 시도이다.

제일 먼저 고양이가 질병을 앓고 있을 수 있다. 화장실 습관 변화로만 알아차릴 수 있는 질병이 많다. 또한 고양이가 화장실 위치나 화장실 자체에 불만이 있을 수도 있다. 아니면 환경 때문에 스트레스를 받고 불안해하는 것일 수도 있다. 고양이가 어디서, 어떻게, 누구와 함께 살고 싶은지를 결정한 게 아니라 우리가 모든 것을 결정했다는 사실을 기억하자.

보호자와 수의사는 고양이가 화장실 밖에서 대소변하는 이유를 이해하고, 고양이의 복지를 존중하는 방법으로 문제를 해결해야 한다. 고양이를 인간화하지 말고, 고양이가 불안해서 다른 곳에 대소변을 하는 것임을 이해해야 한다. 악의나 복수심이 아니라 불안에서 비롯된 문제다.

마킹은 서열에서 우위를 드러내려는 시도인가?

고양이는 우리가 깜짝 놀랄 만큼 흥미로운 의사소통 기술을 가진 우아하고 매력적인 동물이다. 이런 의사소통 능력 중에서 마킹은 중요한 역할을 한다. 고양이가 턱, 머리, 얼굴의 옆면, 몸 전체, 발 그리고 소변으로 자신의 환경(우리 집)을 표시하는 것을 보았을 것이다.

소변 표시는 고양이가 메시지를 전달하는 행동 중 하나이다. 아마도 고양이는 마킹으로 '줄무늬 수컷 고양이가 얼룩 고양이 암컷을 찾고 있다' 또는 '고양이 있음, 조심하라!' 또는 심지어 '새로운 아기가 내게 스트레스를 준다!'라는 메시지를 전달할 수 있다.

그와 대조적으로, 행동과학자들은 '우위dominance'를 '자원에 대한 접근 통제'로 정의한다. 우리 고양이는 화장실 밖에 소변을 남김으로써 집 안 자원에 대한 다른 고양이의 접근을 통제하려는 것이 아니다. 대소변 문제에서 서열은 문제의 핵심이 아니다. 물론 인간과의 상호작용 문제도 아니다.

고양이가 화장실이 아닌 곳에 대소변을 보면 혼내야 하나?

아니다. 말로 혼내는 것을 포함해 모든 처벌은 고양이의 대소변 습관을 바로잡지 못한다. 화장실 관리 불량, 두려움, 불안, 스트레스가 대소변 문제의 가장 흔한 원인이라는 사실을 항상 기억한다. 처벌은 이런 원인을 더욱 강화하여 문제를 악화시키기만 할 뿐이다.

소파나 새 카펫에서 고양이의 소변이나 대변을 발견하면 좌절감을 느끼겠지만, 그냥 치우는 것이 좋다. 소변이나 대변을 고양이에게 보여 주거나, 더 나쁘게는 고양이를 끌고 가 그곳에 코를 비비게 하는 것은 우리에 대한 두려움만 만들고 대소변에 대한 불안을 증가시킬 뿐이다.

고양이에게 화장실 사용법을 가르치려면 고양이를 화장실이 있는 욕실에 가둬야 할까?

수의사와 화장실 문제에 대한 치료 계획을 강구하는 동안, 고양이가 화장실이 아닌 곳에 대소변보는 것을 막기 위해 최선을 다해야 한다. 치료 초기 단계에서는 고양이를 안전하고 편안한 방에 두는 것도 한 방법이다. 특히 고양이를 적극적으로 감독할 수 없는 경우에는 방에 커다란 고양이 화장실은 물론, 필요한 다른 자원들(밥과 물, 스크래처, 올라갈 수 있는 높은 곳, 가지고 놀 장난감 등)을 모두 마련해 놓고 고양이를 이곳에 둔다.

하지만 고양이를 감독할 수 있을 때는 방 밖으로 나오게 해도 괜찮다. 고양이가 대소변할 장소를 찾거나 자세를 취하는 것을 발견하면 밝은 목소리로 불러 오게 한다. 주의를 끄는 데 성공하면 간식을 던져 준 후 화장실이 있는 안전한 방으로 데려간다.

어떤 고양이는 갇혀 있으면 훨씬 더 스트레스를 받으니 이런 경우 격리는 적절하지 않다. 반면, 어떤 고양이는 격리 상태에서 그곳에 있는 화장실을 사용하지만, 풀어 놓으면 여전히 엉뚱한 곳에 대소변을 한다. 문제의 근본 원인이 해결되지 않았기 때문이다. 이런 경우에는 고양이의 격리용 방과 바깥 환경의 차이를 잘 생각해 보면 문제의 실마리를 찾을 수 있다.

어차피 뭘 해도 나아지지 않으니 그냥 포기할래!

좌절하지 말자. 사실 고양이 대소변은 다른 문제에 비해 개선 가능성이 매우 높은 행동 문제 중 하나다. 올바른 행동 및 의료 치료 계획을 선택하고, 필요한 경우 적절한 행동 약물을 사용하면 배변 문제를 완전히 해결하거나 최소한 크게 줄일 수 있다. 패트리샤 프라이어Patricia Pryor와 그녀의 동료들이 수행한 연구에 따르면, 소변 마킹 문제 해결을 위한 치료 계획(화장실 개수, 화장실 청소 요인 포함)은 모든 고양이의 대소변 실수 문제를 90퍼센트 이상 감소시켰다.

용어 정리

- **배뇨**urination: 방광을 완전히 비우는 행위. 건강한 고양이는 마킹할 때를 제외하고는 배뇨 시 보통 쪼그려 앉는 자세를 취한다.
- **배변**defecation: 대변을 배출하는 행위.
- **소변 마킹**urine marking: 주로 수직 표면에 소변을 뿌려서 시각 및 후각을 자극하는 흔적을 남기는 행위("나 여기 왔다 간다. 다들 잘 봐 둬"). 고양이는 일반적으로 서서 꼬리를 곧게 세우고 꼬리 끝을 떨며 뒤로 슬금슬금 걸어 마킹할 자리에 다가간다. 쪼그려 앉아서 수평면에 소변을 남겨 마킹하기도 한다. 어떤 자세를 취하든 방광을 완전히 비울 때보다 소변을 적게 배출한다.
- **미드닝**middening: 사회적 메시지를 보낼 의도로 대변을 남기는 행위로, 드문 편이다.
- **혐오**aversion: 몹시 싫어함. 고양이가 화장실을 사용하지 않게 만드는 일반적인 혐오 요인은 화장실의 위치나 크기, 청결 상태, 모래 종류다.
- **선호**preference: 고양이 대소변 문제에서 '선호'는 안전, 청결, 프라이버시, 조용함, 편안함 등의 이유로 고양이가 배변하기 좋아하는 표면을 의미한다.
- **대소변 실수**house soiling: 마킹을 제외하고 대변이나 소변을 고양이 화장실이 아닌 다른 곳에 하는 것.

대소변 문제, 무엇부터 시작해야 할까?

의학적 원인부터 찾기

고양이가 화장실을 사용하지 않기 시작하면, 유기, 포기, 심지어 안락사의 위험에 처해질 수 있다. 화장실 밖에서 대소변하는 것은 의학적 문제가 원인일 수 있다는 점을 고려하면 이는 매우 가슴 아픈 일이다. 특히 고양이가 대변을 화장실 밖에서 본다면 스스로 몸 어딘가 이상을 느껴서 그러는 경우가 많다. 만일 고양이가 화장실을 쓰지 않으려 한다면, 제일 먼저 건강 검진을 받아본다.

고양이를 병원에 데려가면 문제의 근본 원인을 찾기 위해 수의사는 신체검사, 혈액검사, 그리고 필요에 따라 엑스레이나 초음파 검사, 소변 및 대변 검사를 실시한다. 고양이가 화장실 밖에서 대소변을 보는 의학적 원인이 대부분 요로감염이라고 흔히들 오해하는데, 사실 요로감염은 고양이에서 흔하지 않으며, 요로 질환은 대소변 문제의 가능한 원인 중 일부에 불과하다. 스트레스, 불편, 통증, 배뇨량 증가 또는 대소변 긴박증을 유발하는 어떤 의학적 문제도 대소변 문제를 일으키거나 악화시킬 수 있다.

열 살이 넘은 노령묘나 열다섯 살 이상의 초고령묘는 관절과 근육, 신경계 쪽 문제로 인해 화장실 턱을 넘거나 배변 자세를 취하기 힘들어하는 경우가 있으므로, 신경학적 평가와 정형외과 검진을 통해 이를 확인한다. 고양이의 나이를 불문하고 하복부 쪽 탈모가 있다면 방광 통증의 신호일 수 있다.

검사 결과에 따라 추가 검사가 필요한지 여부가 결정된다. 의학적 원인이 있다면 이를 해결하고 관리한다. 안 그러면 고양이의 대소변 실수 문제는 해결되지 않는다. 의학적 문제가 관리되더라도, 일부 고양이는 병을 앓는 동안 다른 곳에서 배변하는 것을 배운 데다 그 자리에 대한 선호가 생겨 계속해서 대소변 문제를 일으킬 수 있다. 이런 경우, 의학적 접근과 행동적 접근을 결합해야 한다.

대소변 실수를 유발하는 의학적 원인들

고양이가 화장실 밖에 대소변을 보기 시작하는 것은 심각한 건강 문제의 첫 신호이자 유일한 징후일 수 있다. 고양이가 이런 행동을 보인다면 제일 먼저 건강검진을 받아야 한다. 의학적 문제는 갑자기 발생할 수 있으므로 불과 몇 개월 전에 검진을 받았다 해도 다시 검사를 받는 것이 좋다. 고양이 대소변 실수 문제를 유발하는 흔한 의학적 문제에는 다음과 같은 것들이 있다.

- 요로 결석 및 결정
- 고양이 방광염(FIC, 판도라 증후군Pandora syndrome이라고도 부름)

- 암	- 직장 협착
- 신장질환	- 골반 혹은 꼬리 골절
- 당뇨	- 설사
- 갑상선 기능 항진증	- 변비
- 장내 기생충	- 호르몬 장애
- 퇴행성 관절 질환(관절염 포함)	- 박테리아 감염
- 항문낭 염증	

의학적 문제가 배제된 후에는 대소변 문제인지 마킹 문제인지 수의사와 함께 판단해야 한다. 수의사를 방문하기 전에 되도록 많은 정보를 수집한다. 그래야 문제의 원인을 제대로 파악할 수 있다.

가장 먼저 살필 항목은 고양이 화장실이다. 다음 질문에 답해 보자. 모든 질문이 고양이에게 매우 중요하다.

고양이 화장실 관련 체크 사항

- 화장실 크기는 어떠한가? 뚜껑이 있는가, 없는가? 입구에 모래 튐 방지용 턱이 달린 제품을 쓰는가? 바닥에 비닐라이너를 깔아 두었는가?
- 화장실은 모두 몇 개이며 각각 어디에 두었는가?
- 모래는 어떤 재질인가? 응고형인가, 아닌가? 향이 있는가, 없는가? 모래는 어느 정도 채웠는가?
- 얼마나 자주 청소를 하는가? 얼마나 자주 모래를 갈고 화장실을 통째로 청소하는가? 이때 어떤 세제를 사용하는가?
- 최근 화장실이나 모래에 변화를 준 적이 있는가?

다음에 살펴볼 항목은 당신의 집과 거주자 및 그들과의 관계이다.

다른 가족의 유무 및 관계 관련 체크 사항

- 집에 몇 명의 성인과 아이들이 있는가? 몇 마리의 고양이, 개, 다른 반려동물이 있는가? 대소변 문제가 있는 고양이와 그들과의 관계는 어떠한가?
- 고양이가 야외에 접근할 수 있는가?
- 식사와 놀이, 사회화 활동의 루틴은 어떻게 되나?

고양이가 화장실에서 보이는 일반적인 행동에 관한 정보도 수집해 두자.

화장실 행동 관련 체크 사항

- 하루에 몇 번 대소변을 보는가?
- 대소변을 보는 동안 혹은 그 직후 부자연스러운 모습을 보이거나, 울거나 놀란 적이 있는가?
- 화장실에서 대소변을 보기 전에 냄새를 맡거나 모래를 파는가?
- 용무를 마친 후 모래를 긁어서 흔적을 덮는가? 아니면 최대한 빨리 뛰쳐나가는가? 벽이나 바닥, 화장실 옆면을 긁지만 모래 자체는 피하는가?
- 화장실 안에서 용무를 보지 않고, 가장 자리 위에 앉아 대소변을 보지는 않는가?

바람직하지 않은 대소변의 빈도를 체크해 두자. 그래야 증상이 나아지고 있는지 확인할 수 있다.

대소변 실수 빈도 및 그외 체크 사항

- 얼마나 자주 화장실 밖에서 대소변을 보는가?

- 언제 시작되었으며, 얼마나 지속되었는가? 갑자기 나타난 증상인가?

- 처음에 어떤 의학적 문제와 관련이 있었나? 화장실 내부에서의 단 한 번의 고통스러운 경험이 오래 지속되는 혐오를 유발할 수 있다는 것을 기억하자.

- 가정에서 있었던 특정 사건 혹은 변화와 맞물려 나타났는가? 고양이의 환경 변화(가족 근무 스케줄의 변화, 휴가, 새로 산 가구), 가족 구성원 추가(룸메이트, 배우자, 아기, 새 반려동물), 혹은 상실(가족 분가, 반려동물이나 사람의 죽음)이 문제의 원인으로 작용할 수 있다.

- 고양이가 집 안 어디에서 대소변을 보는가? 가족의 침대나 소지품에 소변을 보는 고양이는 분리불안이나 가정 내 누군가와의 갈등을 겪고 있을 수 있다.

- 소변의 양이 많은가(배뇨)? 아니면 매우 적거나 혹은 수직면에 소변을 보는가(마킹)?

집의 평면도를 그린 다음, 대소변 실수가 발생한 장소와 화장실, 밥그릇 및 물그릇, 고양이의 휴식 장소, 높은 장소, 스크래처 및 놀이 공간의 위치를 표시한다. 고양이가 집의 각 부분을 어떻게 사용하는지 이해하면 고양이가 특정 장소에서 배변하는 동기를 알 수도 있다.

화장실 문제의 대표적인 원인

고양이가 온 집 안을 소변 냄새로 채우는 것을 멈추고 다시 화장실을 사용하도록 설득하려면 먼저 화장실 사용을 중단한 원인을 파악해야 한다. 앞서 언급했듯이 고양이가 화장실 사용을 거부하는 이유는 정말 다양한데, 그중 가장 흔한 원인은 다음과 같다.

화장실의 문제

고양이 화장실은 크기와 형태가 중요하다. 화장실이 고양이에게 너무 작거나, 들어가기가 불편하거나, 너무 폐쇄적일 수도 있다. 많은 고양이가 덮개가 있는 화장실을 피하는데, 특히 청소를 잊을 경우 나쁜 냄새가 안에 갇히기 때문이다. 우리가 정말 절박할 때가 아니면 이동 화장실을 피하는 것과 같다. 다른 고양이가 입구 근처에 매복하고 있다가 깜짝 놀라게 하는 일이 잦아지면 당하는 고양이가 화장실을 피하게 될 수 있다. 덮개가 있거나 옷장이나 캐비닛 안에 있는 화장실은 밖에 누가 있는지 잘 볼 수 없고 누군가 나타났을 때 탈출하기도 어렵다.

화장실 자체에는 문제가 없지만 청소 상태가 불결해서 사용을 거부할 수도 있다. 우리도 화장실에 들어갔는데 누가 물을 내리지 않았다면 쓰기 싫듯이 말이다. 고양이도 자신이든 다른 고양이든 누군가 다녀간 흔적이 남아 있는 화장실은 피하기 쉽다. 비닐라이너 위에 모래를 부어 쓰는 경우, 모래를 파다가 발톱에 비닐이 걸려서 거부감이 생기거나 발바닥에 닿는 비닐 감촉이 싫어서 화장실을 싫어할 수도 있다.

모래 문제

일부 고양이는 특정 질감의 모래를 더 선호한다. 고양이가 자연적으로 끌리는 미세하고 부드러운 질감이 아니라면 화분 흙 등 다른 곳에서 이런 질감을 찾을 수 있다. 크고 단단한 펠릿이나 크리스털보다는 고운 응고성 클레이 모래가 더 매력적일 수 있다. 비응고성 모래는 소변과 대변을 그대로 머금고 있고 축축한 상태로 유지되는 데다 모래 전체를 거의 매일 버리지 않으면 냄새가 난다.

일부 고양이는 단단한 표면 같이 특이한 재질을 선호하는 반면, 카펫, 수건, 빨래 바구니 같은 부드럽고 흡수력이 좋은 재질을 찾는 고양이도 있다. 한 가설에 따르면 예전에 변비나 방광 결석 같은 고통스러운 대소변 경험이 있는 고양이는 일반 모래에 혐오감을 가질 수도 있다.

고양이는 강한 냄새에 쉽게 거부감을 갖기 때문에 강한 향이 첨가된 모래를 싫어할 수 있다. 향이 첨가된 모래는 사람에게만 매력적이지 고양이에게는 그렇지 않다. 모래가 너무 얕거나 너무 깊게 채워져 있어도 문제가 될 수 있다.

위치 문제

인테리어 소품으로 딱히 좋은 점수를 주기 힘들다 보니 고양이 화장실은 대개 주요 생활공간에서 최대한 떨어진 곳에 자리 잡게 될 때가 많다. 고양이 입장에서는 여러 층을 이동하고, 다양한 장애물을 넘고, 더 어두운 지하실 같은 공간으로 가야 한다. 젊고 자신감 있는 고양이라면 별문제가 되지 않을 수 있지만, 나이 많은 고양이나 겁이 많은 고양이 또는 통증을 겪고 있는 고양이는 너무 힘들어서 다른 장소를 선택할 수 있다.

때로는 화장실이 밥그릇이나 물그릇 자리와 너무 가까워서 고양이에게 거부감을 주기도 한다. 고양이 화장실 근처에 갑작스러운 소음이 나는 보일러나 냉동고가 있을 때, 다른 반려동물이 숨어 있다가 달려들 때 등으로 인해 화장실에서 대소변을 보다가 깜짝 놀라는 경험을 하면 화장실에 대한 부정적인 감정을 갖게 된다.

스트레스와 화장실

스트레스는 고양이 대소변 실수 문제의 주요 원인 중 하나이다. 고양이는 습관의 지배를 받는 동물이기에(사실 사람도 마찬가지다) 환경 변화는 불안을 유발할 수 있다. 불안은 앞으로 위험한 일이 발생하거나 누군가 나를 위협할 거라는 예상 때문에 생겨나는 불편한 감정이다. 새로 들어왔거나 임시보호 중인 반려동물, 신생아, 배우자나 룸메이트, 반대로 가족의 사망, 분가 등 가족 구성원의 추가나 상실 역시 고양이에게 스트레스를 주며 대소변 실수를 유발할 수 있다.

고양이는 새로운 집으로 이사할 때나 가정 내 다른 반려동물과 사람, 또는 방문객과 문제가 있을 때 불안을 느낄 수 있다. 새로운 가구도 낯선 외관과 냄새로 인해 불안감을 유발할 수 있다. 외부 고양이(길고양이나 다른 집 외출고양이)나 야생동물이 창밖으로 보이면 위협을 느끼기도 한다. 가족들의 근무 스케줄이 바뀌거나 휴가로 보호자가 장기간 집을 비우는 일 역시 고양이에게 불안감을 준다.

이 경우, 대소변 실수는 불안의 징후 중 하나가 된다. 불안의 다른 징후는 다음과 같다.

- 자주 귀를 뒤로 젖힘
- 주변이 환한데도 동공이 커짐
- 웅크린 자세
- 꼬리를 몸 아래로 말아 넣음
- 사회적이었던 고양이가 사람이나 다른 반려동물과의 상호작용을 피함
- 자주 숨음
- 야옹이나 울부짖음 등 우는 일이 잦아짐
- 소화되지 않은 음식을 자주 역류함
- 털 상태가 나쁘고 엉킴

스트레스를 받으면 몸이 이에 반응해 호르몬과 신경전달물질을 분비한다. 염증이나 통증을 유발하는 물질의 분비 역시 늘어난다. 이 물질 중에는 방광을 약하게 해 소변에 내포된 통증 유발 화합물에 취약하게 만드는 물질이 있다. 고양이들이 스트레스가 심해지면 방광염에 걸리는 이유가 바로 이것이다. 방광염에 걸린 고양이는 소변을 볼 때 통증과 불편감을 느끼는데 눈에 확연히 드러난다. 연구에 따르면 스트레스는 고양이 방광염의 주요 원인이며, 새로운 가구, 보호자의 근무 시간 변경, 친구 방문 등 우리에게는 사소해 보이는 원인조차도 고양이에게는 스트레스가 될 수 있다. 각 고양이는 개별적이며 다양한 스트레스 요인에 대한 반응도 저마다 다르다.

소변 마킹

중성화되지 않은 고양이는 성별 관련 정보 교환을 목적으로 소변 마킹을 한다. 이는 호르몬 영향으로 인한 매우 정상적이고 당연한 행동이다. 하지만 중성화된 고양이가 집에서 화장실 아닌 곳에 배뇨가 아닌 마킹을 한다면, 이는 다른 가족 구성원(가정 내 다른 고양이, 반려동물, 인간 등) 혹은 외부 동물(집에 들어오지는 않으나 보거나, 소리를 듣거나, 혹은 냄새를 맡을 수 있는 동물)과의 갈등으로 인한 행동일 수 있다.

만일 고양이가 소변 마킹하는 습관이 있다면 아마도 그 위치는 상당 부분 문이나 창가 근처일 것이다. 이곳에서 잠재적 침입자에게 자신의 공간에서 떨어지라는 신호를 보내는 것이다. 또한 전자레인지, 스테레오 및 라디에이터와 같은 가전제품이나 빨랫감, 개인 물품, 소파 또는 침대 같은 보호자의 냄새가 나는 물건에 메시지를 남기고 싶어 할 수도 있다.

화장실의 청결 상태가 나쁘거나 다른 고양이가 자기 화장실을 써서 스트레스를 받을 경우, 쪼그리고 앉아서 소변을 보는 대신 화장실 벽에 소변을 뿌릴 수 있다. 드물지만 화장실 내에서 쪼그리는 것보다 선 자세로 마킹 하듯이 소변보는 걸 선호하는 고양이도 있다.

문이나 창과 같은 외부와의 경계가 아닌 내부에 마킹하는 고양이는 집 안의 다른 구성원과 갈등을 겪고 있을 수 있다. 또는 집 안에 들인 물건의 냄새에 불쾌감을 느껴서일 수도 있다. 새로운 가구, 마트에서 받은 비닐봉 투, 장바구니, 새 신발, 보호소 봉사 때 신고 간 신발 등 불쾌감을 줄 만한 사물은 무척 많다. 이 경우, 고양이는 낯선 냄새로 편안함과 안전을 위협받 고 있기 때문에, 자신의 냄새로 이를 대체하려고 한다. 매우 드물지만 마킹 의 대상이 사람인 경우도 있다. 우리가 풍기는 냄새가 불편할 수 있고, 인 정하기 어렵지만 때로는 사람의 존재 자체에 스트레스를 받기도 한다.

최적의 화장실

2014년 미국고양이수의사회와 세계고양이수의사회에서 펴낸《고양 이 화장실 문제 진단 및 해결 가이드라인》은 '최적의 화장실'이라고 부르 는 것을 고양이에게 제공하는 것이 얼마나 중요한지 강조한다. 목표는 화 장실을 매우 매력적으로 만드는 것이다.[16]

화장실 선호도에 대해 말하기에 앞서 혐오와 선호는 개체에 따라 다르 다는 점을 먼저 강조한다. 대부분의 고양이가 특정 옵션을 싫어하거나 좋 아하는 경향이 있더라도 우리 고양이는 정반대를 선호할 수 있다. 즉, 고양 이가 매우 크지만 덮개가 있고 향이 나는 펠릿 모래가 들어간 화장실을 규 칙적으로 사용한다면 그것을 굳이 교체할 필요는 없다. 그래도 궁금하다 면 다른 형태 및 특성을 가진 화장실을 추가로 배치해 고양이가 새 화장실 을 더 선호하는지 확인해 본다.

화장실은 몇 개가 있어야 하나?

일반적으로 화장실 수는 고양이 마릿 수에 하나를 더한 개수가 기본이다. 즉 집에 고양이가 한 마리라면 화장실은 최소 두 개 이상 있어야 한다. 고양이에 따라 대변과 소변을 따로 보고 싶어 하기도 하고, 한 번 사용한 화장실에는 들어가기 싫어하는 경우도 있기 때문이다. 고양이는 매우 깔끔한 동물이라는 사실을 잊지 말자.

고양이가 여러 마리라면, 최소한의 화장실 개수는 사이좋게 잘 어울려 지내는 고양이 그룹의 수와 같아야 한다. 예를 들어, 집에 총 일곱 마리가 있는데 그중 둘은 둘도 없는 단짝이고, 다른 둘은 나름 잘 지내며, 나머지 셋은 혈연관계라면, 이 고양이들은 세 그룹이므로 고양이 화장실은 최소 세 개 이상이 필요하다(물론 여덟 개가 가장 이상적이다). 만일 고양이 여러 마리가 각자 별도의 공간에 따로 지내고 서로 동선이 겹치는 일이 드물다면 각 고양이가 사는 공간에 하나씩 놓아 주면 된다.

화장실의 위치는 어디가 좋은가?

고양이들이 화장실에서 나오다가 모든 자원을 독차지하려는 고양이 친구의 매복 습격을 받는 일이 없도록 화장실은 여러 곳에 배치한다. 집이 여러 층이라면 이용이 편리하도록 층마다 화장실을 마련해 둔다. 세탁기나 건조기가 있는 다용도실 같이 소음이 심한 곳이나 현관이나 뒷문처럼 번잡한 곳은 좋지 않다. 어린이의 손이 닿는 곳 역시 피해야 하며 아이들이 노는 방 근처도 피해야 한다. 고양이가 겁을 먹게 되면 다른 조용한 장소를 찾아 대소변할 수 있다.

모든 화장실은 편하게 접근할 수 있어야 한다. 덮개를 덮거나 좁은 캐비닛이나 옷장 속에 화장실을 '숨기지' 않는다. 어두운 구석보다는 밝은 곳이 좋다. 문이 닫히는 방은 접근이 종종 불가능한 일이 생길 수 있으므로 피한

다. 지하실이나 다락방도 피한다. 노령묘나 아주 어린 새끼 고양이는 화장
실을 찾아가는 게 힘들 수 있다.

크기는 어느 정도가 좋은가?

화장실이 크면 모래가 깔린 범위도 그만큼 넓어지므로 고양이가 깨끗
한 영역을 찾기가 좋다. 이를 뒷받침하는 연구는 없지만 고양이의 몸길이,
즉 코끝에서 엉덩이까지 길이의 1.5배가 되어야 한다는 지침이 있다. 이
정도가 고양이가 모래를 파고, 자세를 잡고, 일을 마치고 다시 덮기에 충분
한 크기다.

쉽게 드나들 수 있게 플라스틱 리빙 박스를 개조해 만
든 화장실이다. 크기와 깊이가 충분하고 저렴하며 청
소하기도 쉽다. 옆면이 높아서 모래가 밖으로 튀는 일
도 적다.
© Craig Zeichner

고양이가 체격이 크다면 용품점에서 판매하는 대형 화장실도 작을 수
있다. 이때는 다양한 크기로 나오는 커다란 플라스틱 리빙 박스가 완벽한
대안이 된다. 화장실을 선택할 때는 고양이의 연령도 고려해야 한다. 새끼
고양이, 성묘, 노령묘에 따라 측면 높이를 조정해야 할 수 있다. 관절 질환
이나 다른 통증이 있는 노령묘는 접근이 더 쉽도록 작은 경사로를 추가하
거나 화장실 한쪽을 낮추는 것이 좋다.

디코딩 유어 캣

덮개가 있는 화장실? 없는 화장실?

대부분의 고양이가 덮개가 없는 화장실을 선호한다. 덮개가 있으면 냄새가 잘 빠지지 않고 바깥을 볼 수 없기 때문이다. 하지만 일부 고양이는 덮개가 있는 화장실을 선호하고 어떤 고양이는 아무 선호도 없을 수 있다. 덮개 없는 화장실 중에는 모래가 밖으로 튀지 않도록 막아 주는 플라스틱 테두리나 보호막이 달린 제품도 있다. 이런 기능이 있으면 주변은 다소 깔끔하겠지만 접근성이 떨어지고 고양이가 파고 냄새 맡고 쪼그려 앉을 수 있는 공간이 줄어든다. 그래서 테두리나 보호막이 있는 화장실과 덮개가 있는 화장실은 고양이가 몸집이 크거나 비만인 경우에는 문제가 될 수 있다. 덮개가 있든 없든 가장 중요한 것은 매일 대소변을 퍼내는 것이다. 데브라 F. 호위츠Debra F. Horwitz의 연구에 따르면, 덮개 유무보다는 매일 청소하는지의 여부와 향이 나는 모래 사용이 화장실 문제와 더 관련 있다.

어떤 종류의 모래를 사용할까?

연구에 따르면, 대부분의 고양이는 향이 없는 고운 질감의 잘 뭉치는 클레이clay 모래를 선호한다. 아마도 길들여진 종의 조상이 사막에 살았었고 곱고 건조한 모래와 흙에서 대소변을 했기 때문인 듯하다. 물론 예외는 있으며 모래를 선택하는 것은 우리가 아니라 고양이다.

과거부터 사용해 온 클레이 모래 외에도 요즘에는 풀, 옥수수 또는 다른 재료로 만들어지는 응고성 모래도 있다. 이런 제품은 더 친환경적이고 클레이 모래보다 먼지도 적고 건조력도 뛰어날 뿐만 아니라 더 부드럽다. 하지만 식재료로 만든 모래여서 고양이가 먹을 위험이 있다. 처음 식재료 기반 모래를 사용할 때는 주의 깊게 관찰하고, 고양이가 먹지 말아야 할 것을 먹는 이력이 있다면 이 유형의 모래는 피한다.

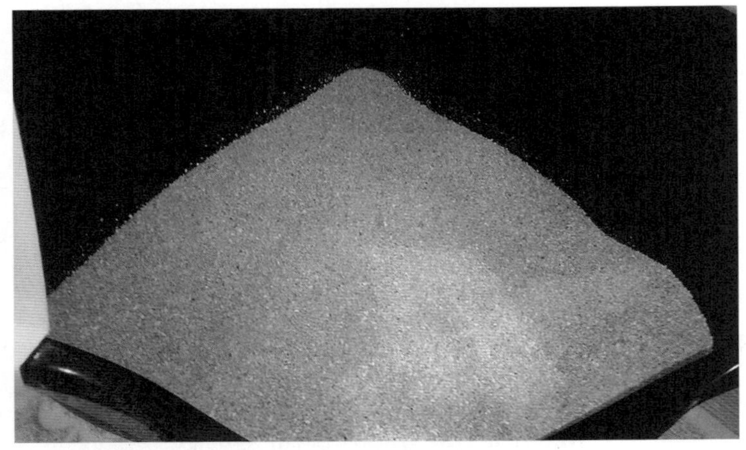

식물을 주원료로 한 응고성 모래는 자연적이고 무독성이며 생분해가 가능하다. 흔히 사용하는 클레이 모래보다 고양이 발에 더 부드럽다.
© Carlo Siracusa

만일 고양이가 화장실과 모래 사용을 거부하는 모래 혐오증이 생겼다면 다양한 재질의 모래를 제공해 고양이가 받아들이는 것을 찾아야 한다. 그러기 위해서는 여러 화장실을 한곳에 두고 각각 다른 모래를 채운 뒤 테스트를 한다. 고양이가 제공된 모래를 좋아하는지 어떻게 알 수 있을까? 미국수의행동학회 소속 웨일라니 성Wailani Sung과 샤론 크로웰-데이비스가 진행한 연구에 따르면, 고양이가 화장실에서 모래를 파는 시간으로 선호도를 측정할 수 있다. 즉, 덜 파면 덜 좋아하는 것이다.

화장실을 어떻게 깨끗하게 유지할까?

고양이가 얼마나 깔끔하고 예민한지 다시 한 번 강조할 때가 왔다. 화장실 모래는 적어도 하루에 한 번은 퍼내야 하며, 당연하지만 하루에 두 번 퍼내는 게 훨씬 좋다. 나는 집에 있으면 고양이가 사용하자마자 화장실을 청소한다. 때로는 하루 세 번 이상 모래를 퍼낸다. 모래 덩어리를 퍼낼 때마다 최소 4~5센티미터 깊이를 유지하기 위해 모래를 추가한다.

디코딩 유어 캣

응고 타입의 모래라면 한 달에 한 번은 모래를 완전히 교체하고, 비응고 성이거나 여러 마리가 같은 화장실을 사용하는 경우에는 더 자주 교체해야 한다. 모든 모래를 버리고 화장실을 따뜻한 비눗물로 씻은 뒤 자연 탈취제인 햇볕에서 말리는 것이 좋다.

세제나 소독제 클리너 사용은 권장하지 않는다. 이런 제품에는 보통 강한 화학성분이 포함되어 있어서 사람은 못 맡지만 고양이는 그 냄새를 불쾌해할 수 있다. 수의행동학자 니콜라스 도드먼Nicholas Dodman의 연구에 따르면, 화장실이 무취일 때가 고양이가 화장실에 대해 불만을 덜 느끼고 화장실 실수 및 마킹 행동도 줄어든다.

고양이 화장실 가이드라인

- 크고 넓은 것이 좋다. 고양이 몸길이의 1.5배 정도로 덮개가 있는 경우 윗 공간이 충분해야 한다.
- 출입이 쉬워야 한다.
- 최소 하루에 한 번은 대소변을 퍼낸다.
- 깨끗하고 건조하며 부드럽고 미세한 입자의 무향 모래가 최소 4~5센티미터 높이로 채워져 있어야 한다.
- 가급적 덮개나 테두리, 바닥 비닐라이너를 쓰지 않는다.
- 아무 냄새도 나지 않아야 한다.
- 음식과 물로부터 멀리 떨어져 있지만 고양이의 주요 활동 영역 내에 있어야 한다.
- 사람과 반려동물의 이동이 최소화되는 조용한 장소에 있어야 한다.
- 막히거나 차단된 곳(예: 옷장이나 캐비닛 안)에 있지 않아야 하며 고양이가 누가 접근하는지 안에서 확인할 수 있어야 한다.

고양이 방광염

고양이 방광염은 원인을 식별할 수 없는 방광의 염증이다. 이 병에 걸리면 다양한 증상이 나타나는데, 대표적으로는 배뇨 빈도 증가, 배뇨 시 통증(평소에도 통증 가능), 화장실 밖에서 배뇨, 혈뇨, 성격 변화가 있다. 배 쪽 털을 과도하게 그루밍하는 행동도 포함되는데 이는 방광 통증의 결과일 가능성이 높다.

최근 연구에서 신경계, 부신, 방광 사이의 복잡한 상호작용과 방광염 사이에 연관성이 있는 것으로 나타났다. 유전적 요인으로 방광염에 더 취약한 고양이가 있을 수 있으며 생활환경과 스트레스도 방광염에 큰 영향을 준다. 치료의 목표는 통증 완화와 함께 스트레스를 줄이는 것이다.

고양이가 이런 증상 중 하나라도 보인다면 즉시 동물병원에서 종합적인 검사를 받아야 한다. 앞서 언급한 증상들은 방광염 외에 다른 심각한 질병의 징후를 나타내는 신호일 수도 있다. 시기를 놓치지만 않는다면 많은 질병들이 치료 가능하다.

고양이 방광염 전용 테스트가 없기에 다른 의학적 가능성이 배제된 후에 진단된다. 그렇다고 고양이 방광염이 존재하지 않는다는 의미는 아니다.

방광염에 대해 다각도적인 접근 치료법이 필요하다

방광염에 걸린 고양이를 대상으로 한 연구 결과, 환경적 스트레스가 가장 흔한 원인으로 나타났다. 가족이나 다른 고양이와의 갈등은 물론, 고양이에게 스트레스를 주는 것이라면 무엇이든 방광염을 촉발하는 원인이 될 수 있다. 효과적인 치료에는 고양이의 환경을 개선하고 식단을 변경하며 통증과 방광 불편감을 조절하고 물 섭취량을 늘리는 것이 포함된다. C. A. 토니 버핑턴C. A. Tony Buffington과 연구진이 처음 설명한 이 다각도적인 접근법은 환경을 다루고 재발을 방지하는 데 도움이 된다. 고양이 방광염 치료에 의료적 요법만 사용할 경우에는 증상이 자주 재발한다.

고양이는 자신의 환경에 대한 통제력을 상실하면 스트레스가 증가한다. 통제력 상실은 고양이가 일상생활에서 변화를 겪거나 새로운 반려동물이나 가족이 집에 들어올 때 발생한다. 놀이 시간, 식사 시간 및 정기적인 상호작용을 포함해 일관된 일정을 유지하는 것이 매우 중요하다.

고양이에게 몇 개의 안전한 공간을 제공해 환경에 대한 통제력을 주는 것도 좋은 방법이다. 이런 공간에서 고양이는 주변을 관찰하고 혼자 시간을 보낼 수 있다. 가정에 많은 고양이가 있는 경우, 높은 위치의 선반, 경사로, 고가 보도 같은 다양한 높이의 안전 공간을 설치하면 고양이들이 필요할 때 서로를 피할 수 있다.

홉스는 스트레스를 받으면 소변을 스프레이하는 습관이 있다. 이렇게 높은 공간은 그에게 가정 내 스트레스 요인과 다른 고양이들로부터 벗어날 수 있는 안전한 관찰 지점이 되어 준다.

© Anne Gallutia

스트레스 관리에 환경 풍부화는 매우 중요하다(고양이 생활환경을 최대한 풍부하게 해 줄 수 있는 여러 방안에 관해서는 3장 참고). 갑자기 한꺼번에 변화를 주고 싶을 수 있지만 점진적으로 변화를 주어야 고양이도 적응할 수 있다. 아무리 긍정적이더라도 급격한 변화는 고양이에게 스트레스가 될 수 있음을 기억하자.

화장실 밖에서 배뇨하는 것을 보게 되더라도 처벌해서는 안 된다. 소리를 치거나 때리는 것은 문제가 해결되기는커녕 고양이의 두려움과 불안, 스트레스를 증가시켜 문제를 악화시킨다.

음수량 늘리기

집에서 대소변 실수를 하는 고양이에게 물을 많이 마시게 해야 한다고 하면 뭔가 앞뒤가 안 맞는 것 같지만, 이는 방광염 치료에서 매우 중요한 부분이다. 집 안 곳곳에 물그릇을 더 많이 놓고 매일 깨끗이 씻는다. 그릇은 고양이의 수염이 닿지 않도록 충분히 넓어야 한다. 그래야 고양이가 더 편안하게 물을 마실 수 있어 더 많이 마시게 된다. 흐르는 물을 더 좋아하는 고양이도 있다. 이런 경우 분수 형태로 급여되는 물그릇을 쓰거나 수도꼭지에서 물을 마시게 하는 것도 좋다.

화장실 문제를 해결하는 법

먼저 심호흡부터 하자. 고양이가 집 안 곳곳에 대소변 실수를 하면 당황스럽고 좌절감이 들지만 얼마든지 바람직한 길로 인도할 수 있다. 그러려면 고양이의 기본적인 욕구와 니즈를 이해해야 한다. 결국 고양이 화장실은 말 그대로 고양이가 쓸 것이기 때문이다.

화장실 문제 해결에는 인내심과 헌신이 필요하다. 고양이가 화장실이 방광이나 장을 비울 때 가야 하는 편안한 장소라는 사실을 배우는 데는 시간이 걸린다. 문제 해결이 쉬울 때도 있지만 복잡할 때도 있다.

고양이가 침대나 베개, 소파, 카펫, 러그 같은 부드러운 표면을 찾아 대소변하는 것을 좋아할 수도 있다. 이런 재질은 촉감도 좋고 소변 흡수도 빠르며 파고 덮을 필요도 없다. 2002년 수의행동학자 스테파니 슈워츠Stefanie Schwartz는 후향적 연구[17]를 통해 고양이는 보호자의 냄새에서 위안을 얻기 때문에 집에 혼자 남겨졌을 때 보호자 침대에 소변을 볼 수 있다는 이론을 발표했다.

고양이가 반복적으로 대소변 실수를 하는 장소는 깨끗이 청소하고 접근을 막는다. 청소할 때는 소변 흔적 제거를 목적으로 만들어진 제품을 쓴다. 수의행동학자 보니 비버와 그 동료들이 11가지 고양이 소변 냄새 제거용 청소 제품을 평가했는데, 대체로 효과적이며 냄새 재발을 방지하는 것으로 나타났다. 다만, 암모니아나 염소(표백제)를 포함한 제품은 피한다. 이런 제품은 고양이를 다시 그 장소로 끌어들일 수 있다.

고양이가 가전제품에 자꾸 마킹을 한다면 오염된 해당 제품을 좀 더 여러 번 깨끗이 청소할 필요가 있다. 가전제품은 전원을 켤 때 발열되면서 냄새를 되살리기 때문에 고양이가 마킹 유혹을 받게 된다.

카펫이나 천 같은 부드러운 재질의 가구에 소변을 본 경우, 이런 물건은 철저히 청소해야 한다. 반려동물 얼룩 및 냄새 제거 전문 업체에 의뢰하는 것이 이상적이다. 러그처럼 치울 수 있는 물건은 고양이의 대소변 문제가 완전히 해결될 때까지 없앤다.

가능하다면 고양이가 대소변 실수를 자주 하는 곳에는 아예 가지 못하게 막는다. 문을 닫아 두거나 아기 안전문을 설치해 들어가지 못하게 한다. 공간 자체를 차단하기 어렵다면 대소변 실수를 한 장소를 주방용 알루미늄포일 혹은 비닐 랩으로 덮거나 플라스틱 발판을 돌기가 위로 올라오게 해서 깔아 둔다. 레몬이나 오렌지향 포푸리를 놓는 것도 좋은데, 이때는 고양이가 먹지 않도록 주의해야 한다. 일반적으로 고양이는 먹고 마시고 쉬는 곳에 대소변을 하지 않으므로 실수하는 곳에 고양이 침대나 밥그릇, 물그릇을 놓아둔다.

대소변 실수하는 곳에 화장실을 가져다 놓고 차츰 원하는 장소로 옮긴다. '차츰'이란 90일간 그 장소에서 사용하게 한 뒤 하루에 2~3센티미터 정도씩 옮긴다는 의미다.

하지만 한 장소의 접근을 막으면 다른 장소를 찾아 대소변을 할 수도 있다. 그러므로 동시에 문제의 원인을 해결해야 하며 화장실 자체를 바람직한 장소로 만드는 노력도 함께 해야 한다. 문제의 원인을 해결하지 않으면 습관적으로 다른 장소에 배변할 것이다. 치료의 목표는 행동 문제의 원인을 해결하고 환경을 풍부하고 스트레스가 없는 상태로 만드는 것이다(고양이 스트레스에 관해서는 5장과 9장 참고).

연구에 따르면 환경 풍부화가 대소변 실수의 반복을 예방하는 데 도움이 된다. 고양이가 건강하고 편안하게 지낼 수 있도록 환경 내 여러 개의 먹이 장소, 높은 공간, 스크래처, 장난감, 휴식 공간을 만들어야 한다. 3장과 6장에서 살펴보았듯이 매일 규칙적인 놀이와 상호작용으로 고양이와 사람 간의 유대를 강화하고, 고양이의 환경을 더 예측 가능하고 쾌적하게 만든다.

서서 소변을 보는 경우

고양이가 서서 소변을 스프레이하는 걸 좋아한다면, 옆면이 높은 플라스틱 리빙 박스를 화장실로 사용하는 게 좋다. 다른 한쪽은 잘라 고양이가 드나들 수 있는 입구로 만들면 된다.

혹은 큰 화장실 하나는 바닥에 놓고 다른 하나는 옆면에 끼워 세워서 L자 형태의 화장실을 만들어 줄 수도 있다. 이렇게 하면 고양이가 서서 소변을 봐도 문제없다.

디코딩 유어 캣

두 개의 큰 화장실을 합쳐서 만든 L자 모양의 화장실. © *Debra F. Horwitz*

만일 창밖에 다른 고양이나 야생동물이 보일 때마다 대소변 실수를 한다면 시각적 접근을 차단하는 것만으로도 예방할 수 있다. 블라인드를 내리거나 두꺼운 커튼을 치거나 불투명 필름을 창에 붙여 고양이가 바깥을 보지 못하게 한다. 인도적인 방법으로 외부 동물을 차단할 수도 있다. 네이버후드 캣츠Neighborhood Cats 같은 길고양이 보호단체의 홈페이지에 게재된 '고양이를 마당에 못 들어오게 막는 법Keeping Cats out of Gardens and Yards[18']에는 고양이뿐만 아니라 라쿤에게도 효과적인 차단 방법이 소개되어 있다.

절대 하지 말아야 할 일, 벌주기

고양이가 행동 문제를 보이면 많은 사람이 우선 혼내고 보는 경우가 많다. 소리 지르는 것부터가 그렇다. 하지만 고양이를 꾸짖거나 혼내거나 어떤 방식으로든 처벌하는 것은 삼가야 한다. 처벌은 그 상황에 스트레스를 추가해 문제를 악화시킨다. 고양이는 위협을 느끼고 우리에게 두려움과 관련된 공격성을 보일 수도 있다(7장 참고).

대소변 실수나 마킹 문제 해결은 먼저 고양이에게 필요한 최적의 화장실을 제공하고 이 화장실을 사용할 때 보상을 해 주는 것부터 시작한다. 간식, 칭찬, 관심, 장난감 같은 보상은 원하는 행동을 강화해 준다. 다정한 태도로 고양이를 대한다면 둘 사이의 유대감이 강화되고 우리 자신을 포함해 모두가 스트레스를 덜 받게 된다.

정적 강화를 사용하면 고양이는 우리 주변에서 더 편안해하고 만족감도 느낄 것이다. 덕분에 원치 않는 행동을 보이는 빈도 역시 줄어든다. 게다가 새롭게 학습한 행동은 더 오래 유지된다.

약물 치료를 해야 할까?

어떤 행동 문제든 단번에 치료하는 마법의 약이나 빠른 해결책은 없다. 만일 고양이의 대소변 실수 문제의 주요 원인이 불안이라면 약물 치료, 페로몬 요법, 천연 보조제를 고려할 수 있다. 하지만 화장실 위생 문제나 괴롭히는 다른 고양이 때문에 접근이 차단된 경우라면 약물은 상황 개선에 아무 도움도 되지 않는다. 게다가 어떤 약물도 단독으로 행동 문제를 고치지 못한다. 약물은 고양이의 불안을 줄여 다른 권장 해결책을 더 잘 받아들이도록 돕기 위해 사용하는 것이다. 행동 수정과 환경 개선의 보조 수단이지 그 대체물은 아니라는 말이다.

모든 고양이가 같은 약물에 똑같은 효과를 보이는 것은 아니며, 대부분의 약물이 효과를 나타내기까지는 보통 4~6주 정도가 걸린다. 대소변 실수 문제 중에서 실내 소변 마킹의 경우 약물이 효과 있는 것으로 알려져 있다.

합성 고양이 얼굴 페로몬도 대소변 실수 문제를 개선하는 데 사용될 수 있다. 이런 제품은 플러그인 디퓨저와 스프레이 형태로 시중에 나와 있다.

- 플러그인 디퓨저는 화장실이 있는 곳, 붐비는 곳, 다른 스트레스 요인이 있는 곳에 두면 좋다. 고양이가 편안함을 느끼게 된다.
- 새 물건에 스프레이를 뿌리면 고양이에게 친숙함을 줄 수 있다.

카제인(우유 단백질)이나 유청whey(또 다른 우유 단백질), 목련Magnolia officinalis 추출물, 황백나무 추출물Amur cork tree(Phellodendron amurense), L-티아닌(아미노산)이 함유된 천연 보조제도 고양이를 안정시켜 대소변 문제 개선에 도움을 줄 수 있다고 알려졌는데 아직 과학적 증거는 없다.

- 대소변 실수 문제가 나타나면 즉시 고양이를 수의사에게 데려가 의학적 원인이 있는지 확인하고 해결한다.
- 대소변 실수는 치료할 수 있다.
- 대소변 실수는 악의나 우위의 표현과 무관하다.
- 고양이에게 최적의 화장실을 제공한다.
- 고양이에게 화장실 청결 상태는 매우 중요하다.
- 고양이에게 불안을 유발하는 트리거를 모두 제거한다.
- 고양이의 욕구와 선호도를 주의 깊게 관찰한다.
- 약물 치료는 고양이의 스트레스를 다루는 데 도움이 될 수 있지만, 행동 수정 및 환경 관리가 병행되어야 한다.
- 처벌은 하지 않는다.
- 변화를 시도할 때는 인내심을 갖고 일관성 있게 진행한다.

이 장은 수의행동학자 에이미 L. 파이크Amy L. Pike와 켈리 밸런타인Kelly Ballantyne의 도움을 받아 완성했다.

9장

겁 많은 고양이

제발 조용히 해 줘.
모르는 고양이랑 사람 좀 데려오지 마.
아무 데도 데려가지 마, 특히 수의사한테!

커스티 섹셀Kersti Seksel, BVSc,MRCVS,MA,FANZCVS,DACVB,DECAWBM,FAVA

잔뜩 긴장한 루시는 몸을 웅크린 채 행동을 준비하고 있었다. 귀는 앞으로 쫑긋 세워져 주변의 모든 소리를 놓치지 않으려는 듯 집중했고, 경계심 가득한 커다란 동공은 사소한 움직임에도 빠르게 반응했다. 꼬리는 빠르게 좌우로 흔들리고 있었다. 그러다 마침내 루시는 공중으로 날아올라 앞발로 파리를 낚아챘다. 윙윙거리던 소리가 멈추자 루시는 앞발을 조심스럽게 떼었고, 그 순간 파리가 도망쳤다. 다시 루시는 파리를 쫓아 의자를 뛰어넘으며 집 안을 종횡무진 뛰어다녔다. 이 모습이야말로 루시 가족이 사랑해 마지않는, 자신감 넘치는 루시의 본모습이었다.

하지만 루시는 다른 때는 이렇게 자신감 넘치지 않았다. 테일러는 루시의 성격 변화를 이해하기 어려웠다. "친구들이 카드 게임을 하러 집에 오면 루시는 사라져요. 다들 루시를 만나고 쓰다듬고 싶어 하는데, 친구들이 다 떠나고 두 시간이 지나도 나올 생각을 안 해요. 이렇게 외향적이고 자신감 넘치는 고양이가, 어떤 순간에는 그렇게 내향적이 되는지 이해할 수 없어요. 내 친구들이 싫은 걸까요?"

　루시는 왜 변덕이 심한 걸까? 우리는 실내 고양이들이 그저 소파에 누워 모든 보살핌을 받는, 편안하고 즐거운 삶을 살고 있다고 생각하기 쉽다. 음식, 물, 침대, 장난감 모두 쉽게 접근할 수 있는 곳에 있고 아무 위험도 없다. 그래서 자신감 넘치는 고양이가 겁 많고 내향적인 동물로 변하는 것에 매우 혼란스러워한다. 도대체 고양이가 걱정할 일이 뭐가 있을까?

　고양이에게 미지의 것은 위험을 의미하기 때문에 고양이가 신중하게 행동하고 숨는 것은 생존 본능이다. 게다가 고양이는 습관의 지배를 받는 동물로 변화를 좋아하지 않는다. 고양이에게 세상은 예측 가능해야 안전하게 느껴진다. 하지만 안타깝게도 삶은 그렇게 흘러가지 않는다. 사람들은 손님을 초대하고 새 집으로 이사하며 새 가구를 사고 동물이든 사람이든 새 가족을 만들고 고양이가 아프면 병원에 데려간다. 동물병원은 고양이에게 매우 큰 공포일 수 있다. 우리에게 치과가 그렇듯 말이다.

모든 고양이는 다르다

　고양이도 사람과 마찬가지로 모두 다르다. 나는 수의행동학자 샤론 크로웰-데이비스, 재키 레이Jacqui Ley와 별도의 논문을 통해 외향적이고 사교적인 고양이가 있는 반면 내향적이며 고독한 생활을 더 선호하는 고양이도 있다는 사실을 밝혔다. 사람도 그렇듯 어떤 고양이는 다른 고양이에 비해 변화에 잘 대처한다. 하지만 전반적으로 변화 없는 환경, 일관된 루틴을 더 좋아하며, 두 경우 다 예측 가능한 것을 선호한다.

　고양이는 다양한 환경에서 살 수 있다. 그래서 이렇게 성공적으로 인간과 함께 살아갈 수 있는 것이다. 단독 사냥꾼인 고양이는 새끼들과 나누기에는 너무 작은 크기의 먹이를 잡기 때문에 혼자서 살기도 하고, 혼자 사냥하지만 큰 사회적 공동체에 속해 살기도 한다. 또 그 중간 형태의 조합으로 살기도 한다. 새로운 고양이는 기존 그룹에 쉽게 받아들여지지 않는다. 그래서 우리 고양이는 새로 온 새끼 고양이를 좋아하지 않을 수 있다.

사람과 마찬가지로 고양이도 부모 성격에 영향을 받는다. 일라나 레이즈너Ilana Reisner와 캐서린 하웁트Katherine Houpt가 진행한 연구에서, 성격의 내·외향성과 새끼 고양이 시절 사람에 대한 적응성은 (엄마보다는) 아빠 고양이의 영향을 받는 것으로 나타났다. 새끼 고양이가 행복하고 건강한 고양이로 성장하기 위해서는 좋은 엄마 고양이가 필요하며, 아빠 고양이는 양육에 참여하지는 않더라도 사회적 발달에 유전적 영향을 미친다는 증거가 있다. 샌드라 맥쿤Sandra McCune이 수행한 연구에서는, 생애 초기 핸들링과 사회화가 사람에 대한 친밀감에 영향을 미칠 수 있으며, 이때 사람에게 우호적인 아빠가 있는 것이 긍정적인 영향을 준다는 사실이 확인됐다.

고양이는 매우 독립적이고 자급자족하며 자기가 원할 때만 상호작용을 받아들이는 동물로 보이고 실제로도 그렇다. 그런 이유로 많은 사람이 고양이를 냉담하고 별다른 보살핌이 필요 없는 독립적인 동물로 생각하지만 실은 그렇지 않다. 케임브리지 대학의 줄리 피버Julie Feaver 의 연구에 따르면 고양이의 성격은 크게 세 가지로 구분할 수 있다. 즉, 사교적이고 자신감 있고 태평스러운 고양이, 겁이 많고 신경질적인 고양이, 활동적이고 공격적인 고양이로 말이다. 고양이도 사교적일 수 있으며 대부분은 돌봐 주는 사

모든 고양이는 기본적으로 신중한데, 특별히 더 겁이 많은 고양이가 있다. 고양이의 성격은 유전과 생애 초기 핸들링, 사회화 그리고 삶의 경험에 영향을 받는다.
© Craig Zeichner

디코딩 유어 캣

람과의 상호작용을 즐긴다. 하지만 그들은 변화와 새로운 것을 경계하도록 진화되었다.

길들여진 고양이의 역사

고양이는 수수께끼 같은 존재다. 그런데 도대체 왜 인간은 고양이를 집에 들일까? 한 번이라도 고양이를 키워 본 사람이라면, 길들여진 고양이의 날쌘 움직임과 섬세한 우아함에 감탄한 적이 있을 것이다. 고양이는 나무를 오르고, 줄타기하듯 울타리를 걷고, 온갖 교묘한 장소에 자신을 숨긴다. 또한 내향적이 되기도 한다. 대부분의 보호자는 고양이의 '야생성'이 매력의 일부라고 말할 것이다. 자립적이고 수수께끼 같은 성격을 지녔으면서도 여전히 우리와 삶을 공유하려는 태도 말이다.

고양이는 9,000년 이상을 인간의 동반자로 살아왔다. 9,500년 전 키프로스에서 인간과 함께 묻힌 새끼 고양이의 유해가 사람이 고양이를 길들였음을 증명하는 최초의 직접적 증거다. 그 고양이는 크고 아프리카 들고양이와 매우 닮았다. 이 발견과 유전 연구를 결합해 보면 고양이는 아마도 서아시아에서 길들여졌고 이후 키프로스와 이집트로 옮겨졌을 것으로 추정된다. 고양이는 건조한 지역에서 진화했으며 독립적인 매복 사냥꾼이 되었다. 오염된 물로 인해 병에 걸리는 것을 두려워해 물 근처에서는 먹이를 잡지 않는다.

그 후 고양이는 인간에게 길들여지고 야생 친척과 분리되기 시작했을 때 인간의 마을에서 발견되는 음식에 이끌려 온 쥐나 다른 유해 소동물을 사냥하는 데 적응했다. 이 역할로 사람과 상호 이익이 되는 관계를 형성했지만 상호작용을 그리 많이 하지는 않았다. 고양이와 인간의 관계는 시대와 문화에 따라 흥망성쇠를 거듭했다. 고양이는 때로는 소중히 여겨지고 때로는 박해받기도 하다가 오늘날의 관계에 이르게 되었다.

고양이는 여전히 야생에서의 본능을 가지고 있다. 그래서 위험이 닥치면 싸우기보다는 도망치는 쪽을 택한다. 자연 환경 속에서 포식자인 동시에 먹잇감이 되는 작은 동물이기 때문이다. 그들은 여전히 물 마시는 곳 옆에서 밥을 먹지 않고, 잠재적 위험으로부터 떨어진 높은 곳에서 쉬는 것을 선호한다. 고양이의 진화 과정과 생물학을 이해하면 고양이가 우리와 살 때 불안해하는 이유를 이해할 수 있다.

두려움과 불안

대부분의 고양이는 살면서 언젠가 두려움을 경험하기 마련이다. 두려움은 환경에서 잠재적으로 위험이 되는 것에 대한 정상적인 반응이다. 반면, 불안은 어떤 일이 발생할지 모른다는 걱정이나 불편함, 또는 불확실한 결과에 대한 염려를 의미한다. 대부분의 고양이가 가끔은 불안을 느끼는 순간이 있다. 하지만 두려움이나 불안이 고양이의 삶의 질에 영향을 미칠 정도라면 고양이가 불안장애가 있는지 살펴야 한다. 미셸 뱀버거Michelle Bamberger와 캐서린 하웁트의 연구에 따르면, 공식적으로 불안 진단을 받는 고양이의 비율은 낮지만, 대소변 문제, 싸움, 소변 마킹 같은 많은 행동 문제가 근본적으로 불안에 의해 유발된다.

높은 불안감은 유전될 수 있다. 어떤 고양이는 불안을 유발하는 사건에 더 강하게 반응하도록 타고난다는 이야기다. 또한 이전 경험(좋든 나쁘든 중립적이든)을 통해 배운 것과 지금 처한 환경 역시 스트레스와 환경 변화에 어떻게 반응하는지에 영향을 미칠 수 있다. 스트레스는 불안을 일으키는 주요 원인으로 꼽히는데, 고양이가 스트레스에 어떻게 반응하는지는 고양이의 성격, 새끼 고양이 시절에 얼마나 잘 사회화되었는지, 그리고 유전적 소인에 크게 좌우된다.

스트레스 자체는 동물이 스트레스 상황을 해결하거나 벗어날 수 있다면 해롭지 않다. 그러나 지속적인 스트레스는 불안을 유발하고 고양이의 건강과 웰빙에 해로울 수 있다. 불안하거나 두려움을 느끼는 고양이는 어딘가에 숨거나, 화장실이 아닌 곳에 대소변을 본다. 소변 마킹을 하기도 하는데, 이때는 외부 고양이의 흔적을 느낄 수 있는 문이나 창가가 주요 장소가 된다. 과도하게 그루밍하기도 하고 더 많이 울거나 더 적게 울 수도 있다. 공포와 불안은 고양이를 자극해 싸움-도주 반응을 불러일으키기도 한다. 이는 아드레날린 분비로 인해 생존 본능이 우선시되기 때문에 나타나는 현상이지 고양이가 자발적으로 원해서 그렇게 되는 건 아니다. 겁먹은 고양이는 달아나 숨으려 든다(도주 반응). 하지만 달아날 곳이 없거나 구석에 몰리면 하악대거나 '캭' 하는 파열음을 내고 할퀴고 무는 식으로 대응한다(싸움 반응). 이 두 가지 외에 다른 'F'를 보일 수 있는데, 이는 얼어붙기와 안절부절못하기(또는 만지작대기)다.

4F

고양이는 우리가 흔히 4F라 부르는 네 가지 방식으로 두려움과 스트레스를 표현한다. 인간이 두려움을 나타내는 방식과 매우 비슷하다.

1. **도주**Flight: 두려움을 느낀 고양이는 그 상황에서 벗어나고자 한다. 갑자기 방을 나가는 것 같이 명확하게 알 수 있는 경우도 있지만, 보호자 뒤에 숨거나 탁자 아래로 들어가는 것 같이 다소 알아채기 힘든 경우도 있다.

2. **싸움**Fight: '싸우는 고양이들은 두려움이 없다'고 흔히 오해한다. 공격성은 고양이가 두려움을 나타내고 공간이 필요하다는 것을 나타내

는 방법 중 하나다. 으르렁거리거나 하악질하거나 발톱을 휘두르거나 문다면, 강한 두려움과 감정적 흥분 상태에 있을 가능성이 높다. 이 행동의 목표는 위협을 없애고 자신과 위험 사이에 거리를 두려는 것이지 싸우려는 것은 아니다.

3. **얼어붙기**Freeze: '얼어붙은' 고양이는 조각상 같은 인상을 주려고 애쓴다. 매우 조용히 서 있거나, 네 다리와 꼬리를 몸 아래로 모아 엎드려 있거나, 느린 동작으로 움직인다.

4. **안절부절못하기(만지작대기)**Fidget(Fiddle): 고양이는 어떤 반응을 보여야 할지 갈등할 때 안절부절못한다. 가장 흔히 볼 수 있는 불안 반응 중 하나다. 이때 고양이는 끊임없이 움직이는 것처럼 보이며, 과도하게 입술을 핥거나 하품하거나 자신을 핥거나 방을 둘러본다. 처한 상황과 맥락에 맞지 않는 행동을 하는 것인데, 사람이 회의 중에 손톱을 물어뜯거나 머리카락을 꼬거나 부적절하게 웃는 것과 같다.

용어 정리

- **사회화**socializaiton: 자신의 종뿐만 아니라 다른 종의 친밀한 접근을 받아들이는 과정. 하지만 모든 고양이가 다른 고양이를 다 좋아해야 하며 가장 친한 친구나 두 번째로 친한 친구가 되어야 한다는 걸 뜻하는 건 아니다. 사람, 개, 토끼나 다른 종을 좋아해야 한다는 의미도 아니다. 우리가 만나는 이를 다 좋아하지 않듯 고양이도 그렇다.

- **습관화**habituation: 고양이가 환경에서 정기적으로 접하는 시각, 소리, 냄새 같은 것들에 대해 걱정할 필요가 없다는 것을 배우고, 심지어 무시하는 법을 배우는 과정. 예를 들어 번화가에 살면 교통 소음에 더는 신경 쓰지 않게 되는 것이 습관화다.

- **회복탄력성**resilience: 변화나 새로운 상황, 잠재적 위험을 경험한 후 빠르게 회복하거나 반등할 수 있는 능력.

디코딩 유어 캣

고양이를 불안하게 만드는 것

불안은 앞으로 어떤 일이 일어날지 불확실할 때 생겨난다. 어떤 사건의 결과를 예측하기 어려우면 고양이는 불안해하며, 많은 평범한 사건을 위협으로 인식한다. 심지어 그 결과가 즐거운 것이더라도 고양이는 너무 불안한 나머지 그 정보를 받아들이지 못한다. 우리에겐 아주 사소해 보이는 변화에도 고양이는 잘 대처하지 못한다.

고양이가 오늘날 살고 있는 환경은 야생 조상들이 살던 곳과 다르다. 우리는 고양이를 입양하고 고양이가 우리가 선택한 삶에 적응하기를 기대하지만 고양이로서는 어려운 일일 수 있다. 이를 이해하지 못하는 우리는 고양이가 기대와 다르게 행동하는 까닭을 알아내고자 고군분투한다.

불안을 유발하는 변화의 예로 다묘 가정에 속하게 되는 것을 들 수 있다. 이전 장에서도 다루었는데, 이는 고양이에게는 자신이 선택하지 않은 집단에서 강제로 살게 되는 것이다. 새로운 사람이 가정 구성원으로 추가되는 것도 불안감을 초래할 수 있다. 우리와 고양이 단둘이서 잘 지내고 있었다고 가정해 보자. 우리 출퇴근 시간은 일정했고 생활도 예측 가능했다. 그런데 갑자기 우리가 데이트를 시작해 늦게까지 집을 비우고 데이트 상대가 집에서 밤을 보내기도 한다.

이제 고양이에게는 삶이 예측 불가능한 것이 되어 버리고 말았다. 고양이는 그 사람이 놀러 오면 침대 밑에 숨고, 우리에게 쓰다듬어 달라고 다가오지 않으며 그 사람이 쓰다듬어 주려고 하면 하악질을 한다. 시간이 지나 그 사람과 함께 살게 되어, 고양이는 초기 그룹과는 전혀 다른 사회적 그룹에 강제로 속하게 된다. 고양이가 어느 날부터 갑자기 화장실을 사용하지 않고 가구를 긁기 시작한다. 도대체 왜 이러는 걸까?

대부분의 고양이는 변화를 좋아하지 않는다(사실 사람도 그렇다). 고양이는 환경을 통제하거나, 적어도 어떤 변화가 일어날지 예측할 수 있거나, 그 변화를 견딜 수 있는 안전한 장소에 있기를 원한다. 이 중 어느 것도 가능하지 않다면 고양이는 어떻게 반응할까? 어떤 상황에서 고양이는 새로운 사람이나 반려동물을 피하고자 화장실 밖에 대소변을 볼 수 있다. 또는 자신의 영역을 표시하는 것이 더 안전하다고 느끼기 때문에 가구에 소변을 분사하거나 스크래칭을 할 수 있다. 더 많이 숨거나 덜 활동적이 되어 에너지를 절약하려고 할 수 있고 더 자주 울 수도 있다. 이는 악의적인 행동이 아니라 고양이가 불안과 스트레스를 표현하는 방법이다.

불안과 뇌

지금까지 살펴본 것처럼 불안은 고양이가 사는 환경과 상황에서 유발된다. 그런데 고양이가 항상 불안해한다면, 뇌가 정보를 처리하는 방식에 문제가 생겨 위험하지도 위협적이지도 않은 것까지 걱정하게 된 때문일 수 있다. 뇌는 신경전달물질이라는 화학물질을 통해 정보를 받는데, 신경전달물질은 신경세포 사이의 접합부인 시냅스에서 신경수용체와 결합한다. 서로 다른 신경전달물질은 생각과 감정에 다른 영향을 미친다. 신경전달물질의 수준이 다르거나 문제가 있으면 감정 변화가 생기고, 장기적인 불안과 두려움이 발생할 수 있다.

신체는 이런 장기적인 불안 반응에 면역력이 없다. 장기적인 스트레스는 우리 몸에 영향을 준다. 예를 들어, 피부가 가렵거나 위장이 예민해질 수 있다. 또한 요로에 염증이 생겨 통증을 느끼고 화장실 문제를 일으킬 수 있다. 뇌가 새로운 정보를 기억하지 못해, 새로운 것을 배우지 못하기도 한다.

불안은 치료하지 않으면 점점 악화된다. 우리가 개입해 고양이가 변화에 대처하고 적응하는 것을 돕지 않으면, 고양이는 불안이 유발되는 상황에 노출될 때마다 더 강한 반응을 보이게 된다.

고양이가 항상 숨는 것은 정상인가?

그렇지 않다. 고양이가 대부분의 시간을 숨어서 보낸다면 잘 지켜보아야 한다. 불안한 고양이는 아무도 볼 수 없는 어두운 곳이나 쉽게 방어할 수 있는 곳에 숨는 것을 좋아할 수 있다. 침대 밑, 다른 낮은 가구 아래, 계단 아래, 옷장, 찬장, 상자 안에서 불안해하는 고양이를 발견할 수 있다.

물론 불안해하는 고양이도 높은 곳에 잘 올라가 있지만, 자신감 넘치는 고양이와는 얼굴 표정과 몸의 자세가 다르다. 자신감 있는 고양이는 편안하게 높은 곳에서 주변을 관찰하지만, 겁먹은 고양이는 눈에 띄지 않으려고 뒤쪽에 몸을 낮추고 있다(고양이 보디랭귀지에 관해서는 1장, 스트레스와 불안에 관해서는 5장 참고).

고양이가 무언가에 놀랐을 때 가구 밑으로 숨는 것은 정상적이지만, 항상 숨는다면 기분이 나아지도록 도와주어야 한다.
©Kersti Seksel

왜 우리 고양이는 나만 보면 밥 달라고 우는 걸까?

불안한 고양이는 더 자주 울 수 있다. 때로는 자신을 불안하게 하는 사람이나 다른 동물과의 거리를 벌리기 위해 하악질이나 으르렁대기를 할 수 있고, 반대로 상호작용을 요청하기 위해 상대와의 거리를 좁히고자 울 수도 있다. 우리 눈에는 밥을 달라고 조르는 것처럼 보이지만, 불안한 고양이는 그저 불안해서 더 자주 울 뿐이지 밥을 달라고 하는 건 아니다.

***

숨기, 대소변 문제, 더 많이 울기 같은 행동을 하는 이유는 우리에게 앙갚음을 하거나 악의적이어서가 아니다. 이는 모두 불안감의 표현이다. 이 책은 많은 상황에 도움이 될 수 있지만 때로는 전문가의 도움이 필요하다. 연구에 따르면 행동 문제가 오래 지속될수록 해결하기 어렵다.

겁 많은 고양이, 무엇부터 시작해야 할까?

불안과 스트레스의 원인을 파악하고 이를 줄이거나 없애기 위한 조치를 취하는 것이 무엇보다 중요하다. 가장 먼저 고양이의 건강 상태부터 확인한다. 고양이는 아프면 불안해할 수 있다. 고양이는 병을 숨기는 데 매우 능숙해, 우리로선 그 미세한 징후를 알아채기가 쉽지 않다. 하지만 아픈 고양이는 숨거나 집착을 보일 수 있다. 불안에 영향을 미치는 흔한 건강 문제에는 내분비 질환, 관절염, 감염이 있다. 조금이라도 의심된다면 수의사에게 데려간다. 근본적인 건강 문제를 해결하는 것만으로도 불안이 해소되거나 감소될 수 있다.

고양이가 자기 환경에 적응할 수 있도록 도우려면 행동적 욕구를 충족시켜줘야 한다. 전형적인 고양이 행동을 발산할 수 있는 다양한 자원을 제공하는 것을 의미한다. 고양이가 대부분의 시간에 하는 행동을 잘 관찰하면 이런 자연스러운 활동을 더 즐겁게 만들고 스트레스와 불안의 가능성을 줄일 수 있다.

스트레스와 불안을 증가시키는 요소는 무척 많은데, 특히 환경 변화가 상위 목록을 차지한다. 일반적인 환경적 스트레스 요인으로는 음식, 물, 휴식 장소 같은 자원의 이용 제한, 사람들, 특히 시끄럽고 바쁜 아이들과 함께 집을 공유하는 것, 그리고 다른 고양이와 함께 사는 것이 있다.

집 안을 둘러보고 고양이 환경에 필요한 것들을 생각해 보자(3장 참고). 불안해하는 고양이가 다른 고양이, 개 또는 사람에게 괴롭힘을 당하지 않고 모든 자원에 접근할 수 있는가? 충분한 놀이와 정신적 자극을 받고 있는가? 길고양이가 주변에 나타나 고양이가 자기 영역을 방어해야 한다고 느끼게 하는가? 고양이를 위해 이러한 상황을 어떻게 해결할 수 있을까?

사회화와 고양이 핸들링

낯선 사람에게 이리저리 다뤄지는 것은 익숙지 않은 고양이에게 두려운 일일 수 있다. 그런데 일반적으로 보호자들이 고양이에게 핸들링에 대해 가르치지 않는다. 강아지는 강아지 교실과 놀이 데이트에서 새로운 사람들의 손길을 받아들이는 법을 배우지만, 새끼 고양이 유치원 교실은 꽤 오래전부터 있었음에도(4장 참고) 여전히 잘 알려지지 않았으며, 새끼 고양이 보호자는 강아지 보호자 같은 수준의 사회화 도움을 받지 못한다.

새끼 고양이에게 가장 중요한 민감한 사회화 시기는 생후 2~7주다. 이 기간 동안 새끼 고양이는 어미와 한배 형제자매들과 함께 있다(또는 그래야만 한다). 이때 어미와 새끼 고양이를 돌보는 사람은 새끼 고양이에게 가족 생활에 참여하고 핸들링, 소리, 다른 반려동물 및 일상적인 사건에 적응할 수 있는 기회를 많이 제공해야 한다. 이 시기 이후라도 사회화는 가능하지만 더 어려운 것도 사실이다.

루틴 확립하기

고양이는 습관의 동물이기에 생활 변화에 예민하다. 새 가구를 들이거나 손님이 오는 것 같은 환경 변화로 인한 스트레스를 최소화하기 위해 고양이의 식사 시간을 일정하게 한다. 그루밍, 놀이, 쓰다듬기, 껴안기, 잠자기 같은 활동 또한 매일 일정한 시간에 한다.

고양이가 여러 마리라면 각 고양이마다 시간을 따로 정해 각 활동을 한다. 그 시간 동안에는 그 고양이에게 온전히 집중한다. 이렇게 하면 모든 고양이가 자신만의 특별한 시간을 가질 수 있다는 것을 알고 편안해질 수 있다.

가장 중요한 것은 우리가 감당할 수 있는 루틴을 만드는 것이다. 뭔가를 변경해야 한다면 여러 주에 걸쳐 점진적으로 한다. 만약 고양이가 특정 구역에 들어가지 못하게 할 계획이라면 지금부터 그 문을 닫아 둔다. 그 대신 고양이가 쉴 수 있는 특별한 구역을 마련하고 그곳에서 일대일로 관심을 주는 것도 좋다.

고양이가 새로 태어난 아기의 존재에 익숙해지게 유모차와 아기 침대를 냄새 맡고 탐색하게 한다. 아기의 옷도 준비해 둔다. 아기 소리와 냄새에 고양이를 노출시키는 것도 도움이 될 수 있다. 아기가 태어나기 전에, 루틴이 어떻게 변할지 생각해 보고 예상되는 변화를 지금부터 시작해 고양이에게 적응할 시간을 준다. 모두가 함께 행복하게 살기 위해서는 준비가 중요하다.

수면과 휴식을 위한 장소는 많이

제인 다즈Jane Dards와 캐럴 하스펠Carol Haspel, 로버트 칼훈Robert Calhoon이 각각 진행한 연구에 따르면, 고양이는 하루의 절반 이상을 자거나 쉬는 데 보내므로 고양이가 쉴 수 있는 장소를 많이 만들어 주는 것이 좋다. 방마다 선반을 설치해 두면 언제든 고양이가 편하게 장소를 선택할 수 있다. 오전에는 창가에서 햇살을 즐기고, 오후에는 캣타워 꼭대기에서 졸다가, 밤에는 해먹에서 몸을 말고 편히 자는 것을 선호할 수 있다.

집 안 곳곳에 올라가 쉴 수 있는 높은 자리를 마련해 주면 스트레스를 줄일 수 있다. 특히 고양이가 여러 마리라면, 각 고양이가 단독으로 사용할 수 있는 높은 자리를 마련해야 한다. 고양이는 깨어난 후 기지개를 켜고 긁는 습성이 있으니 고양이가 쉬는 곳 근처에 스크래처를 배치한다.

스트레스를 줄여주는 먹이 급여 방법

고양이는 하루의 15~46퍼센트를 사냥과 식사에 쓴다. 반면 일부 고양이는 소나 양처럼 늘 먹는 걸 선호하는데, 이 경우에는 항상 음식을 제공해야 한다. 제한 급식은 불안을 증가시킬 수 있다. 사람도 배가 고픈데 먹을 것이 없으면 스트레스를 받듯이 말이다. 고양이가 소나 양처럼 종일 먹는 스타일이라면 건사료를 집 안 곳곳에 숨겨 두어 고양이가 수색하고 '사냥' 할 수 있게 해 준다.

고양이가 먹이를 너무 빨리 먹거나 과체중이라면 항상 음식을 놓아두는 것은 좋은 생각이 아니다. 이런 고양이에게는 먹이 급여 장난감을 활용하면 고양이의 욕구를 충족시킬 수 있다. 시중에서 쉽게 구할 수 있으며 집에서 직접 만들 수도 있다(먹이 급여 장난감에 관해서는 3장 참고).

먹이를 천천히 먹는 고양이와 빨리 먹는 고양이가 함께 산다면, 마이크로칩이나 특수 목걸이를 통해 제어되는 급식기를 고려해 본다. 일치하는 칩이나 목걸이를 가진 고양이만 특정 급식기에 접근할 수 있다.

모든 고양이가 새로운 급여 루틴을 바로 받아들이는 것은 아니니 가능한 한 점진적으로 시행해서 고양이에게 적응할 시간을 준다. 고양이에게 맞지 않는 급여 방식을 받아들이도록 강요하지 말고 먹이 섭취량과 건강 상태를 항상 체크한다.

활동량을 늘리기 위한 놀이와 탐색

놀이와 탐색은 고양이의 사냥 행동을 모방한 것이다. 고양이가 이런 자연스러운 행동을 더 많이 하면 스트레스를 줄일 수 있다. 야생에 있는 고양이는 짧은 시간 동안 에너지를 집중적으로 사용하며 활동하는 경향이 있으므로 놀이 세션을 짧고 재미있게 유지한다. 고양이는 새벽과 황혼 시간대에 더 활동적인 박명박모성 동물이므로 놀이 시간을 이른 아침과 저녁으로 정하는 것이 좋다. 그러나 밤늦게나 한낮에만 고양이와 놀아줄 수 있다면 고양이는 그 시간에 적응할 것이다. 가장 중요한 것은 매일 놀이 시간을 갖는 것이다.

놀 때는 손이나 발을 사용하지 않는다. 고양이가 손이나 발을 장난감으로 여기게 되면 문제가 생길 수 있다. 낚싯대 끝에 달린 장난감처럼 불규칙하게 움직이는 장난감은 고양이의 관심을 끌고 이빨과 발톱으로부터 우리를 보호한다.

고양이가 특정 장난감에 싫증을 낸다고 실망하지 말자. 세이지 데넨버그에 따르면, 이럴 때 5분간 휴식을 주고 장난감을 바꾸면 고양이는 다시 놀 준비가 된다. 고양이는 같은 장난감을 며칠간 계속 쓰면 흥미를 잃기도 한다. 오랜만에 보는 장난감이나 새 장난감이 놀이에 대한 열정을 불러일으키기 쉬우니 장난감을 자주 바꾸고 가끔은 새 장난감을 추가한다.

높은 곳에 오르기와 스크래칭

고양이는 높은 곳에 올라가 앉아 세상을 관찰하는 것을 좋아한다. 이는 안전함과 안정감을 동시에 느끼게 되는 자연스러운 본능이다. 2차원적 평면도에 치중하는 인간과 달리 고양이는 3차원 공간을 살아가는 동물이기에 수직 구조에 신경을 써야 한다. 벽장 위, 특별 제작된 선반, 캣타워 같이 매력적인 높은 공간이 많으면 고양이는 삶의 질이 높아질 뿐만 아니라, 식탁이나 주방 조리대처럼 우리가 금지하는 곳에도 올라가지 않는다.

고양이는 보통 자신의 영역에 애착을 가지며 경계를 표시하기 위해 냄새 마킹을 할 수 있다. 고양이가 겁을 먹거나 불안해지면 소변이나 발톱 긁기로 영역 마킹을 자주 할 수 있는데, 스크래처가 접근하기 쉬운 곳에 없으면 가구나 다른 물건을 긁을 수 있다. 스크래처를 어디에 둘지 신중하게 생각해 고양이가 쉽게 접근할 수 있게 해 준다(스크래칭에 대해서는 11장 참고).

사람 아이와 마찬가지로, 하면 안 되는 행동을 처벌하는 것보다 해도 되는 행동을 장려하는 것이 훨씬 더 효과적이다. 처벌이 가르치는 것은 대개 고양이에게 그 행동을 우리 앞에서는 하지 말라는 것일 뿐이다.

고양이의 개성 존중하기

모든 고양이는 저마다 다르다. 우리 고양이를 가장 잘 아는 사람은 바로 우리다. 안기는 걸 좋아하는 고양이도 있고, 옆에 앉아 있더라도 만지는 건 싫은 고양이도 있다. 고양이가 관심을 요구한다고 해서 꼭 쓰다듬어 달라거나 안아 달라는 의미는 아닐 수 있다. 심지어 무릎에 올라오더라도 단지 친밀한 접촉과 따뜻한 잠자리를 원해서일 뿐, 껴안아 달라거나 애정 표현은 원치 않을 수 있다.

우리가 고양이의 성격을 알고 필요한 것들을 존중하면 고양이의 스트레스와 불안은 줄어든다. 반면 화를 내거나 고양이가 스트레스 상황일 때 껴안는 것은 오히려 스트레스를 증가시킬 수 있다. 특히 고양이가 도망가고자 할 때 그렇다.

회복탄력성 키우는 법

고양이는 포식자인 동시에 먹잇감이 되기도 하는 탓에 태생적으로 조심성이 많고 쉽게 놀란다. 놀란 후 회복하는 회복탄력성의 정도는 고양이마다 다르다. 고양이가 불안해하는 성향을 타고났다면 회복탄력성이 떨어질 수 있다. 회복탄력성이 좋은 고양이도 갑작스러운 소리나 움직임에 놀라서 펄쩍 뛰거나 손님이 오면 숨을 수 있지만 아주 짧은 시간 안에 회복해서 숨어 있던 곳에서 나온다. 반면 불안감이 높은 고양이는 집 안의 작은 변화에도 적응하는 데 시간이 훨씬 더 오래 걸린다. 어떤 고양이는 손님이 있는 내내 숨어 있고 손님이 떠난 후에도 한동안 안 나올 수 있다.

고양이를 손님에게 천천히 노출시키면서 새로운 사람을 만나는 경험을 긍정적으로 만들어 준다면 회복탄력성을 높일 수 있다. 우선 아무도 오지 않을 때 문을 두드리거나 초인종 소리를 내서 이에 익숙해지게 한다. 고양이가 이런 '다가오는 재앙' 소리를 들으면 작고 맛있는 간식을 주거나 좋아하는 장난감을 꺼내 준다. 그런 다음 한 사람만 방문하도록 한다. 한 사람과 편안해지면 소규모 그룹을 천천히 소개한다. 여기서 '편안해진다'는 것은 고양이가 쓰다듬어 달라고 오는 것이 아니라 도망치지도 숨지도 않고 같은 방에 머무는 것을 의미할 수 있다.

초인종 소리나 문 두드리는 소리가 나면 집 한가운데로 와 간식을 받아먹는 연습을 해 두면 매우 좋다. 이렇게 하면 손님이 올 때 고양이가 뭔가를 먹고 있을 수 있다. 참치 같은 고양이가 아주 좋아하는 간식을 쓰는 것이 좋다. 이 특별한 간식을 받기 위해 방에 머물도록 동기를 부여할 수 있기 때문이다. 손님은 조용히 앉아 있어야 한다. 너무 많이 움직여선 안 된다. 고양이에게 접근하거나 큰 소리로 말하지 말고 조용히 앉아 고양이가 스스로 다가올 수 있게 한다. 합성 고양이 얼굴 페로몬, 펠리웨이 클래식 Feliway Classic을 손님 옷이나 무릎에 놓을 담요에 뿌리는 것도 도움이 된다.

고양이가 손님에게 다가오면, 손님이 바닥에 간식을 조심스럽게 떨어뜨린다. 모든 상호작용은 고양이에 달렸다. 고양이가 자신감 있고 호기심 많고 친근감을 느낀다면 손님에게 다가가 관심을 끌 것이다. 고양이가 신중하다면 접근하는 데 시간이 더 걸릴 수 있다. 절대 고양이에게 상호작용을 강요하지 않는다. 고양이가 스스로 편안함을 느끼면 새로운 사람에게 다가갈 것이다.

회복탄력성을 키우기 위해서는 고양이를 새로운 소리와 물체에 낮은 자극 수준으로 노출시켜야 한다(습관화 및 고양이 학습 방법에 대한 자세한 내용은 6장 참고). 이때 고양이의 보디랭귀지를 알아야 성공적으로 고양이를 사회화하고 회복탄력성을 높일 수 있다. 두려움이나 스트레스를 드러내는 미묘한 신호와 고양이가 자신감 있고 편안함을 느낄 때 보이는 보디랭귀지를 식별하게 되면, 언제 진행하고 언제 한발 물러서야 할지를 알 수 있다 (고양이의 보디랭귀지 읽는 방법에 대한 내용은 1장 참고).

최선을 다했음에도 고양이가 여전히 불안해하고 스트레스를 받는다면, 수의사나 수의행동학자를 방문하는 것이 고양이의 정서와 삶의 질 개선에 도움이 된다.

겁 많은 고양이에 관한 질문과 진실

직장 근무 시간이 긴 애나는 온종일 집에 혼자 있는 고양이 수티 생각에 하루도 편할 날이 없었다. 애나는 고민 끝에 보호소에 가서 퍼거스를 입양했다. 퍼거스는 보호소에서 다른 고양이들과 친근하게 지냈기 때문에 수티와도 금방 친해질 거라고 여겼다. 하지만 퍼거스가 있는 이동장을 내려놓자마자 수티는 신경이 날카로워지더니 하악질을 하고 캭 소리를 내뱉고 으르렁거렸다. 그러고는 침실 옷장에 들어가 나오지 않았다.

애나는 시간이 지나면 자연스럽게 나아질 거라 믿고 퍼거스를 이동장에서 나오게 했고, 퍼거스는 서서히 집 안을 돌아다니며 탐색하기 시작했다. 하지만 며칠이 지나도 수티는 퍼거스를 피해 숨어 지냈고, 혹시라도 퍼거스가 가까이 다가가려 하면 하악대며 캭 소리를 내뱉었다. 수티가 이렇게까지 퍼거스를 무서워하는 이유를 애나는 도무지 알 수 없었다. 어떻게 해야 둘 사이가 나아질지 감도 잡히지 않았다.

우리 고양이에게 다른 고양이가 필요할까?

두 새끼 고양이가 함께 노는 모습만큼 사랑스러운 광경은 없고, 특히 보호자가 낮 동안 집을 비운다면 서로 즐겁게 보낼 고양이 친구를 입양하는 것이 바람직한 선택일 수 있다. 하지만 대부분의 고양이는 성묘기에 도달하면 대부분의 시간 동안 잠을 자며 혼자 있는 것을 매우 잘 견딘다. 이와 더불어 일부 고양이는 다른 고양이에 비해 덜 사회적이어서 새로 온 고양이를 형제나 자매가 아닌 침입자로 볼 수 있다. 아무리 이전에 다른 고양이와 함께 살았더라도 새 고양이는 받아들이지 않을 수 있고 새 고양이를 들이는 것은 고양이에게 스트레스가 될 수 있다.

꼭 새 고양이를 데려오고 싶다면 신중하게 천천히 소개해야 한다(5장 참고). 기존의 고양이는 새 고양이를 좋아하지 않을 가능성이 크며 심지어 공격할 수도 있다. 고양이들은 시간을 들여 천천히 소개시켜야 한다. 처음에는 서로를 직접 보지 않고 소리와 냄새만 느낄 수 있도록 별도의 방에 둔다. 합성 모성 안정 페로몬synthetic maternal appeasing pheromone을 내뿜는 플러그인 디퓨저가 고양이들이 안정되는 데 도움이 될 수 있지만 무엇보다도 중요한 것은 신중하고 점진적인 소개 과정이다.

특히 새끼 고양이를 성묘에게 소개하는 게 더 어려울 수 있다. 어느 날 가족들이 세 살짜리 고양이 메이블에게 8주 된 새끼 고양이 미씨를 소개했다. 둘은 금세 친해졌고 메이블은 미씨를 핥고 닦아 주며 엄마처럼 돌보았다. 5년 후 메이블이 갑작스럽게 세상을 떠나자 미씨는 외로워 보였고, 가족들은 새 고양이가 필요하다고 여겨 12주 된 새끼 고양이 퍼시를 데려왔다. 그러나 미씨와 퍼시는 보자마자 서로를 향해 하악질을 했으며 미씨

 디코딩 유어 캣

는 심지어 앞발로 퍼시를 때렸고 퍼시는 도망치고 미씨는 그를 쫓았다. 이 둘을 격리할 수밖에 없었다.

보호자는 새 고양이를 소개하기 전에 신중하게 생각해야 한다. 두 고양이가 잘 지내다가 하나가 죽으면 남겨진 고양이가 슬퍼하고, 보호자도 슬픔을 겪으면서 새로운 새끼 고양이를 데려오는 경우가 종종 있다. 문제는, 나이 든 고양이는 새로운 동반자를 원하지 않는다는 것이다. 그가 원하는 건 그저 자신의 옛 친구를 되찾는 것이다.

비슷한 나이와 비슷한 활동 수준의 고양이를 데려오는 것이 두 고양이가 적응하는 데 도움이 될 수 있다. 그러나 소개 과정을 서서히 시간을 들여 진행했음에도 어느 한쪽이 다른 고양이를 매우 두려워한다면, 그 고양이는 불안에 시달리고 있을 수 있다. 이 경우 자신감을 키우고 회복탄력성을 높이기 위해 수의사의 도움을 받아야 할 수도 있다. 어떤 경우에는 고양이들이 서로를 견디도록 배울 수는 있지만, 친구는 절대 될 수 없다는 것을 보호자가 받아들여야 한다. 때로는 한 고양이를 새로운 집으로 보내는 것이 최선의 대안일 수 있다.

여기 두 마리 이상의 고양이들을 행복하게 해 주기 위한 몇 가지 팁이 있다(5장 참고).

- 새 고양이를 데려올 때 페로몬을 활용하면 불안을 줄이는 데 도움이 된다. 새 고양이가 도착하기 일주일 전부터 플러그인 디퓨저 방식의 합성 모성 안정 페로몬, 펠리웨이 멀티캣 Feliway Multicat을 집 안에 꽂아 둔다.

고양이는 서로를 견디게 되더라도 진정한 친구는 되지 못할 수 있다. © *Kersti Seksel*

- 고양이 친화적인 환경이란 곳곳에 많은 자원이 분포되어 있고, 고양이가 고양이답게 행동할 수 있는 충분한 기회가 제공되는 곳이다.
- 기본적인 규칙은 각 고양이에게 모든 것을 하나씩, 그리고 추가로 하나 더 제공하는 것이다. 모든 것에는 화장실, 잠자리, 높은 곳의 휴식처, 스크래처, 음식과 물 공급 장소, 놀이 및 탐색의 기회가 포함된다.

왜 동물병원에 가는 것이 그렇게 스트레스받는 일일까?

동물병원에 가는 건 반려동물에게 매우 스트레스가 될 수 있다. 냄새가 강하고, 종종 병원을 깨끗하고 위생적으로 유지하기 위해 사용하는 제품은 고양이의 민감한 코에 과하게 느껴질 수 있다. 또 병원에 있는 다른 동물들은 스트레스 페로몬을 분비해 고양이에게 걱정할 만한 일이 있음을 알린다.

다음은 고양이가 동물병원 방문 시 덜 스트레스 받도록 도와주는 몇 가지 팁이다.

- 이상적으로는 대기실에 가벽이나 파티션을 세워 개와 고양이가 직접적으로 접촉하지 않게끔 구역을 나누어야 한다. 불행히도 모든 병원이 개와 고양이를 분리할 수 있을 만큼 큰 대기 공간을 갖추고 있지 않다. 만약 동물병원에 이런 구역이 없다면 조용한 시간대로 예약하거나 고양이를 차 안에서 기다리게 하면 시끄러운 환경에서 기다리는 스트레스를 주지 않을 수 있다.
- 가능하면 간식이나 다른 맛있는 것을 사용해 고양이가 이동장에 자발적으로 들어가게 유도한다(다음 문단 참고). 집을 떠나기 전부터 고양이가 스트레스를 받지 않도록 한다.
- 이동장을 수건이나 담요로 덮어 시야를 가리면 고양이가 병원에서 다

른 개나 고양이를 직접 대면하지 않을 수 있다. 외출 30분 전쯤 수건에 합성 고양이 얼굴 페로몬을 뿌려 두면 알코올은 날아가고 진정 효과를 주는 향만 남는다.

- 이동장을 들고 이동할 때는 꼭 한 손으로 바닥을 받치고 팔로 감싸서 흔들림을 최소화하여 이동장 안에서 고양이가 놀라지 않게 한다.

고양이가 이동장에 스트레스를 덜 받게 가르칠 방법이 있을까?

켈리와 질리언은 작년 새 아파트로 이사한 후 강아지와 새끼 고양이를 보호소에서 입양했다. 두 사람 모두 전에 개나 고양이를 키워 본 적은 없지만 모범적인 가족이 되도록 노력하겠다고 다짐했다. 두 사람은 수의사의 조언에 따라 강아지 벤과 강아지 교실을 등록했다. 동물병원에서는 수의테크니션에게서 강아지를 부드럽게 다루는 법도 배웠다. 수의테크니션은 켈리와 질리언에게 크레이트crate를 구입하라고 조언했고, 크레이트 교육법이 적힌 안내문도 챙겨 주었다. 꼭 진료가 없더라도 벤을 병원에 데려오면 직원들이 함께 놀며 간식도 줄 것이라고 말했다. 이런 노력 덕분에 벤은 크레이트도 좋아했고 동물병원에 가는 걸 간식과 포옹을 얻는 좋은 기회로 여기게 되었다.

하지만 고양이 위스커스는 이러한 기회를 얻지 못했다. 켈리와 질리언은 수의사에게 고양이 유치원 프로그램에 대해서는 듣지 못했으며, 위스커스와는 매일 산책을 나갈 생각이 없었기 때문에 사회화의 필요성도 느끼지 못했다.

위스커스는 쓰다듬는 건 좋아했지만 누가 자기를 들어 올리는 건 질색해서 두 사람은 위스커스를 안지 않았다. 보호소에서 데려올 때는 이동장에 넣어서 왔지만, 집에 오자마자 이동장을 옷장 안에 넣어 두고는 예방접종 하러 갈 때까지 잊어버렸다. 바쁜 토요일 아침인 데다 시간에 늦어 두 사람은 위스커스를 간식으로 유인해 붙잡고 그대로 이동장에 넣어 버렸다.

동물병원에 도착했을 즈음 위스커스는 매우 화가 나 있었다. 수의사는 부드럽게 다뤘지만 수의테크니션이 위스커스를 수건으로 감싼 뒤에야 겨우 접종을 마칠 수 있었다. 위스커스는 이동장으로 돌아가는 것을 매우 기뻐했다. 집에 돌아와 이동장 문을 열자 위스커스는 소파 뒤로 달아나 하루 종일 나오지 않았다. 이제 위스커스는 두 사람을 신뢰하지 않았고 이동장을 볼 때마다 달아나는 고양이가 되었다. 벤에게 했던 것과 같은 교육을 위스커스에게도 했더라면 얼마나 좋았을까?

겁에 질린 고양이는 동물병원에서 이동장 안에 머무르는 것을 선호할 수 있지만 다시 그 안에 들어가고 싶어 하지는 않을 것이다. *© Kersti Seksel*

우리는 평소 이동장을 안 보이는 구석에 두었다가 필요할 때만 꺼낸다. 이동장을 써야 해서 꺼내면 고양이는 도망가 숨어 버린다. 처음에는 자주 보지 못한 무서운 물건이기 때문이고, 이후에는 이동장과 동물병원, 고통스러운 경험을 연관 지어서다.

고양이가 이동장에 익숙해질 수 있게 집에서 고양이가 자주 시간을 보내는 곳에 이동장을 꺼내 둔다. 이동장 안에 폭신한 깔개를 깔고 좋아하는

디코딩 유어 캣

장난감을 넣어 두어 고양이가 그 안에 들어가도록 유도한다. 고양이는 의자나 책상 아래 숨는 것을 좋아하니, 이동장을 그런 곳에 두어 고양이가 안전한 안신처로 사용하고 쉴 수 있도록 한다. 처음에는 이동장 안의 침구에 합성 고양이 얼굴 페로몬을 뿌리고, 간식이나 캣닢을 흩뿌려 고양이가 이동장을 탐색하도록 유도할 수 있다.

고양이가 이동장에 자발적으로 들어가 행복하게 쉬면, 문을 닫고 이동장을 다른 방으로 옮긴 후 문을 열어 주는 연습을 한다. 이렇게 하면 고양이가 이동장 안에서 이동하는 감각에 적응할 수 있다.

그다음에는 짧은 자동차 여행을 시도해 본다. 이를 통해 차멀미를 하는지도 확인할 수 있다. 멀미를 한다면 수의사에게 문의해 멀미를 줄여 줄 약물을 받는 것이 좋다(더 많은 이동장 교육 관련 팁은 부록 A 참고).

항불안 약물에 관하여

페로몬만으로는 일반적인 수준이나 중증의 불안을 완화하기 어렵다. 고양이가 매우 불안해하고 두려워하며, 스트레스에서 회복하는 데 시간이 많이 걸린다면 약물의 도움을 받아야 할 수 있다. 수의사는 고양이의 개별 증상에 따라 적합한 약물을 결정할 것이다.

자동차 여행, 수의사 방문, 이사 등 단기적 스트레스를 견디는 데 유용한 약물도 있다. 이러한 약물은 고양이의 불안을 줄이며, 복용량을 늘리면 일종의 진정 효과도 있어서 수의사가 고양이가 무서워할 만한 일을 해야 할 때 유용할 수 있다.

고양이에게 불안 장애가 있어 장기적 치료가 필요한 경우, 수의사는 매일 복용하는 약물을 처방해 고양이가 전반적인 불안을 줄이고 일상적인 상황과 스트레스 요인에 대처할 수 있도록 할 것이다. 추가적인 도움이 필요하다면 다른 약물을 함께 사용할 수 있으며 수의행동학자의 도움을 받을 수도 있다.

- 모든 고양이는 어떤 상황에서든 불안하거나 두려움을 느낄 수 있지만 일부 고양이는 신경화학적 차이 때문에 특히 높은 수준의 불안과 스트레스를 겪는다.
- 고양이는 규칙적인 루틴을 좋아한다. 매일의 반복이 중요하다.
- 작은 환경 변화조차도 고양이의 스트레스를 증가시킬 수 있다.
- 고양이가 타고난 자연스러운 행동을 할 수 있는 방법을 제공하면 스트레스를 줄이는 데 도움이 된다.
- 선택권이나 통제력이 부족할 때 고양이는 스트레스를 받는다.
- 고양이에게 사람이나 다른 반려동물과의 상호작용을 강요하지 않는다.
- 어렸을 때부터 이동장을 비롯해 새로운 상황, 사람들에게 익숙해지도록 한다.
- 모든 고양이가 다 친구를 원하는 것은 아니다. 많은 고양이가 혼자 지내는 것을 선호할 수 있다.
- 고양이를 껴안는 건 진정시키는 데 도움이 되지 않는다. 오히려 스트레스를 받은 고양이는 이를 두려운 상황에서 달아나지 못하게 하는 행동, 즉 구속으로 받아들일 수 있다.
- 고양이의 개성을 존중한다. 껴안는 걸 좋아하는 고양이도 있고, 가까이 앉아 있기만 하는 것을 좋아하는 고양이도 있다.
- 약물은 고양이의 스트레스를 줄이는 데 도움이 될 수 있다.

10장

강박 행동

강박적 그루밍과
이상 식이행동

레슬리 신Leslie Sinn, DVM, DACVB

　새라는 이제 4살 된 길들여진 숏헤어 조이 때문에 걱정이 많다. 조이는 친근하며 예의 바른 고양이로, 저녁만 되면 새라 품에서 편히 쉬거나 장난감을 가지고 놀곤 했다. 하지만 몇 달 전 행동에 변화가 생겼다. 집 안 물건을 씹어 대기 시작하더니 최근에는 거의 강박적으로 그런 행동을 했다. 이제 조이는 바닥에 놓인 장난감이나 물건만 씹는 것이 아니라 조리대에서 비닐봉지와 휴대전화 충전기 코드 같은 물건들을 끌어내려 파괴하기 시작했다. 그의 새로운 습관은 비용이 많이 들고 위험하기까지 했다.

　새라는 조이가 실제로 이런 것들을 먹는 건 아니라고 생각했지만, 플라스틱 조각을 토하는 것을 보고는 결국 위험한 일이 일어날 것이란 확신이 들었다. 새라는 소리 지르기, 물 뿌리기, 손뼉치기, 부비트랩 놓기 같은 여러 방법을 사용했지만 아무 소용 없었다. 조이는 그냥 슬그머니 사라졌다가 다른 물건을 찾아 씹기 시작했다. 새라를 대하는 조이의 태도도 변했다. 이제 조이는 새라가 다가가면 달아나기 일쑤였다. 그 모습을 보는 새라의 마음은 찢어졌다. 가족이나 주변 지인들은 새라가 일 때문에 집을 오래 비우는 바람에 혼자 있어야 하는 조이가 복수를 하는 거라고 말했다. 하지만 새라는 그게 유일한 이유라고 생각하지 않았다. 분명 조이의 행동 배경에는 뭔가가 있어 보였다. 고민 끝에 새라는 수의사의 도움을 받기로 결정했다.

먼저 수의사는 조이의 몸을 머리부터 꼬리 끝까지 세심히 진찰했다. 신체검사와 혈액검사 결과 모두 정상이었다. 신장과 간, 갑상선 및 다른 장기 모두 이상이 없었다. 조이의 행동 변화에 대한 명백한 원인은 없었다. 수의사는 조이가 강박장애의 징후를 보이고 있다고 매우 우려하며 조이를 수의행동학자에게 의뢰했다.

강박장애의 진단은 일반적으로 배제 진단으로 이뤄진다. 이는 다른 모든 가능한 원인을 먼저 배제하는 것을 의미한다. 단일 테스트로는 문제의 원인이 의학적인 것인지 행동학적인 것인지를 결정할 수 없다. 사실 종종 이 두 가지가 함께 작용한다.

수의행동학자는 조이의 건강검진 기록과 혈액검사 결과, 그동안의 병력 등을 면밀히 살폈다. 그는 새라에게 성묘의 행동에 갑작스런 변화가 생기는 경우의 상당수가 의학적 원인이나 어느 정도 의학적 상태와 행동적 문제가 결합된 탓이라고 설명했다. 여기서 가장 어려운 건 근본적인 의학적 원인을 찾는 것이다. 조이의 경우, 추가 검사가 필요했다.

> ### 배제 진단법
>
> 의심되는 장애에 대한 특정 검사가 없을 때 배제 진단이 유용하다. 행동 변화는 신체적 질병이나 동물의 건강, 관리 또는 다른 환경 변화나 문제에 의해 유발될 수 있다. 따라서 진단을 내리기 위해서는 의료 전문가가 증상이나 증상 세트의 모든 다른 가능한 원인을 제거해야 한다.

우리는 '강박 행동' 하면 강박적인 걱정, 반복해서 손 씻기, 머리카락 꼬거나 뽑기, 그 외 반복적인 행동 등을 떠올린다. 고양이도 비슷한 행동을 보인다. 이런 행동은 종종 신체적 질병이나 고양이의 건강, 관리 또는 환경과 관련된 문제로 인해 나타난다. 수의사와 함께 강박장애를 진단하기 전 먼저 다른 모든 가능성을 배제해야 한다. 혈액검사와 엑스레이, 초음파, 생체검사 같은 선별 검사가 필요하다.

반복 행동을 한다고 해서 다 강박장애는 아니다. 행동은 학습(보상받는 행동의 반복), 스트레스와의 연관성(불안하거나 걱정될 때의 과도한 그루밍) 또는 근본적인 의학적 장애로 인해 빈도가 증가할 수 있다.

고양이가 스스로의 행동을 통제할 수 없고 대개 중단하지 못하는 경우에 강박장애 진단이 내려진다. 이런 행동은 껴안거나 안아 들었을 때와 같은 트리거로 인해 발생할 수 있지만 반드시 그런 것은 아니다. 강박장애는 고양이와 보호자의 삶의 질에 극적인 영향을 미칠 수 있고 정상적인 상호작용과 일상 활동을 방해할 수 있다. 게다가 강박 행동은 의학적 문제로 이어질 수 있다. 지속적인 핥기와 털 뽑기는 상처와 감염을 일으킬 수 있고, 물건을 삼켜 장이 막히면 위장 장애, 구토, 설사 또는 심지어 죽음에 이를 수 있다.

고양이의 강박장애 원인에 대한 연구는 그다지 많지 않아 정확한 원인을 아직 알 수 없지만, 강박 행동은 1~2살 사이인 비교적 젊은 성묘 시기에 시작되거나, 살면서 어느 시점에 갑자기 나타나기도 하는데 이는 근본적인 원인에 따라 달라지는 것으로 보인다. 현재까지는 고양이의 성별이 한 요인이 될 수 있는 것으로 알려졌다. 미셸 뱀버거와 캐서린 하웁트가 진행한 후향적 연구에 따르면, 강박 행동 사례에 수컷의 경우가 더 많은 것으로 드러났다. 또한 버만Birman[19]과 샴 같은 오리엔탈 종이 다른 종에 비해 강박장애에 조금 더 취약해 보이는데, 그 원인을 정확히 짚어낼 수는 없으나 사람의 강박 행동에 유전적 요인이 작용하듯 고양이도 그럴 거라 추정된다. 스테파니 본즈-웨일Stephanie Borns-Weil의 연구에 따르면, 초기 생애 발달 과정도 요인이 될 수 있으며, 한배 형제의 수가 적거나 7주 이전에 젖을 뗀 버만 고양이의 경우 모직 같은 천 빨기 같은 강박 행동이 나타날 위험이 높다. 또한 샴 고양이는 의학적 문제가 있을 경우 천 빨기에 집착하는 경향이 많았다.

용어 정리

- **강박장애**compulsive disorder: 일반적으로 고양이들이 흔히 하는 행동 대신 어떤 특정 행동을 높은 빈도로 반복하느라 정상적인 생활이 방해되는 상태. 의학적 원인이 있는 강박장애도 있지만 그렇지 않은 경우도 있다.
- **반복 행동**repetitive behavior: 어떤 행동을 반복적으로 계속하는 것으로 빈도, 강도와 지속 시간이 정상적인 수준을 넘어서는 경우를 말한다. 모든 반복 행동이 강박장애로 발전하는 것은 아니며 일부 반복 행동은 의학적 원인이 있다.
- **관심 끌기 행동**attention-seeking behavior: 보호자의 관심을 끌 목적으로 하는 행동. 일반적인 예로 울부짖기, 스크래칭 혹은 금지된 곳에 올라가기가 있다. 꼬리 쫓기나 이물질 섭취 같이 더 복잡한 행동도 있다.
- **발작**seizure: 중단할 수 없는 비정상적인 행동, 의식 상실 또는 심지어 무의식적인 움직임이 나타나는 기간을 말한다. 발작은 뇌의 비정상적인 전기 활동에 의해 발생하며 여러 근본적 원인이 있을 수 있다. 발작의 심각도는 다양하다.

모든 반복 행동이 강박장애의 증상인가?

강박장애를 가진 고양이가 보이는 반복 행동은 양모나 천을 씹거나 빨기, 자기 몸을 씹거나 빨기, '이식증pica'이라고 알려진 음식이 아닌 뭔가를 먹기, 어떤 표면이나 사람을 반복해서 핥기, 머리와 얼굴을 흔들거나 긁기, 꼬리 쫓기 등이 있다. 이런 행동은 처음에는 대개 정상적인 활동에서 비롯되지만 플라스틱 씹기처럼 비정상적인 대상을 향하거나 털이 뽑힐 정도로 그루밍하기처럼 과도한 수준으로 발전하는 반복적 행동으로 이어진다. 이런 행동은 천 빨기 같이 특정 목적이 없을 수 있고, 또 매우 높은 빈도로 반복될 수 있다. 고양이는 이런 행동에 몰입하느라 보호자의 관심에 반응을 보이지 않고 놀기나 먹기 같은 정상적인 활동을 못할 수 있다. 심지어 몸에 상처를 입으면서까지도 반복 행동을 계속할 수 있다.

강박장애는 여러 원인에 의해 발생할 수 있는데 그 원인이 항상 명확하지는 않다. 이런 행동은 의학적 상태 같은 기저 문제의 증상일 수 있다. 관심 끌기, 좌절감, 갈등도 이유가 될 수 있다. 진정한 강박 행동은 신경전달물질의 변화로 인해 발생한다. 엔도르핀, 도파민, 글루타메이트, 세로토닌이 강박장애를 일으키는 것으로 확인되었다.

그렇다면 모든 반복 행동이 강박장애의 증상일까? 짧게 답하면 '아니요'다. 모든 반복 행동이 비정상적인 것은 아니므로 모두가 장애의 징후로 간주되지는 않는다. 고양이가 어떤 행동에 대해 보상을 받으면 그 행동의 빈도와 강도가 증가할 수 있다. 우리의 관심은 대체적으로 고양이에게 매우 보상적이다. 예를 들어, 고양이가 장난감 쥐를 가져왔을 때 칭찬하고 쓰다듬어 주면 고양이는 그 장난감을 더 자주 가져오게 될 것이다. 이는 매우 정상적인 행동이다.

고양이의 어떤 행동, 예를 들어 양모 빨기에 관심을 주면 그 행동이 증가하고 반복될 가능성이 있다. 그러나 단순히 관심을 기울이는 것만으로는 강박장애를 유발하지 않는데, 행동 문제는 보통 그보다 더 복잡하기 때문이다.

반복 행동은 오랜 기간 동안 높은 빈도로 나타날 때, 고양이의 건강을 위험에 빠뜨릴 때, 고양이의 정상적인 기능이나 상호작용을 방해할 때 문제로 간주된다. 즉 이러한 행동이 고양이와 보호자의 삶의 질에 영향을 미치기 시작하면 강박장애로 분류한다. 고양이가 반복 행동을 하면 보호자들은 고양이의 행동을 걱정하고 개선시키려고 많은 시간과 돈을 들이고 잠 못 드는 밤을 보낸다. 해결되지 않는 문제에 대한 좌절감과 스트레스가 쌓이면서 보호자와 고양이 사이의 유대감이 악화될 수도 있다.

고양이의 강박장애를 둘러싼 잘못된 속설

고양이의 강박장애를 둘러싼 잘못된 속설들을 하나씩 살펴보자.

고양이가 정말로 강박적일 수 있나?

우리 수의행동학자들도 스스로에게 묻는 질문이다. 우리는 고양이에게 그들이 무엇을 느끼고 있는지 또는 왜 특정 행동을 하는지 물어볼 수 없기 때문에 고양이가 강박증을 가지고 있는지 알 방법이 없다. 그 결과, 반복적인 행동을 무엇이라고 불러야 할지에 대해 논란이 있다.

인간 의학에서도 강박적인 반복 행동을 종종 강박장애OCD : obsessive-compulsive disorder라 부르는데, 이는 이런 행동이 반복적인 생각이나 이미지에 의해 유발되어 그 사람으로 하여금 그 행동을 하게 만들기 때문이다. 그러나 고양이는 무슨 생각을 하는지 알 수 없기 때문에, 많은 수의사가 이런 행동을 '반복 행동'이라 부르고 강박장애라고 진단하는 것이다.

운동량이나 활동량이 부족해서 그러는 걸까?

관심이나 운동 부족이 강박장애의 주요 원인은 아니지만 어느 정도 영

향은 있을 수 있다. 지루하고 스트레스를 받으며 운동이 부족하고 환경적
으로 결핍되었다면 고양이는 선택의 여지가 없어 반복 행동에 빠질 수 있
다. 고양이가 얼마나 많은 관심을 받고 운동을 잘 하고 있는지를 솔직하게
평가하는 것은 종합적인 치료 계획에서 중요한 부분이다.

고양이가 시간을 보낼 수 있는 다양한 방법이 원치 않는 반복 행동에
대한 건강한 대안이 될 수 있다. 이를 '풍부화'라고 하며 이는 전 세계 동물
행동학자들에 의해 널리 받아들여진 개념이다.

미국 내 반려묘의 상당수는 실내에서만 생활하며 하루 일과가 다양하
지 않고 선택이 제한적이다. 고양이에게 높은 장소, 휴식 장소, 숨는 상자,
새로운 장난감, 먹이 급여 장난감, 볼거리, 놀이 시간 및 하루를 채울 수 있
는 다양한 방법을 제공하면 강박적인 천 빨기 같은 행동을 줄일 수 있다.
하네스 교육과 산책, 낚싯대 장난감이나 바스락거리는 장난감 공, 야외 울
타리 또는 캐티오, 심지어 재주 교육 같은 운동도 고양이에게 긍정적인 상
호작용의 기회가 된다(고양이에게 이상적인 환경을 제공하는 방법에 대한 더 많
은 정보는 3장 참고. 오하이오 주립대학교 수의과 대학의 실내 반려동물 이니셔티브
웹사이트[20]에서도 고양이 환경을 풍부하게 하는 방법을 배울 수 있다).

나한테 앙심을 품고 있는 걸까?

아니다. 반복 행동, 특히 과도한 그루밍이나 자신을 씹는 행동은 의학적
인 원인 때문에 발생하는 경우가 많다. 통증이나 불편감에 반응하는 것일
수 있고 스스로 멈출 수가 없다. 고양이는 스스로 더 편안하고자 이런 행
동을 할 수 있다. 우리의 인내심과 관용이 필요하며 수의사의 도움도 필요
하다.

기억하자. 일부 의학적 문제는 진단하기 어려울 수 있는데, 여기에는 치
과 질환, 위장 질환, 관절염 및 방광 통증 등이 포함된다. 한 번의 진찰로는

원인을 파악하기 힘들지도 모른다. 여러 차례의 진단과 해결책을 찾기 위한 팀 접근 방식이 필요할 수 있다. 스티븐 와이즈글래스Stephen Waisglass와 게리 랜즈버그가 수행한 사례 연구에 의하면, 비정상적 행동으로 털을 뽑는다고 생각했던 21마리의 고양이 중 18마리가 추가적인 심층 검사를 통해 의학적 문제가 있었음이 드러났다.

관심을 끌려고 그런 행동을 하는 건가?

그럴 수도 있지만 가능성은 낮다. 반복 행동은 도움을 요청하는 신호일 수 있다. 고양이는 재미로 비닐을 먹지 않는다. 아마도 위가 아프거나 적절한 씹을 물건이 부족해서 이런 비정상적인 행동을 할 가능성이 크다. 행동은 반복을 통해 강화될 수 있으며, 종종 우연히 발생해 고양이가 그 행동을 더 자주 하게 만든다.

> **고양이의 행동이 강박으로 발전하는 것을 막으려면?**
>
> 강박 행동이 무엇 때문에 발생하는지 알 수 없기 때문에 이에 대한 효과적인 예방법을 조언하기란 어렵다. 그러나 생후 7주도 안 되어 이르게 젖을 떼는 걸 피하고 풍부한 환경을 제공하며 고양이의 스트레스 원인을 제거하려고 노력하는 것이 도움이 될 수 있다. 이러한 예방 조치를 취하더라도 일부 고양이는 뇌나 다른 건강 문제로 인해 반복 행동을 할 수 있으며 이는 어느 순간 강박 행동으로 발전할 수 있다.

반복 행동, 병원 진료부터 시작한다

고양이가 반복 행동을 한다면 가장 먼저 동물병원에 데려가야 한다. 저절로 또는 시간이 지나면 좋아질 것이라고 짐작해선 안 된다. 또한 그 행동을 무시하면 좋아질 것이라고 생각해서도 안 된다. 반복 행동은 지속될수록 성공적으로 치료하기가 어려워지므로 가능한 한 빨리 해결해야 한다.

수의사는 고양이의 행동 변화에 대한 의학적 원인을 배제할 수 있다. 하지만 특히 조이처럼 중년기에 별다른 이유 없이 갑자기 문제가 생긴 것처럼 보이는 경우에는 더욱 주의해야 한다.

동물병원에 가기 전에 고양이의 행동에 대해 기록한다. 언제 시작되었나? 고양이의 환경에 변화가 있었나? 그동안의 행동 추이를 시간대별로 정리할 수 있는가? 하루 중 언제 혹은 어떤 때 그 행동이 나타나는가? 얼마나 자주, 얼마나 오래 하는가? 트리거가 무엇인지 아는가? 고양이의 행동을 돕기 위해 어떤 시도를 해 보았나? 무엇이 행동을 개선시켰고 무엇이 악화시켰나? 이 모든 정보가 근본적인 원인을 파악하는 데 중요한 단서가 된다.

반복 행동의 의학적 원인은 발견하기 어려운 경우가 많고 수의전문의의 도움과 추가적인 고급 검사가 필요할 수 있다. 수의행동학자에게 의뢰한다면 자세한 이력을 요구할 것이다. 관련 정보를 매일 기록하는 것이 훌륭한 방법이다. 또한 치료가 시작된 다음에도 일지를 계속 작성하면 그 치료 계획의 성공 여부를 추적할 수 있다.

조이의 경우, 수의행동학자는 신체검사, 실험실 결과, 이력 그리고 행동을 신중히 검토했다. 그 결과 조이가 예민한 위를 가지고 있다는 사실을 알아냈다. 조이는 일주일에 한두 번 먹이나 털 없이 위액만을 토했다. 이 중요한 정보를 바탕으로, 수의행동학자는 내과 전문의의 도움을 요청했다. 그들은 조이의 배를 초음파로 검사했다. 다행히도 비닐이나 다른 이물질은 발견되지 않았지만 장벽이 두꺼워져 있었는데, 이는 장 내 자극의 징후일 수 있다. 염증성 장 질환이 조이의 행동 원인일 가능성이 있었다.

조이는 항구토제와 저알레르기성 식단으로 치료를 시작했다. 수의행동학자는 조이와 그의 가정환경에 맞춘 관리, 환경 풍부화, 행동 수정 계획을 세웠다. 조이는 이 종합적인 의학적 치료와 기타 개입에 잘 반응했다. 보호자가 조이의 행동 문제를 해결하기 위해 포기하지 않은 것은 조이에게 큰 행운이었다!

반복 행동을 유발할 수 있는 의학적 원인들[21]

- 과도한 그루밍과 털 뽑기: 호흡기 알레르기와 음식 알레르기, 진균성 질환, 위장 질환, 통증, 감각 이상paresthesia
- 천 빨기: 위장 질환
- 이식증(비식품 섭취): 위장 질환, 내분비 질환, 신경계 질환
- 과도한 핥기: 위장 질환
- 한 자리에서 빙빙 돌거나circling 왔다 갔다 하기pacing: 통증, 신경계 질환, 내분비 혹은 대사 이상, 안과 질환, 인지 저하
- 야간의 각성과 과도한 울음: 통증, 인지 저하, 관절염, 갑상선 기능 항진증, 기타 내분비 혹은 대사 이상

강박장애 관리하기

강박장애를 관리하고 개선할 수 있는 방법은 무엇일까? 어떤 결과를 기대할 수 있으며 기간은 얼마나 걸릴까?

우리 고양이가 진짜 강박장애를 가지고 있다면 적극적인 관리를 지속해야 한다. 여기서는 몇 가지 주요 사항만을 다루지만 고양이의 상황은 저마다 다르므로 수의사나 수의행동학자와 함께 가장 적합한 계획을 세우는 것이 좋다.

트리거 피하기

첫 번째 단계는 고양이가 동일한 행동을 반복하지 않도록 하는 것이다.

이게 핵심이다. 고양이가 모직 담요를 빤다면 담요를 치운다. 비닐을 씹고 먹는다면 비닐봉투나 전선을 치운다. 모든 것을 치울 수 없고 고양이를 내내 감독할 수 없다면 고양이를 안전한 방에 둔다.

행동을 막기 어려운 경우도 있다. 예를 들어 고양이가 자기 몸을 핥거나 털을 뽑는다면 어떻게 할까? 넥카라나 옷 입히기 같은 방법이 있지만 이는 임시방편일 뿐이며 결코 치료법이 아니다. 또 고양이의 불안과 고통을 증가시킬 경우 역효과를 낼 수 있다.

고양이의 강박 행동을 유발하는 트리거를 안다면 그 트리거를 피하기 위해 최선을 다해야 한다. 고양이가 강박 행동을 연습하고 이에 익숙해지는 것을 막는 것이 중요하다. 예를 들어, 고양이가 외부 고양이의 존재 때문에 털을 뽑고 핥기 시작한다면 창에 불투명 필름을 붙이거나 커튼을 쳐 외부 고양이가 보이지 않게 한다.

둔감화 및 고전적 역조건화

고양이의 반복적 행동이 특정 트리거에 의해 유발되고 그 트리거를 제거할 수는 없지만 식별할 수 있다면, 고양이에게 즐거움을 주는 음식이나 놀이를 제공하면서 트리거에 점진적으로 노출시키면 된다. 이를 둔감화 및 고전적 역조건화라고 한다(이 과정에 관한 자세한 내용은 6장 참고).

예를 들어, 손자들이 집에서 소리를 지르며 뛰어다닐 때마다 고양이가 털을 뽑는다면, 고양이에게 아이들을 피할 수 있는 안전한 방을 제공해 준다. 아이들이 조용히 놀고 있을 때 부드러운 애정 표현이나 식사를 제공해 고양이를 기분 좋게 해 주고, 아이들이 활발하게 놀기 시작하기 전에 고양이를 다시 안전한 방에 돌려보낸다.

대체 반응 유도하기

더 적절한 대안 행동, 특히 바람직하지 않은 행동을 막을 가능성이 높은 행동을 가르치는 것은 매우 성공적인 전략이다. 예를 들어 트리거가 되는 상황이 일어나 고양이가 울부짖으려 할 때, 고양이에게 장난감을 집어 들거나 가지고 오게 하면 울부짖지 못한다(이 장 후반의 '실제 적용 사례'에서 좀 더 자세히 다룬다).

주의 돌리기(우연한 강화 피하기)

원인이 무엇이든 반복적인 행동으로부터 고양이의 주의를 돌리는 것이 핵심이다. 다양한 방법으로 행동을 중단시키거나 주의를 분산할 수 있다. 예를 들어 이름을 부르거나, 장난감을 던지거나, 간식 봉투를 흔들어 소리를 내거나, 자리에서 일어나 멀어지거나, 휘파람을 불어 고양이의 관심을 우리 쪽으로 돌린다.

이때는 타이밍이 매우 중요하다. 바람직하지 않은 행동과 보상을 연관 짓지 않도록 주의해야 한다. 즉, 고양이가 '내가 이런(강박) 행동을 하면 좋은 것을 얻는다'라고 연관 짓지 않도록 말이다. 가급적 먼저 고양이가 다른 행동을 하도록 유도한 뒤에, 간식, 장난감 또는 일대일 시간으로 보상을 주는 것이 좋다.

바람직하지 않은 행동에 개입하기

큰 소리를 내거나 물을 뿌리는 등의 행동으로 고양이를 깜짝 놀라게 해서 원치 않는 행동을 중단시킨 뒤, 더 바람직한 행동(예: 장난감을 던져 쫓게 하기)으로 주의를 끌 수 있다고 들은 적이 있을 것이다. 그러나 이 접근법에는 문제가 있다. 고양이에게 두려움 반응을 일으킬 수 있기 때문이다. 일부 상황에서는 원치 않는 행동을 멈추는 대신, 고양이가 우리와 무서운 소리를 연관 짓는 결과를 낳을 수 있다.

새라와 조이의 이야기에서 새라가 손뼉을 치거나 물뿌리개를 사용할 때 조이가 새라를 피하기 시작했던 사실을 떠올리자. 신중하게 진행해야 한다. 만약 시도한 것이 상황을 악화시키는 것처럼 보인다면 이 방법을 멈추고 전문가의 도움을 구한다.

풍부화

환경으로 인해 반복 행동이 유발될 수 있다는 것은 이미 언급했다. 특히 고양이가 그 환경을 스트레스로 느낄 경우에는 더욱 그렇다. 집에 물, 음식, 높은 공간, 숨을 장소, 쉴 자리, 스크래처, 화장실, 놀이 장난감, 먹이 급여 장난감, 놀이 시간, 그 외 고양이에게 필요한 것들이 충분히 제공되고 있는지 면밀히 확인한다. 고양이의 환경은 평화롭고 고양이 중심적이어야 하며 고양이의 욕구를 충족시켜야 한다(3장 참고).

충분한 활동을 보장하는 것 역시 중요하다. 특히 운동량이 부족하기 쉬운 실내묘들은 반복 행동으로 시간을 보내게 될 수 있다. 활동 부족은 무료함을 낳고, 무료함은 반복 행동을 악화시킬 수 있다. 이 일반적인 문제를 해결하는 방법은 하루 두 차례 각 15분씩 고양이와 놀고 털 관리를 해 주고, 혹은 운동시키고 교육하는 것이다(교육에 대해서는 6장 참고).

다른 행동 문제 식별 및 치료하기

고양이가 여러 문제를 가지고 있다면 행동적 문제뿐만 아니라 의학적 문제까지 모든 문제를 동시에 다뤄야 한다. 스트레스를 심하게 받는 고양이는 염증성 장 질환, 만성 방광염, 구강 질환 같은 다양한 건강 문제를 함께 겪기 쉽다.

이런 많은 의학적 상태에는 행동 징후가 있다. 화장실 밖에 대소변을 보거나, 이물질을 먹거나, 통증과 관련된 공격성이 증가하거나, 놀이나 사람에게 시큰둥해지는 등의 증상을 보일 수 있다. 의학적 문제와 행동적 문제는 항상 동시에 식별하고 해결해야 한다.

꼬리 쫓는 샐리의 치료 사례

샐리는 작고 귀여운 길들여진 숏헤어 고양이였다. 새끼 때 구조되어 젖병으로 분유를 먹으며 컸는데, 샐리는 그다지 잘 자라지 않았고 높은 곳을 오르내리길 어려워했다. 수의사는 진찰과 엑스레이 검사를 통해 샐리의 성장판이 닫히지 않았다는 사실을 확인했다. 선천성 갑상선 기능 저하증이라는 희귀병 진단을 받았고, 경구 갑상선 호르몬 처방을 통해 이를 성공적으로 치료했다.

한 살이 되었을 때 샐리는 자신의 꼬리를 쫓아 빙빙 돌고 때로는 꼬리를 잡고 피가 날 때까지 씹기도 했다. 진통제가 어느 정도 도움이 되긴 했지만 꼬리 쫓기와 자해는 계속되었다.

주치의는 샐리를 수의행동학자에게 소개했다. 수의행동학자는 신체검사를 통해 샐리가 골반 쪽, 등과 꼬리가 만나는 부위에 민감하다는 것을 알아냈다. 그곳을 건드릴 때마다 피부가 물결쳤고 샐리는 자리를 벗어나려했다. 수의행동학자는 골격 이상으로 신경이 눌렸을 가능성을 의심하고 신경 통증을 돕기 위한 장기 치료 계획을 권했다.

또한 샐리가 꼬리를 쫓기 시작하면 이를 중단시키고 더 적절한 행동에 보상을 주는 것을 추천했다. 샐리의 보호자는 두꺼운 담요로 샐리를 부드럽게 감싸는 것이 부적절한 행동을 중단시키는 가장 좋은 방법임을 발견했다. 그 외의 방법은 상황을 악화시킬 뿐이었다. 보상을 줄 수 있는 적절한 행동으로 수의행동학자는 타게팅targeting(샐리가 가족 누군가의 손가락에 코를 대면 간식을 주는 것)을 추천했다. 샐리는 이 새로운 게임을 즐겼고 그 어떤 고양이보다도 타게팅을 잘하는 고양이가 되었다. 가족들도 이제는 샐리가 꼬리를 쫓아갈 가능성이 있다고 느낄 때마다 손가락을 타깃으로 삼아 건드리도록 요청하고 많은 관심과 간식을 주었다.

더 효과적인 진통제를 쓰고 더 적절한 행동에 보상을 주면서 샐리의 자해는 멈추었고 꼬리 쫓기는 하루 수차례에서 몇 주에 한 번으로 줄어들었다.

약물이 도움이 될 때

약물은 강박장애를 가진 고양이에게 도움이 될 수 있다. 하지만 고양이에 관한 연구가 거의 이뤄지지 않았기 때문에(대부분의 연구는 개를 대상으로 수행됐다) 약물 선택이 제한적이다. 강박장애 치료에 가장 자주 사용되는 두 가지 향정신성 약물은 뇌 내에서 기분을 조절하는 신경전달물질인 세로토닌의 생성과 효과에 영향을 준다. 수의행동학자 커스티 섹셀과 캐런 오버올Karen Overall의 개별 연구에서, 이 계열의 약물이 고양이 강박장애 치료에 효과적인 것으로 나타났다.

고양이가 강박장애 진단을 받았다면 상황에 따라 몇 달 또는 평생 약물을 복용해야 할 수 있다. 향정신성 약물은 끊을 때도 반드시 수의사의 감독 하에 천천히 줄여 나가야 한다. 다행히 이러한 약물은 부작용이 드물지만 안전 프로토콜을 신중하게 따라야 부작용의 가능성을 최소화할 수 있다.

고양이가 약물에 잘 반응하지 않는다면 아직 확인되지 않은 다른 의학적 원인이 있다는 의미일 수 있다. 수의사는 의심되는 신체적 문제를 치료하는 여러 약물을 각각 2~3주씩 시도해 보자고 제안하며 반응을 관찰할 수 있다.

치료에 대한 반응을 지속적으로 확인하며 대응법을 수정해 나간다. 예를 들어 고양이의 행동이 통증 때문이라고 의심되지만 통증의 원인을 찾을 수 없는 경우, 수의사는 고양이에게 2~3주간 진통제를 복용하게 하고 행동이 어떻게 변화하는지 보고하도록 할 수 있다. 만약 행동이 개선된다면, 고양이가 불편함을 느끼거나 통증을 겪고 있으며 약물이 그의 불편함을 줄여 주는 데 도움이 되었음을 시사한다.

강박 행동을 다룰 때 핵심 포인트

- 트리거를 피한다.
- 트리거를 알아냈다면 고양이를 둔감화시키고 고전적 역조건화를 사용한다.
- 고양이의 행동을 더 적절한 대체 행동으로 전환하게 한다.
- 행동을 우연히 강화하지 않도록 주의한다.
- 고양이의 환경을 풍부하게 만든다.
- 필요하다면 약물의 도움을 받는다.
- 수의사를 비롯해 고양이 건강과 관련된 이들과 긴밀히 연락한다.

중요 포인트

이상하게 행동하는 고양이를 기르는 것은 외로운 경험이 될 수 있다. 가족과 친구들이 도와주고 싶은 마음에 하는 조언이 오히려 상처가 된다. 대체로 보호자가 어떤 식으로든 고양이를 이렇게 만들었다고 말하기 때문이다. 종종 보호자가 자책하기도 한다. 그러나 이 장에서 논의한 것과 같이, 이런 행동은 대부분 의학적 원인에 기인한 것이지 보호자가 그 행동을 유발했을 가능성은 낮다.

고양이 건강관리 팀과의 의사소통은 매우 중요하다. 정보를 공유하고 궁금한 것을 질문해야 한다는 의미다. 반복 행동은 한두 번의 상담이나 진료로는 고치기 어렵다. 나아질 때까지 수의사와 수의행동학자를 수차례 만나야 할 만큼 복잡한 문제다. 원인과 치료 방법을 가족과 수의사를 비롯해 치료에 참여하는 모두가 숨김없이 공유하며 같은 목표를 향해 나아가야 한다. 무엇이 가장 좋은 길인지 혼자 고민하지 말고 수의 전문가 및 행동 전문가와 상담해 보자. 고양이뿐만 아니라 당신을 위해서도 이는 무척 중요한 과정이다.

우리가 개입했을 때의 고양이의 행동과 반응을 계속 기록해 둔다. 수의사와 처음 상담했던 내용을 기준으로 삼는다. 고양이가 행동하는 방식, 빈도 또는 지속 시간에 달라진 점이 있는가? 어떤 개입이 효과 있었나? 어떤 것이 행동을 악화시켰나? 고양이의 행동을 기록하면 문제를 성공적으로 다루기 위한 최고의 전략을 발견할 수 있다.

이 과정에서 좌절감이 드는 것은 흔한 일이고 어찌 보면 당연한 일이다. 좌절감을 극복하는 한 가지 방법은 행동 계획을 수립하는 것이다. 또 다른 방법은 일지를 써서 상황이 나아지고 있음을 상기시키는 것이다.

아무리 좌절감이 커도 고양이에게 소리치거나 꾸짖거나 다른 방법으로 벌주는 것은 피해야 한다. 고양이가 스스로를 제어할 수 없기 때문에 이런 행동을 한다는 사실을 기억해야 한다. 긴장할 때 손톱을 물어뜯거나 머리카락을 꼬는 습관이 있는데 누군가 당신에게 소리 지르거나 심지어 때린다면 어떻겠는가?

벌은 결코 좋은 선택이 아니다. 두려움과 불안만 가중시킬 뿐 문제를 해결하지 못한다. 오히려 고양이가 우리를 두려워하고 피할 수 있다(처벌의 영향에 대한 자세한 내용은 6장 참고). 또한 고양이가 이런 행동을 보이면 뭔가 불만이 있어서 복수하는 것이라고 생각할 수도 있지만 앞서 말한 바와 같이 이런 행동은 의학적 이상이나 심리 상태에 기인한 것이다. 고양이도 할 수만 있다면 그 행동을 멈추겠지만 스스로 제어할 수 없을 뿐이다.

인내심을 갖자. 강박 행동의 원인을 알아내는 것은 무척 힘든 일이고 여러 번의 의료 검사와 시행착오가 이어질 수 있다. 시간도 비용도 많이 들 것이다. 치료 계획이 수립되더라도 실제로 행동을 변화시키기까지는 더 많은 시간이 필요하다. 종을 불문하고 행동 수정은 바로 이뤄지는 게 아니므로 인내심과 장기적인 관점을 가져야 한다.

요점 정리

- 강박 행동은 종종 의학적 원인에 의한 경우가 많다.
- 강박 행동은 스트레스나 열악한 환경에 의해 악화될 수 있다.
- 고양이만이 아니라 고양이가 살고 있는 환경과 모든 풍부화 요소를 함께 다루는 것이 중요하다.
- 트리거가 확인되면 치료는 관리, 트리거 피하기, 환경 풍부화 제공, 잠재적 의학 문제 파악, 고양이의 관심 돌리기, 적절한 행동 강화, 둔감화 및 고전적 역조건화에 중점을 둔다.
- 약물은 강박 행동의 강도와 빈도를 줄이는 데 매우 유용할 수 있다.
- 강박 행동을 해결하는 데는 시간이 걸릴 수 있으므로 인내심을 갖는다. 작은 성취를 축하하고 의료팀과 지속적으로 소통하는 것이 중요하다.

11장

우리를 미치게 하는 고양이의 정상 행동들

정상인 건 아는데,
그래도 고칠 수 없나요?

베스 그로징거 스트리클러Beth Groetzinger Strickler, MS, DVM, DACVB, CDBC

웨일라니 성, MS, PhD, DVM, DACVB

크레이그는 입양 행사에서 새끼 고양이를 입양하고는 무척 들떠 있었다. 고양이가 너무 사랑스러워 눈을 뗄 수조차 없었다. 스트루델이라고 이름 지었고, 용품점에 들러 화장실과 모래, 밥그릇과 물그릇, 사료, 키가 큰 스크래처, 장난감을 샀다. 크레이그는 이 새 물건들을 집에 설치한 뒤 곧바로 자신의 일상으로 돌아갔다.

그런데 며칠 동안 스트루델은 쉴 새 없이 서랍장과 식탁, 주방 조리대 위를 뛰어다니며 크레이그가 먹으려고 둔 음식을 맛보고 그의 물건들을 바닥으로 떨어뜨렸다. 하루는 스트루델이 거실 커튼에 매달려 창밖을 내다보고 있었다. 소파를 갈기갈기 찢기 시작했다. 스트루델은 해가 질 때쯤부터 더 활기를 띠는 것 같았다. 울어 대고 코너나 문 뒤에 숨어 있다가 크레이그에게 뛰어들었다. '내가 뭘 잘못했지? 내가 도대체 무슨 짓을 한 걸까?' 크레이그는 궁금했다.

많은 이가 손이 덜 갈 거라는 생각으로 고양이를 키우지만 현실은 그렇지 않다. 고양이는 지능이 높고 사회성이 강한 종이다. 고양이의 욕구는 생각보다 더 복잡할 수 있다. 반려묘와 잘 살아가기 위해서는 고양이의 정상 행동에 대해서는 물론, 우리 고양이만의 특정한 기호, 욕구, 관심사도 알아야 한다.

예를 들어 스트루델의 행동은 모두 지극히 정상적인 행동이다. 고양이는 높은 곳에 올라가기를 좋아하고 높은 곳에서 쉬며 먹이를 찾아다니고 발톱으로 영역 표시를 하는 것도 좋아한다. 사냥하고 뛰어다니며 놀기도 좋아한다. 불행히도 이런 행동은 우리에게는 성가실 수 있고 심지어 일부 사람들은 이 때문에 고양이 양육을 포기할 생각도 한다. 무엇이 정상적이고 비정상적인지, 고양이에게서 무엇을 기대할 수 있는지, 언제 어떻게 개입해야 하는지, 언제 도움을 구해야 하는지를 알게 되면 고양이와의 유대감은 더욱 강해질 것이며 고양이에게 최상의 삶을 제공할 수도 있다.

일부 상황에서는, 원치 않는 행동이 비정상적인지를 판단하기 위해, 때로는 공격성, 불안, 강박 행동 같은 더 심각한 행동이 있는지 진단받기 위해 수의사나 고양이 행동에 정통한 전문가와 상담해야 할 수도 있다.

용어 정리

- **종 특이적 행동**species-specific behavior: 특정 종의 구성원에게 특정되는 행동으로 학습 없이도 수행할 수 있다. 고양이의 경우 얼굴 문지르기, 스크래칭, 사냥이 이에 속한다.
- **동기**motivation: 동물이 특정 방식으로 행동하는 이유.
- **박명박모성**crepuscular: 새벽 혹은 황혼 시간에 더 활동적이 되는 것.
- **야행성**nocturnal: 밤에 더 활동적이 되는 것.

일상에서 직면하는 흔한 문제들

고양이는 본래 호기심이 많으며 복잡한 행동 패턴 및 행동적 욕구를 지닌 동물이다. 고양이들은 종종 정상적인 고양이 행동을 사람들이 좋아하지 않는 방식으로 표현하기도 하는데, 이는 우리가 고양이의 기본적인 욕구(3장 참고)를 충족시켜 주지 못해서 고양이 종 특유의 행동을 다른 방식으로 나타내는 것이다. 고양이의 욕구를 이해하고 그들이 본능적인 행동을 더 적절한 방식으로 표현할 수 있도록 해 준다면 가족 모두 행복한 일상을 살 수 있다.

이 장에서는 고양이가 왜 가구를 긁고, 갑자기 우리를 습격하고, 조리대 위에 올라가고, 죽은 설치류를 가져다 놓고, 밤에 잠을 깨우고, 실내 식물을 먹는지에 대해 알아본다. 시작에 앞서 스트루델과 크레이그의 일상을 통해 우리가 직면할 수 있는 흔한 문제들에 대해 살펴보자.

크레이그는 하루 일과를 생각하며 평화롭게 침대에 누워 있다. 득 득 득. 이때 소파 옆면 긁히는 소리가 들려온다. 크레이그는 그동안 했던 대로 달려 나가 스트루델에게 소리치거나 쫓아 버릴지 고민한다. 이 소리는 그를 미치게 만든다. 망가진 소파를 생각하면 더 화가 난다. 스트루델은 대체 왜 이러는 걸까?

스크래칭은 고양이에게 정상적이고 필수적인 행동이다. 모든 고양이는 발톱 외층을 제거하고 날카롭게 유지하기 위해 스크래칭을 해야 한다. 스크래칭을 못 하면 외층이 두꺼워지면서 발톱이 아래로 굽어 발바닥을 파고들 수 있다. 그렇게 되면 당연히 고통스럽고 감염이 일어날 수도 있다. 고양이는 높은 곳에 오르고 점프를 위해 힘을 줄 때 날카로운 발톱의 도움을 받기 때문에 발톱 관리는 정말 중요하다.

또한 스크래칭을 할 때는 척추가 스트레칭되는 효과도 얻는다. 스크래칭은 에너지를 해소하는 전위 행동이 되기도 하고 냄새와 시각적 메시지를 남기는 행동이기도 하다. 냄새 표시는 고양이의 정상적인 행동이다. 고양이는 발바닥 사이에도 냄새샘이 있어서 페로몬이라는 화학물질이 분비된다.

야외에서 생활하거나 종종 외출하는 고양이에게 냄새 표시는 다른 고양이들에게 자신이 이 지역에 있음을 알리고 자신의 감정에 대한 정보를 전달하는 행위다. 야외 생활을 하면서는 나무 울타리 기둥, 통나무, 나무 같은 것을 긁지만, 스트루델 같은 실내 고양이는 소파와 가구를 긁어 나무에 구멍을 내고 천에 작은 구멍이나 찢어진 자국을 남긴다. 모든 고양이는 이런 흔적을 남기려는 본능을 가지고 있으며 심지어 집에 소통할 고양이 없이 혼자 사는 경우에도 이런 본능이 나타난다. 비유하자면 스크래칭은 고양이만의 광고인 셈이다. 고양이들은 냄새와 시각적 표시를 통해 자신의 영역에서 안전감을 느낀다.

크레이그가 잠이 덜 깬 채 복도를 걸으며 모닝커피를 마셔야겠다고 생각하는데 스트루델이 그를 습격한다. 다리에 매달려 뒷발로 몇 번 차고는 사라진다. 스트루델은 왜 이런 행동을 할까?

대부분의 경우, 활기찬 어린 고양이가 그저 놀고 있는 것일 가능성이 높다. 물론 심각한 공격성 문제의 신호일 수도 있다. 크레이그는 정확히 어떤 상황인지 확인하기 위해 행동전문가와 상담할 필요가 있다. 놀이를 통해 나타나는 매복 습격 행동은 어린 고양이들에게 흔하게 나타난다. 사냥 행동을 할 때는 먹잇감에 몰래 다가가는 것이 유리하기 때문이다. 그렇다고 스트루델이 크레이그를 먹잇감으로 여긴다는 뜻은 아니다. 놀이가 사냥 행동의 일환이며, 조용하고 은밀한 공격이 이 놀이의 정상적인 일부라는 뜻이다. 놀이에서는 집에 있는 다른 고양이들과 반려동물들이 목표가 될 수 있다.

고양이들은 등반하고 높이 뛰어오르면서 새로운 장소를 탐험하고 높은 곳에서 세상을 바라보기를 좋아한다. 주방 조리대가 바로 그런 장소 중 하나다. 스트루델의 경우, 흥미로운 냄새나 크레이그와 더 가까워지려는 욕구에 이끌렸을 가능성도 있다. 커튼에 매달리는 것은 아마도 그곳이 햇볕이 들어오는 곳이기 때문일 것이다. 그곳에 있는 게 기분 좋았기 때문에 그 장소를 다시 방문하고 싶어 했을 것이다.

주방에 들어온 크레이그는 조리대 위에 있는 스트루델을 발견하고는 "내려와!"라고 소리치며 그녀를 바닥으로 밀어 내린다. 바닥에 착지한 스트루델은 혼란스러워한다. 왜 조리대 위에 올라가면 안 되는 거지? 재미있는 게 얼마나 많은데!

고양이가 높은 곳을 탐험하는 것을 얼마나 좋아하는지 체스터가 잘 보여 주고 있다.
© Carolyn Phillips

커피를 다 마신 크레이그는 깊은 숨을 들이쉬며 다시 침실로 향한다. 그때 스트루델이 복도에서 그를 가로막고 발치에 죽은 벌레를 물어다 놓는다.

고양이는 타고난 사냥꾼이다. 그래서 수천 년 전 가축화되었을 것이다. 인간은 정착 생활을 하며 곡물을 재배하고 저장하기 시작했다. 그 바람에 설치류가 몰려들었고 그 결과 고양이를 끌어들이게 되었을 것이다.

디코딩 유어 캣

포식 행동이라고도 불리는 사냥 행동은 본능이다. 모든 고양이는 사냥 본능을 타고나며 이 본능은 개체에 따라 다르게 나타날 수 있다. 또한 고양이의 경험에 따라 사냥 기술도 달라진다. 우리 고양이는 먹잇감을 발견하면, 즉 장난감이나 움직이는 사람을 발견하면 즉시 사냥에 적합한 자세를 취하고 먹잇감을 응시한다. 고양이는 먹잇감을 추적하고 접근하다가 덮쳐서 입이나 발로 잡는다. 사냥은 작은 먹잇감의 목덜미를 물어 숨통을 끊으면서 끝난다.

크레이그는 죽은 벌레를 쓰레기통에 버린 뒤 정상적인 일상으로 돌아왔다고 생각한다. 그 순간 그의 눈에 화분의 풀을 씹고 있는 스트루델이 들어온다. '뭐야, 고양이는 육식동물이잖아. 고기를 먹어야지 왜 풀을 뜯어먹지?'

고양이가 왜 식물을 씹는지에 대한 확실한 답은 없지만 몇 가지 이론이 있다. 풀이나 다른 식물을 먹는 것은 정상적이고 타고난 행동일 수 있다. 풀이나 다른 식물성 물질을 규칙적으로 먹을 필요는 없지만, 고양이는 이를 통해 어떤 이점을 얻고 있을 것이다. 길들여진 고양이만 이러는 건 아니다. 퓨마 같은 고양이의 야생 친척들의 대변에 최대 5~10퍼센트까지 풀 같은 물질이 포함된다.

하루 일과를 마친 뒤 크레이그는 편안한 밤을 기대하며 집으로 돌아온다. 가장 좋아하는 영화를 보려고 소파에 앉자마자 스트루델이 집 안을 뛰어다니고 가구 위를 뛰어오른다. 크레이그는 스트루델을 무시하고 그냥 잠자리에 든다. 하지만 한밤중에 스트루델이 그를 깨우며 울부짖고 물건들을 바닥에 떨어뜨린다.

이런 야행성 활동은 고양이 보호자들의 공통된 불만 사항이다. 특히 온종일 일하고 와서 가만히 쉬고 싶은 사람들에게는 정말 성가신 점이다. 고양이들은 본래 해질녘과 새벽에 더 활발한 박명박모성 동물이다. 이때 그들의 주된 먹잇감이 돌아다닌다. 평균적으로 고양이는 많은 시간을 자거나 쉬면서 보낸다. 농장에 사는 고양이는 하루에 7~11시간을 자거나 휴식하며 보내고, 조명으로 밝음과 어두움이 통제되는 환경에서는 10~16시간을 자거나 휴식할 수 있다.

불행히도 일부 실내 반려묘들은 할 일이 별로 없기 때문에 하루에 20시간까지 자거나 휴식하는 것으로 보고되었다. 그들이 저녁에 집에 돌아온 보호자를 깨우는 것은 놀랄 일이 아니다. 고양이의 하루를 통틀어 그나마 뭐라도 같이 할 만한 대상은 보호자밖에 없다.

고양이 행동에 관한 궁금증

짜증나는 고양이의 행동에 대처하는 데 가장 큰 걸림돌은?

가장 대표적인 것이 스트루델이 보인 행동 같은 것을 앙심을 품어서라거나 단순히 장난꾸러기라서 그렇다고 생각하는 것이다. 조리대에 뛰어오르거나 식물을 뜯어 먹거나 가구를 긁거나 하는 것은 모든 고양이에게 자연스러운 행동이다. 크기, 나이, 품종에 상관없이 모든 고양이는 긁고, 소리를 내고, 오르고, 사냥한다. 우리를 괴롭히려는 게 아니다. 원래 고양이가 하는 일일 뿐이다.

고양이는 배우지 않아도 사냥을 할까?

바깥 세상에 전혀 노출되지 않은 새끼 고양이도 그럴까? 다른 고양이가 사냥하는 것을 본 적이 전혀 없어도? 그렇다.

사냥은 고양이에게 본능적인 행동이다. 고양이는 기회가 주어지면 사냥을 한다. 새끼 고양이는 보고 배운 적이 없지만 작은 털이 있는 생물이 바닥을 가로질러 달리는 것을 보면 쫓아간다. 고양이의 눈에는 빠르게 움직이는 물체에 즉시 반응하는 수용체가 있다. 사냥은 먹잇감의 소리나 모습을 보고 촉발되는 일련의 포식 행동이다.

고양이가 배고프지 않으면서도 사냥을 하는 이유는 무엇이고 왜 죽인 것을 나에게 가져오는 걸까?

먹잇감을 잡고 죽이는 근본적인 동기는 배고픔만은 아니다. 야생에서 고양이는 하루 종일 여러 먹잇감을 사냥하고 먹는다. 다음 식사가 언제가 될지 모르기 때문에 어떤 기회도 놓치지 않는다. 다시 말해, 고양이는 자신을 억제하지 못할 수도 있다. 만약 고양이가 정말로 배고프다면 먹잇감을 죽인 후 먹을 것이다. 죽은 사체를 남겨 두는 것은 고양이가 배가 불러서일 수 있다. 외출 고양이는 먹잇감이 더 이상 움직이지 않아 흥미를 잃으면 그곳에 버려 두거나 나중에 간식으로 먹기 위해 집 안으로 가져온다. 또는 놀이 요청 차원에서 우리에게 가져오는데 이는 이 장난감을 다시 움직이게 해 달라는 의미다.

고양이가 조리대에 올라가면 물뿌리개를 사용해 내려오게 하는데, 내가 집에 없을 때 조리대 위에 올라가면 어떻게 해야 할까?

고양이는 행동을 결과와 연관 짓는다(6장 참고). 일부 고양이는 조리대에 올라가는 행동보다는 물을 맞은 결과를 물병의 존재와 연관 지을 수 있다. 이 경우 조리대에 올라가면 안 된다는 것을 배우지 못한다. 그저 물뿌리개가 나타나면 나쁜 일이 생긴다는 것을 배울 뿐이다. 그러므로 고양이가 조리대를 향해 걸어가 올려다보고는 (뛰어오르지 않고) 그냥 돌아섰을 때 보상을 줘야 한다. 고양이와 함께 놀고 교육 게임도 하면 우리가 외출했을 때 고양이는 조리대에 뛰어오를 만큼 에너지가 남아 있지 않을 수도 있다. 혹은 단순히 부엌에서 높은 곳에 있고 싶어 할 수도 있으니 높은 캣타워나 선반 같은 것을 조리대 근처에 두는 것도 효과적일 수 있다.

고양이는 왜 물건을 바닥에 떨어뜨리는 것을 좋아할까?

고양이는 호기심이 많고 주변 환경에 있는 모든 것에 관심이 있다. 많은 고양이가 세상 속 물건들과 상호작용하기 위해 발과 입을 사용하는 것을 좋아한다. 그런데 발로 물건을 만지다가 실수로 바닥에 떨어뜨릴 수 있다. 때로는 물건을 잡으려다가 떨어뜨릴 수도 있다. 아니면 물건을 치고 놀거나, 떨어지는 동작을 보는 것을 즐기거나, 그것이 바닥에 떨어질 때 나는 소리를 좋아할 수도 있다. 또는 우리 관심을 끌기 위해 물건을 떨어뜨릴 수 있다. 고양이가 무언가를 바닥에 떨어뜨렸을 때 우리가 어떤 식으로든 반응을 하면 고양이가 그것을 반복할 가능성이 높아진다.

고양이는 자기가 속한 세상 속 모든 것을 조사한다. 포터가 가장 좋아하는 취미 중 하나는 신발 조사하기다.
© *Debra F. Horwitz*

기둥형 스크래처과 패드형 스크래처를 소파 옆에 놓아도 왜 우리 고양이는 계속 소파를 긁을까?

고양이는 뒷다리로 서서 스트레칭을 해야 한다. 만약 소파가 기둥형 스크래처보다 높다면 고양이에게는 소파가 더 편할 수 있다. 소파 옆 바닥에 패드형만 놓여 있다면 수직 표면에 긁고 싶어서, 반대로 기둥형만 있다면 수평 표면도 원하기 때문에 소파 상단이나 좌석 쿠션을 긁게 될 수 있다. 간단한 해결책은 수평 표면이 있는 높은 기둥형 스크래처을 제공하는 것이다. 그렇게 하면 고양이의 모든 요구를 충족시킬 수 있다. 소파에 고양이 스크래칭 자국이 남아 있다면 그 시각적 표시와 냄새 때문에 다시 그곳에 스크래칭을 할 수도 있으니, 소파에 비닐이나 커버를 덮는 것이 좋다.

시작하기_ 동기를 파악하고 욕구를 충족시킨다

이런 모든 행동이 고양이의 본능이라면 개선의 여지는 없는 걸까? 그렇지 않다. 고양이는 교육이 가능하며 행동도 수정할 수 있다(6장 참고). 우선 행동의 근본적인 동기를 이해하는 것이 중요하다. 바탕에 깔린 동기와 본성을 이해하지 못하면 문제를 해결하기 어렵다. 또한 우리로서는 받아들일 수 없는 고양이의 자연스러운 행동을 못 하게 하려면 우리의 행동도 어느 정도 수정해야 한다. 즉 우리가 고양이에게 제공하는 것과 상호작용하는 방식을 바꿀 필요가 있다. 이런 전략에는 다음이 포함된다.

- 충분한 신체적·정신적 자극 제공
- 원하지 않는 행동을 예방하거나 억제하기 위한 '관리 기법' 사용
- 우리가 받아들일 수 있는 방식으로 고양이가 행동할 수 있도록 더 적절한 대안 제공

사냥하고 탐험할 수 있는 풍부한 환경이 제공되면 대체로 고양이는 대부분의 기본적인 욕구가 충족될 수 있다. 예를 들어, 여러 끼의 식사를 제공하면 고양이는 자연스러운 식습관을 가질 수 있고, 먹이 급여 장난감을 제공하거나 집 안 곳곳에 작은 음식 그릇을 숨겨 두면 그 먹이를 사냥하느

라 신체적·정신적 에너지를 적절히 배출할 수 있다.

매일 10~20분 동안 장난감을 가지고 놀아 주는 것은 고양이에게 추가적인 신체적·정신적 자극이 된다. 주기적으로 시간을 정해 간단한 교육을 진행하는 것도 에너지를 소비하는 동시에 머리도 쓰는 매우 긍정적인 활동이 된다. 교육 세션은 고양이가 갈망하는 관심을 제공하며 동시에 낮 동안 쌓인 에너지를 발산하는 기회가 된다. 이를 통해 고양이와 긍정적으로 상호작용할 수도 있다.

방해 요인은 되도록 없애고 고양이가 성공을 경험할 수 있도록 최선을 다해 준비하자. 이것이 바로 '관리 기법'이다. 즉 가구를 덮어 고양이가 긁는 것을 막고, 식물을 손이 닿지 않는 곳에 두고, 주방 조리대에 음식을 놓지 않으며, 고양이가 작은 동물들을 사냥하지 않도록 밖에 나가지 못하게 한다.

되도록 고양이가 원하지 않는 행동을 하기 전에 또는 행동을 하는 도중에 주의를 돌리도록 유도한다. 고양이의 주의를 끌어 우리가 선호하는 다른 행동으로 전환시킨다. 예를 들어, 고양이가 소파 쪽으로 다가가는 것을 보면 긁기 전에 멈추게 해야 한다. 고양이는 그것이 잘못된 행동이라는 것을 모른다. 이름을 불러 주의를 끌고, 기둥형 스크래처 쪽으로 유도한 다음 거기에서 긁는 것을 보상해 준다. 심지어 우리가 직접 긁는 것을 보여 줘도 좋다. 고양이가 복도에서 우리를 기습하는 것을 허용하는 대신, 고양이를 부른 다음 반대 방향으로 몇 개의 장난감을 던져 그것을 쫓게 하면 우리는 무사히 복도를 지나갈 수 있다.

조리대 및 금지된 다른 높은 곳에
올라가는 행동 고치기

고양이가 높은 곳에 올라가는 걸 좋아하는 이유에 대해서는 이미 이야기했다. 고양이 행동을 바꾸기 위해서는 우리 행동도 바꿔야 하고 고양이의 환경도 바꿔 줘야 한다.

음식, 식물 또는 햇볕 쬐는 장소와 같이 고양이에게 흥미로울 수 있는 것들을 조리대에서 치운다. 이런 것들은 간헐적으로 조리대에 뛰어오르는 것을 보상할 수 있으며, 설령 그것을 어쩌다 한 번씩만 얻더라도 고양이에게는 충분한 동기가 된다.

고양이가 특정 구역에 올라가는 것을 방지하는 장치를 사용하는 것은 단기적으로는 도움이 될 수 있지만 고양이의 근본적인 동기를 해결하지는 못한다. 게다가 이런 방지 장치들은 불안과 스트레스를 유발할 수 있다. 특히 고양이가 다른 곳에 정상적으로 올라가고 거기서 쉬는 행동을 할 수 없는 경우 더 그렇다. 만약 고양이가 큰 소리나 공기를 분사하는 장치에 유난히 겁을 먹는다면 도망가다가 다칠 수도 있다. 또한 그 방지 장치가 우리와 연관되면 유대감이 손상될 뿐만 아니라 고양이에게 우리가 없을 때는 어디든지 올라갈 수 있다는 것을 가르치게 될 수 있다.

고양이가 높은 곳에 오르거나 쉬는 것을 좋아하는 한, 한 장소에 방지 장치를 둬 봐야 소용없다. 다른 높은 장소를 찾아 탐험하거나 쉬려는 동기를 부여할 뿐이다. 가장 좋은 해결책은 고양이가 오를 수 있는 장소를 제공하는 것이다. 직접 만들든 구매를 하든 캣타워는 좋은 선택이다. 심지어 단순한 상자나 종이 가방을 높은 선반 위에 두는 것도 흥미를 줄 수 있다. 이러한 새로운 높은 곳을 고양이가 이미 자주 올라가는 곳 가까이에 둔다.

엎드려 쉴 수 있는 자리와 숨을 공간 그리고 높고 튼튼한 기둥형 스크래처를 갖춘 제품이라면 바람직한 캣타워라 할 수 있다.

고양이는 일반적으로 보드라운 표면 위에서 쉬는 걸 좋아한다. 우리가 정해 놓은 높은 장소에 담요나 전기 매트, 고양이 침대를 놓고 고양이가 그곳에 올라가 쉬면 보상해 준다. 이런 장소들을 더 매력적으로 만들기 위해 작은 간식 조각을 숨겨 두는 것도 좋다. 이렇게 하면 고양이는 새로운 장소에 끌리게 될 뿐만 아니라 사냥도 하게 되어 두 가지 풍부한 자극을 동시에 얻을 수 있다. 흥미를 유지하려면 고양이가 발견할 수 있는 보상을 다양하게 바꿔 준다.

또한 고양이는 따뜻한 장소에 쉽게 끌린다. 고양이 전용 전기 매트나 온열 침대를 휴식 장소에 놓으면 고양이가 자연스럽게 와서 쉬는 일이 많아질 것이다.

가구 긁기와 파손 행동 수정

잠시 멈추고 집을 살펴보자. 집에 기둥형 스크래처는 충분한가? 여러 장소에서 긁는 것을 선호하는 고양이도 있으므로 각각의 공간에 적어도 두 가지 옵션은 제공해야 한다.

고양이에게 다양한 재질로 만들어진 기둥형 스크래처를 제공하고 있는가? 특정 재질을 선호하는 고양이도 있다. 시중에서 판매되는 캣타워는 카펫, 사이잘, 골판지, 천연 나무 등 재질이 다양하니 고양이에게 선택권을 준다. 예를 들어, 캣닢을 뿌린 저렴한 골판지 기둥형 스크래처와 사이잘 삼 줄로 감싼 기둥형 스크래처를 함께 제공해, 고양이가 더 자주 긁는 재질로 된 기둥을 더 많이 제공한다. 만약 고양이가 우리가 좋아하는 의자를 선택하고 다른 대체품은 거부한다면, 그 의자의 천 조각과 같은 것을 기둥형 스크래처 한쪽에 붙이고 고양이가 그것을 긁을 때 보상해 준다.

어떤 고양이는 카펫이나 계단 깔개 같이 수평면을 긁는 걸 더 좋아한다. 고양이의 수평면 스크래칭 욕구를 충족해 줄 도구도 제공하는 것이 중요하다. 고양이가 수평과 수직 중 어느 쪽을 선호하는지 알아내기 위해 고양이가 좋아하는 재질로 된 두 개의 스크래처를 제공한다. 하나는 바닥에 수평으로 놓고 다른 하나는 수직으로 세워서 어느 쪽을 더 자주 사용하는지 확인한다.

스크래처 직접 만들기

손재주가 좋다면 튼튼한 기둥형 스크래처를 직접 만들 수 있다. 별도의 화학 처리를 하지 않은 목재 두 개를 마련한다. 하나는 바닥판이고 하나는 기둥이다. 바닥판용 나무는 사용 중 흔들리지 않도록 넓고 묵직한 것을 쓴다. 기둥으로 세우는 나무는 길이가 충분해야 고양이가 뒷발로 서서 몸을 스트레칭하면서 긁을 수 있다.

바닥판 나무에 기둥 나무를 못질한다. 기둥과 바닥 사이 각목을 덧대면 추가로 긁을 표면이 생길뿐더러 각목이 지지대 역할을 해 안정감도 높아진다. 각목은 사이잘 삼줄이나 거친 천 등 고양이가 좋아하는 재질로 감싸고 각 부위가 흔들리지 않게 튼튼히 못질하되, 못이 밖으로 나오지 않게 주의한다. 통나무 기둥이 있다면 각목 대신 써도 좋다. 나무는 야생에 사는 대부분의 고양이들에게 자연스러운 선택이다. 다만 벽난로 땔감용으로 화학 처리된 나무는 사용하지 않도록 주의한다.

기둥형 스크래처가 고양이가 시간을 가장 많이 보내는 곳에 있는가? 야외에서 사는 고양이를 관찰하면 주로 활동 영역 주변에 있는 물체보다는 그 경계 안쪽에 있는 물체에 더 자주 스크래칭을 한다. 그들은 영역 내 다른 고양이들에게 시각적 신호를 남기기 위해 눈에 띄는 물체를 긁는다. 길들여진 고양이도 방 안 눈에 띄는 가구 표면을 긁는 것을 선호한다. 아무도 보지 않는 곳에 메시지를 남겨서 무엇 할까? 또한 사람도 자고 나면 기지개를 켜는 것처럼 고양이도 자다 일어난 직후 몸을 쭉 스트레칭하며 어딘가를 긁고 싶어 한다.

기둥형 스크래처는 소파 뒤 좁은 공간이나 지하실 같은 곳에 숨겨 두지 말고 고양이가 자주 다니는 곳에 놓아둔다. 고양이가 주로 자는 곳 가까이에도 하나 놓는다. 고양이를 잘 관찰하면 어디에서 긁는 걸 가장 좋아하는지 알 수 있다. 고양이가 긁고 있는 가구 옆에 둔다. 가구 대신 기둥형 스크래처를 긁기 시작하면 칭찬하고 보상한다. 그 후 몇 주 동안 기둥형 스크래처를 고양이가 선호하는 영역 안에서 천천히 원하는 위치로 옮긴다. 하루에 몇 센티미터씩만 옮겨야 한다.

변화에 빠르게 적응하는 고양이도 있지만 새로운 옵션에 익숙해지는 데 시간이 걸리는 고양이도 있다. 인내심을 가지고 고양이가 기둥형 스크래처를 사용하도록 유도한다. 교육하는 동안 긁힌 가구에는 비닐 커버를 씌워 두거나 자주 긁는 표면에 양면테이프를 붙이면 고양이가 긁는 걸 방지할 수 있다. 스티키 포즈Sticky Paws 같이 고양이 스크래칭 방지용으로 나온 양면테이프는 나중에 뗄 때 가구에 끈적임이 남지 않아서 유용하다. 대부분의 고양이는 끈적이는 것을 불쾌하게 느끼므로 가구 대신 옆에 있는 기둥형 스크래처를 긁을 것이다.

기둥형 스크래처에 캣닢을 문지르거나 장난감을 기둥형 스크래처를 따라 움직이게 해 고양이를 유인할 수도 있다. 펠리스크래치Feliscratch by

Feliway 같은 페로몬 제품도 유용하다. 펠리스크래치에는 고양이가 스크래칭할 때 발의 냄새샘에서 방출되는 페로몬의 인공 버전이 포함되어 있다. 몇 주 동안 고양이가 스크래칭하길 원하는 곳에 꾸준히 뿌리면 고양이가 그곳에서 스크래칭하게 될 것이다. 이후에는 더 이상 제품이 필요하지 않게 된다.

파블로프 캣 스크래치 피더Pavlov's Cat Scratch Feeder는 큰 기둥형 스크래처처럼 생긴 급식기다. 고양이가 기둥을 긁으면서 아래로 힘을 가하게 되면 기둥 아래에서 음식이 나온다. 이 방법은 고양이의 스크래칭 행동을 강화한다. 고양이는 여기에서 긁으면 먹을 것이 나온다는 것을 배우게 되기 때문이다. 많이 긁을수록 더 많이 먹을 수 있다.

플라스틱 네일캡을 발톱에 씌워 두는 것도 가구 보호를 위한 한 가지 방법이 될 수 있다. 집에서 직접 씌우거나 미용사 혹은 수의테크니션의 도움을 받으면 된다. 네일캡은 보통 6~8주마다 교체해서 사용하지만 평소에 잘 떨어지기도 하고 고양이가 씹어서 떼어내는 경우도 있으므로 반드시 잘 살펴봐야 한다. 네일캡을 씌우더라도 그와 별개로 매력적인 스크래처를 많이 제공해야 한다.

발톱 제거 수술에 관해서는 미국수의행동학회와 미국수의사회 모두 반대하고 있다(7장 참고). 사람을 할퀴는 등 공격적인 행동을 줄이는 데는 도움이 되지만 윤리적으로 논란이 크다. 행동 개입, 환경적 유발 요인의 변화, 기타 치료 옵션 없이 발톱 제거만으로는 근본적인 문제가 절대 해결되지 않는다. 발톱 제거는 되도록 하지 말아야 한다.

> ### 고양이에게 친숙한 기둥형 스크래처 만들기
>
> 스크래칭은 고양이에게 필수적인 행동이다. 적절한 장소에 적절한 기둥형 스크래처를 배치하여 그곳에 스크래칭하도록 인내심과 끈기를 갖고 교육한다면 고양이는 우리가 원하는 곳을 긁게 될 것이다.
>
> - 현재 고양이가 긁는 가구 바로 옆에 스크래칭 기둥을 둔다.
> - 질감과 크기, 모양이 다른 다양한 스크래처를 제공한다.
> - 고양이가 스크래칭 기둥을 긁을 때마다 칭찬하고 간식을 주거나 쓰다듬어 보상해 준다.

사냥 욕구 채워주기

길들여진 고양이는 야생 고양잇과 동물에 비해 매우 작고 연약해 보일지 몰라도 이들 역시 매우 훌륭한 사냥꾼이다. 고양이가 집 밖에서 사냥하는 모습을 보게 되면 얼마나 강력한 사냥꾼인지 깨닫게 될 것이다. 고양이는 이러한 사냥 실력으로 정원이나 인근 지역의 야생동물에 영향을 미친다. 예를 들어, 새의 개체수를 줄이기 때문에 고양이를 밖에 내보낼 때는 이런 점을 고려해야 한다.

고양이로부터 지역 야생동물을 보호하는 가장 쉬운 방법은 고양이를 집 밖으로 내보내지 않는 것이다. 고양이도 실내에 머물면 더 오래 건강하게 살뿐더러, 감염이나 자동차, 포식자, 악의적인 인간 같은 위험 요소를 피할 수 있다.

또는 고양이가 밖에서 보내는 시간을 제한하고 관리하는 방법도 있다. 고양이가 정원 안에만 머물도록 울타리를 설치한다. 고양이가 바깥 시간을 즐기면서도 작은 동물을 사냥하지 않도록 창가 화단window box이나 고양이를 위한 파티오, '캣티오'를 구입하거나 직접 만든다. 하네스와 리드줄을 착용하도록 교육해 함께 산책을 즐길 수도 있다. 이때 고양이를 줄에 묶은 채로 절대 혼자 두어서는 안 된다!

음식을 충분히 주어 사냥 욕구를 줄일 수도 있다. 고양이는 배가 불러도 여전히 사냥하고 먹잇감을 죽일 수 있지만 먹을 가능성은 줄어든다. 일부 고양이는 배가 부르면 작은 먹잇감을 덜 추격하기도 한다. 고양이는 만족스러운 식사 후 낮잠을 선호할 수 있다.

먹이 급여 장난감으로 사냥 본능을 어느 정도 충족시키며 실내에서 즐거운 시간을 보내게 할 수도 있다. 이 활동에 대한 흥미를 유지하게 하려면 다양한 종류의 장난감을 제공해야 한다. 화장지 롤, 빈 요거트 용기, 작은 골판지 상자 같은 것으로 장난감을 만들어 줄 수도 있다. 이러한 장난감들은 고양이에게 끝없는 즐거움을 제공한다.

3분이면 만드는 간단한 먹이 급여 장난감

다 쓴 휴지 심지 혹은 키친 타월 심지에 건사료나 마른 간식을 넣고 양끝을 꾹 접은 다음 원통에 구멍을 여러 개 뚫어 고양이에게 준다. 몇 번 직접 굴려서 사료가 나오는 모습을 보여 주면 좋다.

고양이가 먹이 급여 장난감에 흥미를 보이지 않더라도 먹이를 사냥하도록 만들 수 있다. 고양이의 식사를 3~5개의 작은 음식 그릇이나 소스 접시에 나누어 집 안 곳곳에 놓는다. 평소 먹이를 주는 곳에 한 그릇 놓고, 다른 그릇은 고양이가 지나갈 가능성이 있는 곳이나 좋아하는 낮잠 장소에 둔다. 매일 고양이가 충분히 먹고 있는지 확인해야 하므로 천천히 시작한다. 처음에는 '사냥'에 어려움을 겪을 수 있으니 그릇을 내려놓을 때 고양이의 주의를 끈다.

야외에서 진짜 사냥을 경험한 적 없는 고양이의 경우 행동을 바꾸기 쉽다. 반면 고양이가 야외 사냥을 경험했다면 보호자가 더 인내심을 가져야 한다. 이 본능적인 행동을 연습까지 했기에 그 행동을 바꾸기란 더 어렵다. 사람들도 행동을 바꾸는 데 몇 주 심지어 몇 달이 걸리듯 고양이도 마찬가지다. 방울이나 초음파 장치를 고양이에게 달면 먹잇감에게 고양이의 접근을 알려 사냥 성공률을 낮출 수 있다. 고양이 턱받이라고 불리는 캣빕 CatBib이라는 제품도 있는데, 새를 죽이는 것을 방지해 주지만 고양이에게 좌절감과 두려움을 안겨 줄 수 있다. 게다가 이런 제품이 잘 먹히지 않는 고양이도 있다. 일부 영리한 고양이들은 이런 제품에도 여전히 사냥을 할 수 있다.

밤에 자꾸 깨우는 문제 고치기

고양이는 왜 밤만 되면 그렇게 미쳐 날뛰는 걸까? 스트루델처럼 젊고 에너지 넘치는 고양이는 온종일 집에서 쉬었다면 퇴근 후 돌아온 우리에게 상호작용과 자극을 원할 것이다. 잠자리에 들기 전에 고양이와 놀아 주지 않으면 고양이는 에너지가 넘친 상태로 있게 된다. 그러니 이른 저녁에 한 번, 그리고 잠자기 직전에 또 한 번 짧은 놀이 시간을 가져 고양이의 활동 욕구를 충족시켜 준다.

사람이 없는 낮 시간에 고양이를 활동적으로 만들려면 전략적 계획이 필요하다. 환경과 상호작용할 수 있는 기회는 고양이에게 흥미로워야 하고, 계속해서 그것을 할 만큼 충분히 동기부여가 되는 보상이 제공돼야 한다. 그런 점에서 먹이 급여 장난감이 확실한 도움이 된다. 낮 동안 고양이를 충분히 활동적으로 만들어 밤에 잘 자도록 하는 데 어떤 놀이 도구가 효과적일지 알아내기 위해서는 시행착오가 필요할 수 있다.

고양이에게 함께 놀 친구를 찾아 주는 것도 한 가지 방법이 된다. 비슷한 활동량과 놀이 스타일을 지닌 성묘 혹은 새끼 고양이면 좋다(집에 새로 고양이를 소개할 때 주의해야 하는 점에 대해서는 5장 참고). 다른 종의 친구도 훌륭한 동반자가 될 수 있다. 많은 고양이가 개와 멋진 우정을 쌓지만 개를 무서워하는 고양이도 많다. 각 반려동물은 개별적인 관심, 자원, 수의학적 관리가 필요하다는 점을 기억한다.

밤에 깨어 있는 고양이는 집 밖에서 들리는 소음, 즉 야생동물이나 거리 소음에 반응할 수 있다. 또한 집 안에서 들리는 소음, 예를 들어 알람 소리, 보호자의 코 고는 소리 또는 벽 안에서 나는 쥐나 다른 작은 동물의 움직임 소리에 반응할 수 있다.

샴 같은 오리엔탈 품종들은 다른 종에 비해 수다스러운 편이어서 단순히 당신과 소통하려고 많이 울 수도 있다. 밤에 고양이와 대화하고 싶지 않다면 고양이가 한밤중 대화를 시도할 때 응답하지 말아야 한다.

고양이가 밤새 울부짖거나 울음소리를 낸다면 고양이가 중성화되었는지 살펴보고 호르몬에 반응하는 것은 아닌지

스퀴도 다른 샴 고양이처럼 말이 많은 편이다.
© *Wailani Sung*

확인한다. 일부 호르몬 또는 내분비계 질환도 과도한 울음소리를 유발할 수 있다. 통증이나 불편함, 고혈압이나 갑상선 기능 항진증과 같은 질병도 원인이 될 수 있다.

평생 별다른 문제없이 밤에 잘 잤던 성묘도 나이가 들면서 잠을 잘 못 이루거나, 밤새 주기적으로 깨는 등 수면의 질이 떨어질 수 있다. 때로는 혼란스러워하며 울음소리를 낼 수도 있다. 이러한 행동 변화는 통증이나

인지기능장애증후군(사람의 알츠하이머병과 유사한 질환)과 같은 질환 때문일 수 있으므로 수의사를 방문하는 것이 좋다(노령묘에 대한 더 많은 정보는 13장 참고).

일찍 일어나서 일찍 먹는 것을 좋아하는 고양이도 있다. 이 경우 보호자가 아침 식사나 간식을 줄 때까지 계속 괴롭힐 수 있다. 고양이는 매우 똑똑하며 빠르게 배운다는 점을 기억해야 한다. 많은 고양이는 음식을 주거나 놀아 주거나, 심지어 소리를 지르는 등의 반응마저도 즐길 수 있다. 그러니 고양이가 밤에 우리를 깨웠을 때 이를 보상하는 실수를 하지 않도록 주의한다.

대부분의 고양이는 규칙적인 일과를 선호하는데, 아침 일찍 일어나 식사를 하는 일과를 확립했을 수도 있다. 일요일에도 말이다. 이때는 고양이의 배고픔을 달래기 위해 먹이 급여 장난감을 두는 것이 도움이 된다. 자동으로 먹이를 배급하는 타이머가 달린 급식기도 유용하다. 타이머를 고양이가 보통 울기 시작하는 시간 몇 분 전에 맞춰 두면 보호자가 일어나지 않아도 된다.

불안감도 고양이가 밤에 깨는 원인일 수 있다. 고양이의 일과 또는 우리의 일과에서 무언가가 달라졌는지 살펴본다. 내 고양이 환자 중 하나는 이사 후 새 집에서 밤에 깨기 시작했다. 보호자들이 조사한 결과, 고양이가 소중히 여기던 모포가 여전히 이삿짐 상자에 있었다. 모포를 꺼내 제자리에 두자 고양이는 평소의 수면 패턴으로 돌아갔다. 문제 해결!

사람을 덮치는 행동 고치기

고양이에게 올바르게 노는 법을 가르치는 첫 번째 단계는 낚싯대 장난감이나 막대 장난감 같이 우리 신체에서 멀리 떨어지는 장난감, 던져줄 수 있는 것 또는 스스로 움직이는 것을 사용해 매일 규칙적으로 놀이 세션을 갖는 것이다. 새끼 고양이의 관심이 적절한 장난감으로 전환되고 덮치는 행동이 강화되지 않으면 고양이는 성장하면서 그 행동을 자연스럽게 그만두게 된다. 고양이가 이런 행동을 하는 특정 시간이 있다면, 그 시간이 되기 전에 미리 놀이 시간을 가진다.

사람 손이나 발로 놀아 줘서는 안 된다. 놀이 시간은 처음에는 짧게 갖고 점점 늘려서 하루 한두 번 15분씩 논다. 통통 튀거나 파닥파닥 움직이는 장난감을 사용해 고양이가 자연스럽게 몰래 접근하고, 달리고, 공격하는 행동을 할 수 있게 해 준다. 장난감은 안전하고 삼킬 수 없는 것이어야 한다. 특히 끈이 있는 장난감은 놀이가 끝나면 치워 둔다.

매번 똑같은 장난감만 사용하면 고양이가 싫증낼 수 있으니 여러 종류를 바꿔 가며 사용한다. 레이저 포인터를 좋아하는 고양이라면 빛을 '잡을 수 있는' 장난감이나 간식 위에 쏴서 고양이가 달려들어 잡을 수 있게 해 준다. 그러지 않으면 실체 없는 빛만 쫓다가 좌절하거나 더 흥분할 수 있다.

클리커 트레이닝은 고양이의 과도한 에너지를 발산하는 데 매우 훌륭한 활동이다. 특히 자꾸 사람을 덮치는 고양이라면 클리커 트레이닝을 통해 '자리로 가'나 '매트에 앉아' 같이 양립할 수 없는 행동을 가르칠 수 있다. 고양이가 클리커 트레이닝을 즐긴다면 '하이파이브'나 '구르기' 같은 재주도 가르칠 수 있다.[22]

일부 고양이들은 안전한 환경에서 야외 탐험을 하는 것이 도움이 될 수 있다(이 장의 '사냥' 부분 참고). 고양이에게 하네스와 리드줄을 착용하도록 교육시키는 것은 그리 어렵지 않다. 산책은 고양이가 정해진 틀 안에서 안전하게 움직이면서도, 변화하는 환경을 경험할 기회가 된다. 야외 고양이 터널과 놀이 펜스, 안전 울타리 제품들도 고려해 볼 수 있다. 모두 고양이가 안전하게 야외를 탐험하게 하는 데 유용하다.[23]

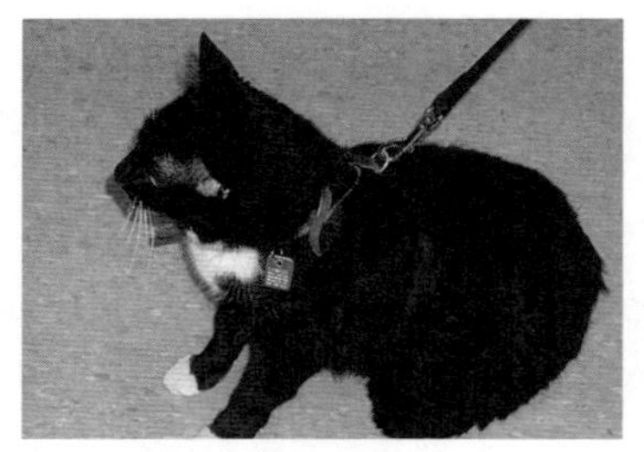

고양이용 하네스를 착용하고 산책하는 것도 하나의 선택지가 된다.
© Debra F. Horwitz

고양이에게 놀이 친구를 소개하는 것도 고려한다. 고양이와 잘 상호작용하고, 에너지 수준이 비슷하며, 비슷한 방식으로 놀기를 즐기는 고양이는 좋은 놀이 친구가 된다. 새로운 고양이를 기존 고양이에게 소개하는 데는 시간이 걸리고 인내심이 필요하며, 반드시 성공하는 것도 아니다(5장 참고). 이 전략은 보통 장난기 많은 새끼 고양이에게 가장 효과적이고 성묘에게는 그리 도움이 되지 않을 수 있다.

고양이의 목걸이에 방울을 달아 고양이의 접근을 알 수 있도록 하는 것도 좋다. 이렇게 하면 그 자리를 피하거나 놀이할 장난감을 준비할 수 있다. 이때는 어딘가에 걸리거나 엉키지 않고 유사시 재빨리 풀 수 있는 안전한 목걸이를 사용한다. 일부 고양이는 방울을 달고 다니는 것을 재미있는 도전으로 생각하기도 한다. 우리 환자 중에는 작은 방울 10개를 달고도 소리 없이 몰래 접근하는 고양이들이 있었다!

실내 식물을 먹는 행동

식물을 먹는 건 고양이에게 자연스러운 행동이다. 고양이가 집 안의 식물을 먹지 못하도록 하는 가장 쉬운 방법은 고양이에게 씹어도 되는 고양이 풀이나 다른 안전한 식물을 제공하는 것이다. 이는 반려동물용품점에서 구입할 수 있다. 고양이 풀을 실내에 두고 끝부분이 자라도록 매주 다듬어 준다. 만약 고양이가 풀을 먹은 후 토한다면, 딜, 민트, 바질, 타임, 파슬리, 로즈마리와 같은 식용 허브를 시도한다.

밖에서 사는 고양이들도 풀을 뜯는다. 실내에서 지내는 우리 고양이도 자신을 위해 키운 풀을 좋아할 수 있다.

© Carlo Siracusa

그동안 집 안의 식물을 고양이가 닿지 않는 곳에 둔다. 그러기 어렵다면 식물에 반려동물 용품점에서 구할 수 있는 쓴맛이 나는 물질을 바르거나 식초를 뿌리는 방법을 시도할 수 있다. 이런 물질을 잎 뒷면에 바르면 고양이가 씹다가도 그 맛 때문에 물러나게 된다. 다만 개의치 않고 계속 씹다가 결국 먹은 것을 카펫 위에 토할 수도 있다.

고양이가 단순히 씹는 것을 좋아할 수도 있는데 식단이 부드러운 음식으로만 이루어진 경우 그렇다. 이럴 때는 씹는 욕구를 충족할 만한 적절한 물건을 제공한다. 예를 들어, 치아 건강을 위한 간식이나 씹기에 적합한 고양이 전용 음식을 주면 고양이가 식물 씹는 걸 예방할 수 있다.

고양이가 집에 사람이 있을 때만 식물을 씹는다면 아마도 식물을 씹으면 가족의 관심을 끌 수 있다고 학습했을 가능성이 있다. 소리를 지르는 것 같은 부정적인 관심이라 해도 그렇다. 고양이가 식물 쪽으로 가는 것을 보면 길을 막는다. 고양이의 이름을 불러 주의를 끌고 식물 대신 우리와 상호작용하도록 이끈다. '식물을 씹는다=우리의 관심을 끈다'라는 사이클이 반복되지 않도록 주의해야 하는데, 그러기 위해서는 미리 고양이의 주의를 다른 쪽으로 돌리고 긍정적이고 더 적절한 활동을 제공한다.

고양이가 식물 씹는 현장을 목격하면 주의를 돌리고 다른 행동이나 활동에 집중하도록 이끈다. 먼저, 새로운 소리를 내서 고양이의 관심을 끌고 고양이가 식물 씹기를 멈추면 즉시 더 바람직한 행동으로 전환시킨다. 예를 들어, 종이 공을 던져 쫓아가게 하거나 낚싯대 장난감을 잡게 한다. 클리커 트레이닝은 고양이에게 간단한 재주를 가르쳐 식물 씹기에서 다른 데로 관심을 돌리는 데 유용하다. 또한 클리커 트레이닝을 사용해 다른 장난감을 가지고 놀거나 캣그라스를 씹는 것 같은 더 적절한 행동을 강화할 수 있다.

장미는 고양이에게 무독성이지만 가시를 좋아하지 않는 고양이도 있다. © *Wailani Sung*

 디코딩 유어 캣

인내심을 갖고
바람직한 행동을 할 때만 강화한다

보호자들은 원치 않는 고양이의 행동을 없애고자 흔히 벌을 준다. 물뿌리개, 부비 트랩, 시끄러운 소음 등으로 말이다. 단기적으로 보면 효과가 있는 듯하지만 이런 방법으로는 고양이의 본성과 고양이가 표현하고자 하는 자연스러운 행동을 바꾸지 못한다. 벌을 주어 빨리 해결하고 싶어진다면 그 행동이 고양이의 공격적 반응을 유발할 수 있다는 것을 기억한다. 또한 고양이의 불안감을 증가시키고, 우리와 고양이 사이의 유대감도 손상시킬 수 있다. 고양이는 눈치가 빠르기 때문에 우리 앞에서는 그 행동을 안 하다가 우리가 없을 때 한다.

더 긍정적인 해결책은 고양이의 자연스러운 행동을 받아들이고 고양이와 우리 모두에게 적합한 방식으로 그 행동을 표현할 수 있는 방법을 제공하는 것이다. 그런 다음 정적 강화 방법으로 그 행동을 어디서, 어떻게 할 수 있는지 가르친다. 간식과 칭찬은 고양이가 커튼 대신 캣타워에 오르거나, 소파 대신 스크래처를 사용하도록 하는 매우 강력한 동기부여가 될 수 있다. 클리커 트레이닝은 적절한 행동을 강화하고, 대체 행동을 하도록 유도하며, 고양이의 두뇌를 자극하는 재미있는 새 재주를 가르치는 데 유용하다.

가장 흔한 실수 중 하나는 무심결에 고양이를 보상하는 것이다. 고양이가 우리에게 달려들었을 때 쫓아가거나, 밤중에 우리를 깨웠을 때 쓰다듬거나 음식을 주는 것, 또는 고양이가 밖으로 나가고 싶어 할 때 그 요구를 들어주는 것 등이 이에 해당한다. 일부 고양이는 한 번의 상호작용이나 한밤중 간식만으로도 특정 행동이 원하는 보상을 가져다준다는 것을 배워, 그 행동을 끈질기게 반복한다.

고양이의 행동에 아무 반응을 하지 않으면, 고양이는 보상을 얻기 위해 종종 같은 행동을 더 많이 더 적극적으로 할 수 있다. 이를 '소거 폭발 extinction burst'이라고 하며, 행동은 더 악화되고 빈도도 증가한다. 그러나 보호자가 일관성을 유지하고 고양이에게 적절한 배출구를 제공하며 바람직하지 않은 행동에 보상을 주지 않는다면 결국 그 행동은 사라진다.

아예 고양이가 접근하지 못하게 막음으로써 유혹을 없앨 수도 있다. 예를 들어, 고양이가 식물을 씹거나 특정 의자를 긁는 것을 멈추게 할 수 없다면, 그 물건들을 고양이가 들어갈 수 없는 방에 둔다. 고양이가 쓰레기통에 들어가려 한다면 뚜껑 있는 쓰레기통을 사용한다. 고양이가 주방 조리대에서 음식을 찾으려 한다면 음식을 꺼내두지 않는다. 고양이가 우리 화장대에 올라가 시계를 바닥에 떨어뜨린다면 시계를 치우면 된다.

고양이가 잘못된 행동을 해도 너무 신경 쓰지 말고, 바람직한 행동을 할 때 강화해주는 데에 집중한다. 수다스러운 고양이가 조용히 하는 그 순간에 관심을 준다. 고양이가 식물에 다가가 냄새만 맡고 그냥 지나칠 때 칭찬하고 간식을 던져준다. 고양이가 기둥형 스크래처를 사용할 때마다 "잘했어" 하고 칭찬해준다. 고양이에게 '하지 말아야 할 것' 대신 '해도 되는 것'을 가르치고 칭찬한다.

마지막으로, 인내심을 가진다. 우리가 성가신 행동이라고 부르는 대부분이 사실 고양이에게는 정상적인 행동이다. 심술을 부리려고 이런 행동을 하는 것이 아니다. 이런 행동을 바꾸는 데는 시간이 걸린다는 것을 이해하면, 장기적으로 성공할 확률이 더 높다.

- 우리가 바람직하지 않다고 생각하는 많은 행동이 고양이에게는 타고난 자연스러운 행동이다. 이러한 행동은 완전히 없앨 수는 없지만 적절한 방향으로 유도할 수는 있다.

- 고양이는 환경을 탐험하고 상호작용하는 것을 좋아한다. 특히 높은 곳에 있는 것을 좋아한다. 고양이가 사용할 수 있는 높은 자리를 제공하고 그곳에서 탐험하고 쉬도록 격려해 준다.

- 고양이는 발톱을 긁는 것을 좋아한다. 고양이가 좋아하는 재질로 덮인, 높고 튼튼한 기둥형 스크래처를 제공하고, 고양이가 그 기둥을 사용할 때 보상해 준다.

- 발톱 제거 수술 대신 여러 대안이 있다. 이 수술은 미국수의행동학전문대학이나 미국수의학회에서 지지하지 않는다.

- 사냥은 고양이의 자연스러운 행동이다. 놀이 방법과 먹이 제공 방법을 통해 사냥 욕구를 충족시켜 줄 수 있다.

- 고양이가 밤에 잠을 못 자게 하거나 새벽 일찍 가족을 깨운다면 낮 동안 신체적·정신적 자극을 충분히 줘서 체내시계를 재설정시킨다.

- 많은 고양이가 장난기는 많은데 어떻게 노는지 잘 모른다. 우리와 고양이 모두가 즐길 수 있는 방법으로 고양이에게 놀이 방법을 가르칠 수 있다.

- 집 안의 식물은 때로 고양이에게 위험하다. 고양이는 의학적이거나 행동적인 이유로 식물을 먹을 수 있다. 안전한 식물을 제공하거나 씹을 수 있는 다른 물건을 제공하거나 다른 활동에 참여시켜 고양이의 관심을 다른 곳으로 돌릴 수 있다.

- '하지 말아야 할 것'에 집중하지 말고, '해야 할 것'을 가르침으로써 적극적으로 대처한다. 고양이는 교육이 가능하며 우리의 관심을 즐긴다.

12장

가깝지만 두려운 길고양이

친해지기 어려운 길고양이와 친해지기

새라 베넷, MS, DVM, DACVB

주황색과 흰색이 예쁘게 섞인 고양이 한 마리가 몇 주째 수전의 집 주변을 어슬렁거리고 있었다. 고양이는 경계심을 늦추지 않았고 수전이 가까이 오는 것을 허용하지 않았다. 수전이 음식을 놓아두면 그녀가 자리를 떠난 후에야 살금살금 다가와 먹곤 했다. 몇 주간 먹이를 준 뒤에야 수전은 고양이에게 다가갈 수 있었다.

몹시 추웠던 어느 날 밤, 안전하고 따뜻한 차고 안으로 들어온 그 고양이를 불쌍히 여긴 수전이 결국 집 안으로 그를 들였는데, 고양이는 계속 숨기만 했고, 가까이 다가가면 하악질을 했으며 모래 화장실도 쓰지 않았다. 그녀의 선행은 재앙이 되어 버렸다.

대체로 사람과의 상호작용 없이 야외에서 사는 고양이들은 자유롭게 정상 행동들을 표현하며 살아간다. 물론 그 자유에는 위험이 동반된다. 길고양이들은 자동차 사고, 개나 다른 동물의 공격, 그로 인한 물림 사고 등 다양한 위험에 노출되고, 기생충 같은 의료 문제에 시달리거나 일부 적대

적 인간을 만날 수도 있다. 동시에 이들의 놀라운 사냥 능력은 다른 종에게
위협이 되기도 한다.

이런 길고양이들이 실내로 들어오게 되면 낯선 환경 때문에 두려워하
며 적응에 어려움을 겪을 수 있다. 실내 생활과 인간과의 동거에 적응하기
까지 우리의 특정 개입(약물 포함)이 필요할 수 있다.

이 장에서는 한 마리든 여러 마리든 길고양이를 돕고 이해하는 방법과
TNR(trap-neuter-return programs), 길고양이 집단 관리 전략, 보호소에 대한
최신 정보에 대해 다룰 것이다.

길고양이 관련 주제는 논란의 소지가 있다. 고양이 애호가, 수의사 그리
고 야생동물 보호론자 등 여러 관점이 존재한다. 밖에 사는 고양이가 질병
과 부상의 위험이 높고, 작은 설치류, 도마뱀, 새와 같은 야생동물을 사냥
한다는 것은 다 아는 사실이다. 길고양이 '문제'에 대한 몇 가지 해결책으
로는 고양이를 철저히 실내에서 키우거나, 자유롭게 돌아다니는 모든 고
양이를 동물 보호소에 보내거나 안락사시키는 방법 혹은 이들을 포획해
중성화한 후 방사하거나 다른 곳으로 이주시키는 방법이 제안된다.

각 해결책을 개별 고양이에게 실행할 수는 있지만, '모든 고양이에게 적
용할 수 있는' 해결책은 없다.

사회화 수준에 따라
길에 사는 고양이도 모두 다르다

바깥에 있는 모든 고양이가 같을까? 절대 아니다. 바깥에서 발견된 고
양이는 누군가가 외출시킨 반려묘일 수도 있고, 실내에서 생활하던 고양
이가 실수로 밖에 나가 길을 잃은 경우일 수도 있다. 최악의 경우, 인간에
게 사회화된 고양이가 버려진 것일 수도 있다. 그리고 일부 고양이는 진정

한 야생 고양이feral cat일 수 있다.

실내외 고양이와 야생 고양이의 차이는 무엇일까? 그 답은 사회화에 있다. 야생 고양이는 길들여진 고양이의 자손이지만, 민감한 사회화 시기에 사람과 거의 혹은 전혀 접촉하지 않았기 때문에 가축화된 종에 속할지라도 사실상 야생동물처럼 행동한다. 이들은 사람을 두려워하고 피한다. 피할 수 없다면 사람을 다른 포식자 대하듯 한다.

용어 정리

- **사회화socialization**: 사회화는 민감한 사회화 시기에 발생하는 학습 과정으로, 이 시기의 새끼 고양이들은 다양한 환경, 상황 그리고 자기 종과 다른 종의 개체들에 노출되는 것에 특히 더 수용적이다. 만약 다양한 환경과 상황에서 다른 사람, 다른 고양이, 개 그리고 다른 동물들에게 긍정적인 방식으로 노출된다면 훗날에도 이들에 대해 두려움을 느끼게 될 가능성이 줄어든다. 고양이의 경우, 사람에 대한 효과적 사회화가 이루어지는 주요 시기는 일반적으로 생후 2~7주 사이로 알려져 있다. '사회화'라는 용어는 종종 단순히 노출을 의미하는 것으로 잘못 사용되는 경우가 많은데, 사회화는 생애 초기의 특정 시기에만 중점적으로 이루어진다.
- **길들여진 고양이domestic cat**: 학명 펠리스 카투스*felis catus*. 털이 있는 작은 육식 포유동물. 야생feral, 반야생semi-feral, 길stray, 반려 고양이 모두 길들여진 고양이에 속한다. 이들은 다 같은 종이며 사람과의 사회적 경험 수준에 따라 차이가 생긴다.
- **길고양이stray cat**: 소유자가 없는 길들여진 고양이로, 일반적으로 외부에서 살며 음식, 물, 숨을 곳과 휴식처 같은 필수 자원을 스스로 구한다. 길고양이들은 저마다 사회화 수준이 다양할 수 있다. 이전에 반려동물로 살다가 길을 잃거나 버려진 고양이일 수도 있고, 태어나서 평생 외부에서 살아온 고양이일 수도 있다. 유기 고양이와 야생 고양이도 사람과의 사회적 경험 수준이 다르다. 유기 고양이는 사람과의 경험이 있는 반면 야생 고양이는 전혀 없다.
- **야생 고양이feral cat**: 길들여진 고양이의 후손으로 인간과의 교류가 전혀 혹은 거

의 없는 고양이를 말한다. 길들여진 종에 속하지만 평생 사실상 야생동물처럼 행동한다. 사람을 피하고 두려워한다.

- **동네 고양이 그룹**community cat colony: 한 동네에서 함께 살아가는 안정된 고양이 그룹으로 지역 사람들이 돌본다. 이 고양이들은 음식 자원을 공유하고, 특히 친한 동료(서로 좋아하며 함께 시간을 보내는 고양이)가 있을 수 있으며, 서로의 자손을 돌봐 주기도 한다. 누군가 이 그룹을 관리하고 돌보는 경우 그룹 내 대부분의 고양이가 중성화 수술을 받아 번식이 최소화된다.

- **고양이 그룹 관리자**colony caregiver: 고양이 그룹을 돌보는 개인 또는 단체를 말한다. 이들은 길거리 고양이들의 건강을 모니터링하고, 먹이를 제공하며, 그룹에 새로 들어온 고양이를 식별하여 포획 후 중성화하거나 병이나 부상을 가진 고양이를 치료하는 역할을 한다.

- **길고양이 중성화 제도**Trap-Neuter-Return(TNR): 길고양이를 포획하여 중성화한 후, 포획했던 집단으로 다시 돌려보내는 프로그램이다. 이 과정에는 수의사에 의한 건강 검사, 치료 가능한 건강 문제 치료 그리고 예방 접종도 포함된다.

- **고전적 조건화**classical conditioning: 예전에는 의미 없던 무언가와 비자발적으로 감정적 연관을 형성하는 과정. 본질적으로 즐겁거나 불쾌한 것과 짝지어지며, 파블로프 조건화Pavlovian conditioning라고도 불린다. 예를 들어, 고양이가 클릭 소리가 나면 간식이 나온다는 것을 배우게 되면 클릭 소리를 들었을 때 긍정적인 반응을 보이게 된다. 반대로, 이동장을 동물병원에 가야 하는 무서운 경험과 연관하여 이동장을 보면 숨으려 할 수 있다(6장 참고).

- **캡처링**capturing: 동물이 자발적으로 하는 행동을 정적 강화(6장 참고)로 보상하는 교육 방법이다. 클리커 같은 보상 마커reward marker를 사용해 동물이 적절한 행동을 할 때 간식을 던져 주는 방식으로 거리를 두고 진행할 수도 있다. 두려움이 많거나 공격적인 동물들을 교육하는 데 적합하다.

길고양이에 대한 궁금증과 진실

밖에 사는 모든 고양이를 포획해서 보호소에 보내면 어떻게 될까?

보호자가 외출을 허용한 반려묘나 실수로 밖에 나가서 길을 잃은 고양이 혹은 버려진 고양이의 경우는 보호자가 보호소에 찾아올 경우 재회할 가능성이 있다. 그러나 보호소에 들어온 대부분의 고양이들은, 심지어 친근하고 명백히 야생이 아닌 고양이들도 보호자가 찾지 않는 경우가 많다. 일부는 다른 가정에 입양되기도 하지만, 유쾌한 반려동물로 보이고 그렇게 행동하는 경우에만 그렇다.

친근해 보이는 고양이를 입양 가능 목록에 올리고 나머지는 밖으로 다시 내보내거나 안락사하면 되지 않을까 생각하기 쉽지만, 보호소의 수많은 고양이 중 누구를 입양 명단에 올릴지 결정하는 것은 그리 간단한 일이 아니다. 제아무리 잘 운영되는 보호소라 할지라도 고양이에게는 스트레스를 주는 환경이고, 이는 두려워하는 행동으로 나타난다. 보호소에 있는 대부분의 고양이들은 스트레스로 인해 자신의 진짜 성격을 드러내지 못한다. 물론 야생 고양이는 보호소에서 극도로 스트레스를 받을 것이고, 수줍음이 많은 반려 고양이나 애지중지 대접받으며 살아온 나이 든 집고양이도 심한 스트레스를 받을 것이다.

훌륭한 반려동물이 될 수 있는 다양한 고양이들이 보호소 철창 구석에 숨거나 두려움 때문에 우리 접근에 공격적 행동을 보일 수 있다. 스트레스를 받으면 고양이들은 병에 걸릴 확률이 더 높아져 입양될 가능성이 더욱 줄어든다. 두려움과 관련된 행동을 보이기 때문에 고양이의 사회화 수준에 대해서도 알기 어렵다. 어떻게 하면 두려움에 떠는 고양이와 야생 고양이를 구별할 수 있을까? 이는 모든 보호소의 고민이다.

모든 야생 고양이를 포획해서 중성화하고 다시 방사한다면 어떻게 될까?

흔히 TNR이라고 부르는 이 과정은 야외의 고양이들을 포획하여 중성화한 뒤 다시 방사하는 과정이다. 일반적으로 이 과정에는 수의사의 건강 검진, 질병 치료, 예방 접종 그리고 너무 아프거나 부상이 심해 생존이 어려운 고양이에 대한 인도적 안락사도 포함된다.

TNR에서 'R'은 논란의 여지가 있을 수 있다. 고양이를 포획된 환경으로 다시 돌려보내는returning 것을 의미할 수도 있고, 발견된 장소나 다른 장소에 풀어주는releasing 것을 뜻할 수도 있으며, 완전히 다른 장소로 이주시키는relocating 것을 의미할 수도 있기 때문이다.

현재의 표준 관리 방침은 최대한 고양이를 원래 있던 환경으로 돌려보내는returning 것이다. 고양이는 자신의 생활 터전에 강한 애착을 가지며 다른 곳에 놓이면 모든 방법을 동원해서라도 원래 있던 곳으로 돌아가려 한다. 이는 교통량이 많은 도로와 고속도로를 건너야 하는 고양이에게는 매우 위험할 수 있다. 기존 그룹 내의 고양이들은 새로운 고양이를 환영하지 않기 때문에 다른 고양이 그룹에 새로 들어간 고양이는 쫓겨나거나 싸우다가 부상을 입을 수 있다.

고양이가 살던 지역이 큰 부상의 위험이 있는 곳이거나, 예를 들어 이전에 빈터였던 곳에 건물이 세워지는 경우처럼 환경이 변하고 있거나, 습지 보호 구역처럼 환경적으로 민감한 지역이라면 이주가 필요할 수 있다. 이때 가장 좋은 방법은 그룹 전체를 함께 이주시키는 것이다. 이렇게 하면 고양이들이 새로운 사회적 유대감을 형성해야 하는 스트레스를 피할 수 있다. 이주 후 처음 며칠 동안은 관리자가 고양이들을 지켜보며 새 위치에 적응하고 충분한 음식과 은신처를 찾도록 도와줘야 그들이 새로운 장소를 자신의 집으로 인식하게 된다.

야생 고양이 개체수를 가장 효과적으로 조절하려면 그룹 내 대부분의 고양이가 짧은 시간 내에 TNR이 되어야 한다. 플로리다 대학교의 줄리 레비Julie Levy와 그녀의 연구팀은 한 지역의 고양이 75퍼센트를 포획해 TNR했을 때, 해당 지역의 야생 고양이 개체수가 크게 감소했으며 지역 보호소로 들어오는 고양이 수도 줄어들었다고 밝혔다. 이 접근 방식은 본질적으로 번식하지 않는 안정적인 고양이 그룹을 형성하는 것이다. 그룹 고양이들은 새로운 고양이가 그곳에 정착하고 번식하는 걸 막고 결국 시간이 지나 그룹 고양이들이 나이를 먹고 죽으면 그룹은 자연스럽게 사라진다.

TNR이 된 그룹은 보통 개인이나 단체가 꾸준히 관리한다. 이들은 고양이들의 건강을 모니터링하고, 필요에 따라 먹이를 보충하며, 그룹에 새로 온 고양이를 식별하여 포획 후 중성화하거나 질병을 앓거나 다친 고양이를 확인한다. 그룹 관리의 목표는 환경이 감당할 수 있는 개체 수(먹이 및 기타 자원)를 초과하지 않도록 하고 지역 사회가 과중한 부담을 느끼지 않도록 하는 것이다. TNR 프로그램은 이런 목표를 인도적인 방법으로 달성하게 한다.

만약 자유롭게 돌아다니는 고양이들의 수를 감당하지 못하거나 그들을 안전하게 보호할 수 없는 환경이라면, 고양이들 그리고 그 지역의 야생동물과 사람들을 위해 가장 좋은 선택은 무엇일까? 이때는 전략을 다각화해야 하는데, 목표 지향적인 TNR, 잘 사회화된 고양이와 새끼 고양이 입양 그리고 지역 사회를 대상으로 한 중성화와 예방 접종의 중요성을 알리는 교육이 포함된다. 또한 보호자들에게 고양이 외출을 주의시키고, 고양이를 유기하지 않도록 교육하는 것도 중요하다.

이런 계획이 시행되면 고양이들은 음식에 대한 경쟁이 줄고 질병도 줄며, 야생동물들은 덜 사냥당하고, 지역 주민들은 길거리 고양이로 인한 공중보건 위험과 불편이 줄어든다. 지역 주민들에게는 길거리 고양이를 다 보호소에 넣는 것보다 지역에 남겨두고 중성화하며 관리하는 것이 비용이 덜 든다는 것을 상기시킬 필요가 있다.

지역 사회의 참여가 없으면 이런 프로그램은 결코 성공할 수 없다. 고양이 집단을 돌보고 인도적 관리에 대해 교육하는 데 주민들이 중요한 역할을 하기 때문이다. 이 과정을 통해 사람과 길고양이 사이에 깊은 유대감이 형성된다. 관리자들 중에는 길거리 고양이를 자신의 반려동물로 여기는 경우도 많다.

길고양이를 만난다면
무엇부터 시작해야 할까?

TNR 프로그램의 일환으로 길거리 고양이를 포획한 다음, 사람에게 친근하게 구는 고양이와 어린 새끼 고양이를 보호소에 데려가 입양 대상에 올릴 수 있다. 지역 사회에서 활동하는 TNR 스태프들은 지역 주민들과 고양이를 돌보는 사람들에게 고양이 중성화 및 예방 접종의 중요성을 교육하고 이를 위한 자원을 제공한다. 이것이 단순히 상황을 통제하는 것보다 더 효과적인 접근 방식이다.

고위험 지역에서 구조된 고양이는 안전하면서도 기존 야생동물과 조화를 이루며 살아갈 수 있는 곳으로 이주시키는 것이 바람직하다. 이런 고양이들은 헛간, 창고 또는 다른 장소에서 설치류 등을 잡는 '일하는 고양이'가 될 수도 있다.

보호소에 있는 고양이들은 어떻게 해야 할까?

아무리 잘 운영되더라도 보호소는 고양이에게 스트레스를 주는 장소다. 자신의 서식지에서 떨어졌고 사랑하는 사람과 분리되었으며 일상적인 생활 패턴에서 벗어난 데다 새로운 시각, 소리, 냄새 등 수많은 낯선 자극에 휩싸여 있다. 고양이들은 감각이 무척 예민해 소음이나 강한 냄새를 우리보다 훨씬 더 불쾌하게 느낄 수 있다. 게다가 보호소는 모든 것이 낯설고 자신들의 통제 밖에 있으며 숨을 수 있는 안전한 장소도 충분하지 않다.

고양이는 두려울 때 숨는 습성이 있는 동물이기에 숨을 곳이 없으면 극심한 스트레스를 받는다.

어느 정도 사회화된 고양이를 식별하는 것은 매우 중요한데 이들은 입양 명단에 올리거나 임시보호 가정으로 보낼 수 있기 때문이다. 반면 사람과의 긍정적인 사회적 경험이 전혀 없는 야생 고양이들은 보호소 환경에 매우 큰 스트레스를 받으므로 필요 시간 이상 보호소에 두지 않는다. 이들은 신속하게 중성화와 예방 접종을 한 뒤 원래 그룹으로 돌려보내는 것이 바람직하다.

적절한 환경이 확보되지 않은 상태에서 야생 고양이를 보호소에 오래 잡아두는 것은 비인도적이다. 일부 보호소는 야생 고양이들이 최소한의 보살핌과 감독을 받으며 지낼 수 있도록 안전한 야외 시설을 제공한다. 그러나 이들을 길들여진 고양이로 입양하려는 시도는 고양이에게 극도의 스트레스만 줄 뿐 성공 가능성이 낮다. 이들은 쉽게 겁을 먹고 인간과의 상호작용을 위협으로 인식하기 때문에 방어적 공격성을 보일 수 있다.

사회화된 고양이와 야생 고양이는 어떻게 구분할까?

길거리에서 발견된 사회화된 고양이와 야생 고양이는 차이가 있다. 사회화된 고양이는 며칠이 지나 두려움이 사라지면 사람 주변에서 사회적 행동을 하기 시작하지만, 야생 고양이는 아무리 시간이 지나도 어떤 사회적 행동도 하지 않는다.

그래서 고양이들이 처음 보호소에 들어왔을 때 적응할 시간을 주는 것이 중요하다. 다정한 고양이도 처음에는 겁에 질린 야생 고양이처럼 보일 수 있다. 고양이들은 보호소의 소란스러운 분위기에서 벗어나, 특히 개 짖는 소리를 들을 수 없는 조용한 방에서 1~3일간 적응할 수 있어야 한다. 고양이마다 숨을 수 있는 장소를 제공하고 철창 앞쪽이 아닌 뒤쪽에 먹이를 둬서 덜 불안해하며 이동할 수 있도록 배려한다.

조용하고 침착하며 친절하고 인내심 있는 관리자가 고양이를 정해진 일정에 따라 돌봐야 한다. 며칠에 한 번씩만 간단히 우리를 청소하고 고양이가 사회적 상호작용에 대한 관심을 보이는지 모니터링한다. ASPCA는 이전 사회화를 시사할 수 있는 행동들을 관찰할 수 있는 '고양이 스펙트럼 평가Feline Spectrum Assessment'라는 일련의 행동 요소를 개발했다. 만약 관리자가 이런 행동을 보게 되면 그 고양이는 입양 절차를 밟을 수 있다.

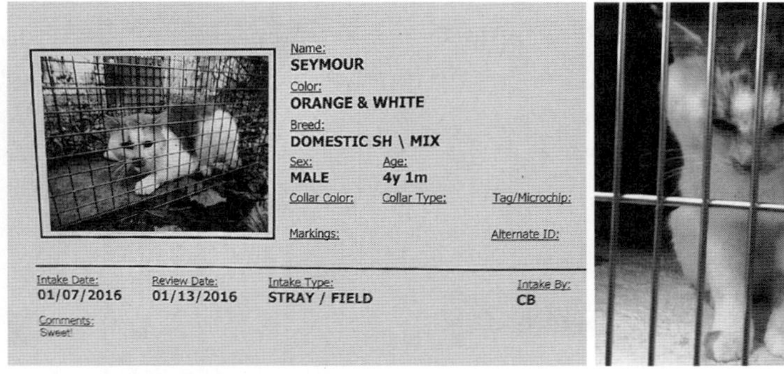

<table>
<tr><td>

이 보호소 양식에는 시모어가 포획틀에 갇혀 보호소로 들어왔을 때의 사진이 실렸다. 두려움에서 비롯되는 공격적인 보디랭귀지를 확인할 수 있다.

© *Sara Bennett*

</td><td>

시모어는 보호소에 적응한 뒤 변화를 보였다. 시모어가 쓰다듬어 달라며 머리를 숙이고 있다.

© *Sara Bennett*

</td></tr>
</table>

야생 고양이의 새끼는 어떻게 해야 할까?

새끼 고양이의 사회화 시기는 다양한 환경, 상황 그리고 같은 종의 동물 및 다른 종의 개체들에 노출되는 것에 익숙해지는 발달 단계다. 만약 이들이 사람, 다른 고양이, 개 그리고 다른 동물에게 긍정적인 방식으로 노출되고 다양한 환경과 상황을 경험한다면 나중에 이들에 대해 두려움을 느낄 가능성이 줄어든다.

가장 민감한 사회화 시기는 생후 2~7주 사이다. 이 기간 동안 야생 어미 고양이의 새끼들이 사람에 노출될 경우 대개 규칙적인 인간의 접촉에 적응하고 좋은 반려동물이 될 수 있다. 하지만 3~4개월이 되기 전 사람에게 긍정적으로 노출되지 않았다면 대부분이 사람을 늘 두려워하게 된다. 이들은 야생 고양이로 간주해야 한다.

이 노출 과정은 인내심 있고 친절하며 긍정적인 사람이 천천히 진행해야 한다. 새끼 고양이들이 환경에 적응할 수 있도록 하루 이틀 시간을 주고, 그 후 짧은 시간 동안 하루에 3~4번 핸들링한다. 정서적 안정과 사회적 발달을 위해 이 기간에는 새끼 고양이들을 따로 두기보다는 함께 지낸다. 가장 덜 두려워하는 새끼 고양이부터 시작해야 다른 새끼들이 두려워하거나 불안해하지 않을 수 있다.

손수건으로 새끼 고양이를 조심스럽게 들어올리고 부드럽게 머리를 쓰다듬는 것으로 핸들링을 시작할 수 있고, 이때 손으로 먹이를 줄 수도 있다. 천천히, 충분히 부드럽게 다룬다면 두려워하지 않을 것이며, 오히려 시간이 지나면서 더 편안해하고 결국에는 쓰다듬어지는 것을 즐기기 시작할 것이다. 만약 새끼 고양이가 두려움을 보인다면 속도를 늦추면 된다.

야생 고양이를 새로운 환경에 적응시키는 방법은 무엇일까?

다 자란 야생 고양이를 이주시켜야 하는 경우 그가 새로운 집에 익숙해지도록 도울 방법이 있다. 예를 들어, 고양이가 헛간에 배치될 경우 처음에는 큰 크레이트나 마구간 장비실 같은 작은 방에 음식, 물, 침대, 스크래처 및 은신처, 화장실을 넣어두고 적응하게 한다. 새 관리자는 식사와 청소를 위해 규칙적으로 방문한다.

며칠이 지나면 관리자가 있는 동안 더 넓은 공간에 풀어 주어 주변을 탐색할 수 있게 하되, 관리자가 장소를 떠날 때는 다시 크레이트나 장비실로 돌려보낸다. 특히 식사 시간에 고양이를 풀어 주면 음식과 관련된 긍정적인 연관이 형성되어 그곳을 새로운 집으로 인식하는 데 도움이 된다.

약 3주 후에는 고양이를 더 오래 풀어놓을 수 있다. 그는 하루 이틀 사라질 수도 있지만, 관리자가 계속 정해진 시간에 음식을 제공한다면 대부분 식사를 위해 돌아오게 된다.

두려워하는 고양이를 입양했다면 어떻게 도울 수 있을까?

겁은 많지만 사회화된 고양이가 차분한 분위기의 집에 입양이 되었거나 임시보호 가정에 갔다면 다행이다. 스트레스 가득한 보호소 환경에서 벗어났으니 말이다. 그런데 이제부터 어떻게 해야 할까? 이 고양이가 새로운 환경에서 스트레스를 덜 받으며 지낼 수 있게 도울 방법이 몇 가지 있다.

환경을 제한한다

두려움과 수줍음이 많은 고양이를 집에 데려올 때 우리가 흔히 저지르는 실수 중 하나는 너무 빨리 너무 큰 세상을 제공하는 것이다. 처음부터 집 전체를 개방하고 모든 가족 구성원을 한꺼번에 소개하지 말고, 이 과정을 천천히 진행한다.

먼저, 고양이만을 위한 방을 마련한다. 이 방은 가족들이 자주 사용하지 않는 조용하고 편안한 곳이어야 한다. 이 방에 고양이 화장실, 음식과 물, 편안한 휴식 공간, 숨을 수 있는 장소, 스크래처, 놀이 도구를 마련해 준다(2장과 3장 참고). 합성 고양이 얼굴 페로몬 플러그인 디퓨저를 추가하면 고양이가 편안함을 느끼는 데 더 도움이 될 수 있다.

방이 조용하더라도 고양이가 숨을 공간은 필요하다. 상자, 크레이트, 이동장 등 무엇이든 좋다. 고양이가 들어가 숨을 수 있고 안전하다고 느낄 수 있는 공간을 제공한다. 이 안전한 공간은 바닥이 아닌 책장 위나 선반 위에 두면 좋다. 소파 밑 같은 장소는 고양이가 숨지 못하도록 막아 두는 것도 괜찮지만 그 전에 다른 숨을 공간을 반드시 제공해 줘야 한다.

숨는 공간 안에 담요나 수건을 깔고 공간 전체를 담요로 덮어 주면 더욱 좋다. 담요는 자주 세탁하지 말고 털만 제거하는 방식으로 청소하면 그 공간이 고양이 냄새로 가득 차 편안하게 느껴질 것이다. 만약 세탁해야 한다면, 기존 침구와 새 침구를 함께 두어 고양이가 새로운 냄새에 익숙해지도록 한 후에 세탁하는 것이 좋다.

고양이가 창가에 앉는 것을 좋아할 것 같다면 창문 높이에 숨을 공간을 마련한다. 이때 숨을 공간의 입구는 창문 쪽이 아닌 옆을 향하게 하여 고양이가 공간에 들어간 채 필요할 때 머리만 내밀어 바깥을 볼 수 있게 한다.

새 고양이에게 시간을 준다

수줍은 고양이에게는 시간을 주는 것이 가장 중요하다. 고양이는 새로운 환경에 적응하는 데 시간이 필요하다. 처음 며칠 동안은 고양이를 방에 두고 사람이나 동물의 방문을 막는다. 음식과 물을 새로 채워 주고 화장실을 정리할 때만 조용히 들어가되, 고양이와 상호작용하려고 하지 말고 할 일만 마치고 바로 나온다.

3일째 되는 날, 고양이 방에 몇 분 동안 조용히 앉아 있어 본다. 잡지나 이메일을 읽거나 명상을 해도 좋다. 고양이가 우리가 그곳에 있는 것에 익숙해지게 하는 게 목표다. 고양이가 숨지 않고 나오더라도 모른 척한다. 우리와의 거리 조절을 고양이에게 맡긴다.

고양이가 우리가 방에 있을 때 숨은 곳에서 나오기 시작한다면 짧고 중립적인 상호작용을 시작할 수 있다. 책을 소리 내어 읽어 주거나, 부드럽게 말을 걸거나, 장난감을 굴리는 등 간단한 행동으로 시작한다. 고양이가 가까이 오면 맛있는 음식을 작게 떼어 던져 준다. 이때, 팔을 크게 움직이지 말고 낮고 부드럽게 던져야 고양이가 위협을 느끼지 않는다.

고양이가 다시 숨거나 바로 음식을 먹지 않는다고 실망해선 안 된다. 이 상황은 고양이에게 새로운 경험이므로 이해하는 데 시간이 필요하다. 고양이가 음식을 먹으면 시간이 걸리더라도 고전적 조건화를 통해 우리를 좋은 일과 연관 지을 것이다(6장 참고).

고양이들이 좋아하는 간식으로는 치즈, 정어리, 앤초비 페이스트, 아기 이유식(고기), 요거트 등이 있으며 상업적으로 판매되는 고양이 간식들도 이러한 성분을 포함하고 있다.

고양이에게 먹이 급여 장난감을 줘서 사람과의 상호작용 없이도 재미를 느낄 기회를 마련해 줄 수 있다. 이런 장난감은 시중에 많이 팔고 작은 플라스틱 용기나 휴지 심지로 직접 만들 수도 있다(11장 참고). 장난감에 먹이를 넣어 밤에 고양이 방에 두면 밤새 그것을 사용할 것이다.

낚싯대 장난감이나 끈 장난감을 이용해 짧은 놀이 시간을 가질 수도 있다(단, 고양이가 끈이나 실을 삼킬 위험이 있으니 방에 그대로 두면 안 된다). 이런 장난감은 고양이와의 긍정적인 상호작용을 촉진하며 고양이에게 안전감을 준다(직접적인 접촉을 필요로 하지 않기 때문이다). 이 방법은 고양이가 우리를 신뢰하는 데 도움이 된다.

변화를 느끼기까지 몇 주가 걸릴 수도 있다. 매디스 펀드Maddie's Fund의 연구 책임자인 쉐일라 세거슨Sheila Segurson이 실시한 조사에서, 대부분의 임시 보호자들과 새 보호자들은 두려움을 가진 고양이가 마음을 열고 상호작용을 시작하는 데 최소 2주가 걸렸다고 보고했다. 무엇보다 고양이의 식사, 청소, 방문 일정을 규칙적으로 유지하는 것이 중요한데 그래야 고양이가 하루 일과를 예측할 수 있어 불안을 덜 느끼게 된다.

시무어가 지금은 자기 집에서 몹시 차분하고 편안하고
행복한 모습으로 있다.
© *Sara Bennett*

고양이의 사회적 상호작용 넓혀나가기

몇 주가 지나면 좀 더 사회적인 상호작용을 시도해 볼 수 있다. 우선 고양이에게 코를 대 보라고 요청하는 것으로 시작해 보자. 고양이의 코 가까이에 집게손가락을 내밀어 코를 대도록 한다. 코를 댄다면, 그 다음에는 고양이의 귀 사이, 뺨 또는 턱 밑을 쓰다듬어 줄 수 있다. 이때 한 손만 사용하고 3초를 넘기지 않도록 한다. 다시 코를 대 보라고 요청하고, 고양이가 코를 대면 다시 3초 동안 쓰다듬어 준다. 만약 코를 대지 않으면 그냥 내버려두면 된다. 쓰다듬는 대신 빗질도 해볼 수 있다.

상호작용을 하는 동안 고양이의 보디랭귀지를 주의 깊게 관찰해 고양이가 상호작용에 관심이 있는지 아니면 혼자 있고 싶어 하는지 확인한다. 다리를 몸에서 멀리 쭈욱 뻗거나, 꼬리를 느슨하게 몸 뒤에 두거나, 수염이나 귀가 앞으로 향한다면 고양이가 편안하고 상호작용에 관심이 있다는 신호다. 반면, 머리와 목을 몸 가까이 움츠리거나, 다리나 꼬리를 몸 가까이 말거나 움츠린 상태거나, 수염이 얼굴에 납작하게 붙어 있거나, 귀가 옆이나 뒤로 향해 있다면 불안하거나 혼자 있고 싶어 한다는 신호다.

고양이가 혼자 있고 싶어 하는 신호를 보이면 이를 존중하고 억지로 상

디코딩 유어 캣

호작용을 시도하지 않는다. 그 신호를 존중할수록 고양이는 당신을 더 신뢰하게 된다(고양이의 보디랭귀지를 읽는 법은 1장 참고).

정적 강화 교육(6장 참고)을 사용해 고양이의 일상에 짧고 즐거운 교육 세션을 추가할 수도 있다. 이는 조심성 많은 고양이에게 사람과의 상호작용이 안전하다는 것을 가르치는 훌륭한 방법이다. 교육 세션 동안, 클리커나 '좋아good' 또는 '옳지yes' 같은 단어로 고양이가 적절한 행동을 하는 순간을 표시한 다음 간식을 준다.

예를 들어, 고양이가 우리 손가락에 코를 대면 기쁜 목소리로 "좋아"라고 말하고 작은 간식을 준다. 이 과정을 반복한다. 손가락을 내밀 때마다 고양이가 이 행동을 하는 확률이 높아지면 행동을 유도하는 단어를 사용할 수 있다. 예를 들어, 코를 대는 행동에 '터치touch'라는 단어를 붙이는 것이다. "터치"라고 말한 후 손가락을 내밀고 고양이가 코를 갖다대면 클리커를 누르거나 "좋아"라고 말하고 간식을 준다.

만약 고양이가 손가락에 접근하는 것을 두려워한다면 손가락 대신 막대기를 사용할 수 있다. 펜, 연필, 젓가락 또는 확장 가능한 포인터 같은 길고 얇은 물체면 뭐든 좋다.

고양이의 이름을 부른 다음 사료컵을 집거나 사료 봉지를 열면, 이름 부르면 오기를 가르칠 수 있다. 고양이가 오면 간식을 준다.

이런 교육은 '캡처링'이라고 불리는 기법을 사용한다. 고양이가 적합한 행동을 스스로 하기를 기다렸다가 그 행동을 할 때 보상을 주는 것이다. 즉 유도하거나 강요하는 대신 고양이가 자발적으로 행동하게 두는 것이다. 이 기법은 특히 수줍어하거나 두려워하는 동물에게 효과적이며 흔히 특수 동물이나 동물원 동물을 교육할 때 사용된다.

친근한 인사로 코 터치를 하려고 다가오는 고양이. 이는 고양이에게 자연스러운 행동이다.

© Rebecca Gast

손가락 대신 타깃 막대를 이용해 코 터치를 쉽게 캡처링할 수 있다.

© Lisa White/Courtesy of Karen Pryor Academy's Better Veterinary Visits Course

더 넓은 세상 만들어 주기

우리가 방에 들어가면 고양이가 나와서 주변을 살피기 시작하거나 우리가 움직여도 도망가지 않는다면, 이제 고양이를 방에서 나오도록 해도 좋다. 다른 방이나 두세 개의 방으로 이동할 수 있는 경로를 열어 둔다. 이때도 처음에는 조용한 시간대에 맞춰 짧막하게 진행하고 고양이가 숨을 수 있는 적절한 장소를 마련해 주며 언제든 안전한 방으로 돌아갈 수 있게 해 준다.

다른 사람을 고양이에게 소개할 수도 있다. 다른 사람이 당신과 함께 방에 들어가도록 하되 처음에는 조용히 가만히 있어야 한다. 고양이가 조금씩 나와 간식을 받아 먹기 시작하면 그들도 우리와 같이 긍정적인 상호작용에 참여할 수 있다.

다른 종류의 반려동물도 천천히 소개할 수 있다. 이를 위해 고양이가 있는 방 문에 아기 안전문이나 방충망을 설치한다. 다른 반려동물을 고양이의 방으로 데려가는 것은 금지다. 강아지의 경우 목줄 및 리드줄을 채워 문으로 돌진하지 못하도록 하고, 짖거나 고양이를 놀라게 할 경우 곧바로 이동시킨다. 양쪽 다 안전문을 사이에 두고 서로에게 아무 반응을 보이지 않

디코딩 유어 캣

는 것이 가장 이상적이다. 세션 중에 적절한 행동을 보일 때는 두 반려동물 모두에게 간식 보상을 준다.

현실적 기대 갖기

두려워하는 고양이에게는 어느 정도 한계가 있다는 것을 이해해야 한다. 고양이가 당신과 가족에게는 마음을 열었다 할지라도 새로운 사람이나 방문객에게는 아닐 수 있다. 이는 정기적으로 보살펴 주는 관리자가 있는 야생 고양이 집단에서도 흔히 볼 수 있는 현상이다. 이 고양이들은 한두 명의 아주 익숙한 사람은 받아들이고 짧은 시간 동안이나마 만지는 것을 허락하기도 하지만 다른 사람에게는 조금의 틈도 주지 않는다.

손님이 오는 문소리만 듣고도 도망쳐서 숨어 버리는 통에 손님들이 고양이를 보지 못한다 해도 당황할 필요 없다. 숨을 수 있는 안전한 장소가 있고 아무도 그를 방해하지 않는다면 손님들이 떠나고 몇 시간만 지나면 다시 나오기 마련이다. 이것이 고양이에게 적절한 대처법이다.

늘 고양이의 편을 들어주고 손님들에게 고양이를 찾거나 만지거나 상호작용을 시도하지 말라고 조언한다. 손님들은 고양이에게 맛있는 간식이나 좋아하는 장난감을 던져 줄 수 있지만 그 외에는 고양이를 모른 척해야 한다. 수줍은 고양이는 쉽게 겁을 먹고, 원치 않는 인간의 상호작용을 위협으로 인식해 방어적 공격성을 보일 수 있다. 방문자가 고양이의 한계를 넘어서 고양이를 찾으려 들면 고양이는 극심한 두려움을 느끼게 되고, 우리가 인내심을 가지고 쌓아 온 신뢰마저 무너질 수 있다.

어떤 고양이는 우리와 함께 있는 걸 편안해하지만 만지거나 쓰다듬는 건 원하지 않는다. 이 경우에는 장난감을 던지거나 낚싯대나 끈에 달린 물건을 이용한 놀이를 통해 고양이와 상호작용한다. 시간이 지나면 일부 고양이는 짧게 만지거나 쓰다듬는 걸 허락하고 심지어 즐기기 시작할 수도 있다. 하지만 무엇보다 항상 고양이가 정한 경계선과 한계를 존중한다. 고양이와 껴안지 않고도 얼마든지 건강하고 만족스러운 관계를 유지할 수 있다.

방에서 아예 안 나온다면?

고양이가 방에서 아예 안 나온다면 어떻게 해야 할까? 최소 2주 동안 지켜본 후, 더 안전감을 줄 수 있게 환경을 조정할지 아니면 약물이나 보충제의 도움을 받을지를 고려한다. 이 문제는 단순히 고양이와의 상호작용에 관한 것이 아니라 고양이의 복지와 관련이 있다. 고양이가 항상 너무 두려워해서 안전한 장소를 벗어나지 않는 건 건강에 좋지 않다.

고양이가 이용할 수 있는 숨을 장소들을 살펴본다. 그곳에서 정말로 숨은 느낌을 받을 수 있는가? 그렇지 않다면 그 장소들을 보강해 줄 수 있는지 고민해 본다. 일부 고양이는 상자 안에 침대가 있고 그 상자가 더 큰 상자 안에 있으며 출입구의 절반 정도가 담요로 덮인 상태일 때 더 편안함을 느낀다.

방 안에서 몇 분 동안 조용히 앉아 소리를 들어본다. 고양이를 두려워하게 할 만한 소리가 들리지는 않는가? 예를 들어, 옆방에서 개가 짖는 소리나 아래층에서 나는 TV, 비디오 게임 소리 말이다. 그렇다면 이런 소리를 줄이는 방법을 생각한다. 창문을 가려 개가 바깥의 상황을 보고 짖지 않도록 하거나, 개의 크레이트를 옮기거나, 아이들에게 비디오 게임을 다른 방에서 하게 할 수 있다. 또는 고양이 방 환경에 백색 소음이나 편안한 음악을 추가할 수도 있다.[25] 단, 볼륨은 평소 대화 소리보다 높지 않게 설정한다. 큰 소음을 더 큰 소음으로 덮는 것은 도움이 되지 않는다.

이러한 조치를 취했음에도 몇 주 안에 고양이의 두려움이 조금도 줄어들지 않거나 고양이가 여전히 보호자가 방에 들어가거나 손님이 방문할 때 하악질, 할퀴기, 으르렁거리기, 돌진하기, 물기 등의 반응을 보인다면 약물이나 보충제 사용에 대해 수의사와 상담한다. 고양이에게 적합하고 안전한 옵션이 많다. 이때 수의사는 동물 행동에 대해 잘 알고 있어야 하며 고양이의 환경, 관리, 상호작용을 검토하여 고양이를 위한 최선의 선택을 할 수 있도록 도와줄 수 있어야 한다.

가장 중요하게 고려해야 할 사항 중 하나는 약물이나 보충제 투여 방법 이다. 이미 매우 두려워하고 있는 고양이를 붙잡아 억지로 약을 먹이려고 하면 상황이 오히려 악화될 수 있으며 심지어 고양이가 더 큰 공격성을 보일 수도 있다. 약물을 맛있게 만들어 고양이를 만지지 않고도 투여할 수 있는 방법을 찾아본다. 이 방법은 강제로 먹이거나 피부에 바르거나 주사로 투여하는 것에 비해 고양이에게 주는 스트레스를 줄일 수 있다.

다행히도 이름이 잘 알려진 행동 약물 중 일부는 매우 맛있는 츄어블 형태로 나와 간식처럼 줄 수 있다. 또 몇몇 일반 약물은 고양이가 좋아하는 특별한 간식과 혼합할 수 있다. 일부 보충제도 맛이 좋아 간식처럼 먹을 수 있다(고양이에게 약물을 주는 방법에 대한 자세한 내용은 부록 B 참고).

불안을 줄이는 데 도움이 되는 처방 식단도 있다. 이 옵션에 대해서도 수의사와 상의한다.

실내와 실외 생활에 대한
논쟁과 조언

고양이를 항상 실내에서만 키우는 것이 최선인지에 대한 논쟁은 고양이를 반려동물로 키우는 가장 좋은 방법을 찾으려는 고민 중 일부이기도 하다. 궁극적으로는 고양이의 신체적 건강과 행동적 건강의 요구 사항 사이에서 균형을 맞추는 것이 중요하다.

이 결정에는 많은 변수가 영향을 미칠 수 있는데 그중 하나가 문화적 요소다. 일부 지역, 특히 몇몇 선진국에서는 고양이를 외출시키는 것이 무책임하다고 여기는 반면, 다른 지역에서는 고양이를 항상 실내에만 두는 것을 무책임하다고 여긴다. 고양이를 실내에만 두겠다는 결정은 고양이의 수명을 늘리고 건강을 보호하기 위한 의도일 수 있지만 환경적 요구를 충족시켜줄 수 없다면 고양이에게 항상 최선은 아닐 수 있다.

실내에서만 지내는 고양이도 행복할 수 있을까?

사회화된 많은 고양이가 실내에서 생활하는 것에 만족한다. 그들은 음식, 물, 휴식 공간 그리고 실내 화장실(화장실 박스)에 쉽게 접근할 수 있고 충분한 돌봄을 받고 있다. 일부 고양이의 관점에서 이는 정말 호화로운 생활이다. 이러한 고양이들은 정기적인 건강 검진, 적절한 예방 접종, 구충 및 기생충 예방, 중성화 등의 관리도 받는다. 싸움, 포식자 또는 교통사고로 인한 부상의 위험도 거의 없다. 그러나 실내 생활이 이상적일 수 있는 것은 보호자가 그들의 모든 기본적 욕구를 충족시켜 줄 수 있을 때다. 기본적 욕구란 음식, 물, 깨끗한 화장실에 대한 접근성만 의미하는 것은 아니다.

실내 고양이들은 정기적이고 긍정적인 사회적 상호작용, 놀이, 쓰다듬기, 그루밍, 교육이 필요하다. 그들은 사냥, 등반, 숨기, 스크래칭 같은 고양이의 본능적인 욕구를 채워야 한다. 이런 니즈는 먹이 급여 장난감, 선반이나 고양이 타워와 같은 수직적 휴식 공간, 적절한 표면의 스크래처를 통해 충족될 수 있다. 그러나 이런 것만으로는 충분하지 않은 고양이들도 있다. 일부 고양이는 보호자가 제공할 수 있는 것보다 더 많은 자극을 필요로 하며, 항상 실내에만 있는 것에 스트레스나 좌절감을 느낀다. 이로 인해 놀이 중 공격성, 부적절한 사냥 행동, 파괴적인 스크래칭, 실내 배변 같은 행동 문제가 발생할 수 있다.

실외로 나가지만, 자유롭게 돌아다니지 않는 경우

실외(또는 외출) 고양이들은 더 풍부하고 다양한 환경을 즐길 수 있는 반면 위험에 노출될 수 있다. 감염병, 내외부 기생충, 중독, 외상으로 인한 부상(교통사고, 다른 동물이나 인간의 공격) 등의 위험이 있다. 그러나 집에 실외 공간이 있다면 활동적이고 새로운 자극을 많이 필요로 하는 고양이를 위해 안전한 실외 환경을 조성할 수 있다.

고양이를 안전하게 실외로 나갈 수 있도록 하려면 몇 가지 준비 사항들이 있다. 첫 번째 준비는 부르면 오도록 가르치는 것이다. 식사 시간에 고양이가 사료 봉투나 캔 소리를 듣고 보이는 반응을 떠올려 보면 매우 간단하다는 것을 알 수 있다. 먹이 봉투를 열기 전에 고양이 이름과 '이리 와, 야옹아' 같은 신호를 말하면 고양이가 먹이를 기대하며 달려올 것이다. 여러 번 반복하면 고양이는 이름과 '이리 와, 야옹아'라는 신호가 보상(먹이)이 기다리고 있다는 의미임을 배우게 된다.

그다음 단계는 고양이용 울타리나 고양이 공간을 만들어 고양이가 지정된 공간에 자유롭게 드나들 수 있도록 하되, 방황하거나 침입자에게 노출되지 않도록 안전하게 보호하는 것이다. 이렇게 하면 고양이가 다칠 가능성을 최소화할 뿐만 아니라, 이웃이나 마당의 야생동물을 방해하지 않도록 할 수 있다(고양이를 위한 실외 공간을 만드는 아이디어는 3장과 5장 참고).

만약 실외 공간이 없다면 고양이에게 하네스와 목줄을 착용하는 교육을 시킬 수 있다. 이제 산책은 개들만을 위한 것이 아니다! 산책은 활동적인 고양이에게 안전하게 실외 환경을 누리게 하는 또 다른 방법이다.

물론 모든 고양이는 반려동물 등록(이상적으로는 마이크로칩), 예방 접종,

기생충 관리가 필요하며, 특히 실외 시간을 즐기는 고양이는 이런 관리가 더욱 중요하다.

하네스와 목줄을 맨 스파이크가 안전하게 동네 산책을 즐기고 있다.
© Craig Zeichner

- 야생 고양이는 야생동물로 생각해야 한다. 이들을 집으로 데려와 길들여진 고양이로 만들려는 시도는 해선 안 된다. 위험할뿐더러 그 고양이에게 스트레스를 준다.

- 특정 지역을 대상으로 많은 고양이를 짧은 시간 내에 포획하는 중성화 프로그램과 고양이 집단의 관리를 돕기 위한 지역 사회의 참여는 길거리 고양이를 관리하고 야생동물을 보호하는 데 가장 인도적이고 경제적이며 효과적인 전략 중 하나다.

- 고양이가 낯선 상황에서 보이는 두려움의 정도는 그 고양이의 사회화 여부와 상관없다. 야생 고양이와 사회화된 고양이 모두 보호소에서는 극도의 두려움을 보일 수 있다.

- 부끄러움이 많거나 두려워하는 고양이를 입양할 때 하는 가장 큰 실수 중 하나는 그들의 세상을 너무 빨리 넓히는 것이다. 천천히, 조금씩 소개하는 것이 관건이다.

- 부끄러움이 많거나 두려워하는 고양이를 집에 들일 때는 작은 것부터 시작한다. 조용하고 안전한 방을 제공해 그가 적응할 수 있도록 하고, 상호작용의 속도와 강도를 고양이가 스스로 조절할 수 있게 해 준다. 그래야 고양이는 더 자신감을 가지고 안전감을 느끼게 된다.

- 숨을 장소의 중요성을 과소평가해선 안 된다. 고양이는 보호소의 케이지에 있든, 구조 단체의 방에 있든, 우리 집에 있든 상관없이 쉽게 접근할 수 있는 숨을 장소가 필요하다. 숨을 장소는 고양이의 생명을 구할 수 있고, 종 특유의 행동을 할 수 있는 기회를 제공해 고양이의 복지를 향상시킨다. 숨을 수 없게 되면 고양이는 엄청난 정신적, 신체적 스트레스를 겪을 수 있다.

- 모든 고양이는 일상생활에서 자극이 필요하다. 이는 선택 사항이 아니다! 자극은 음식, 물, 화장실, 휴식 공간, 숨을 장소와 같은 기본 자원을 포함한다. 놀이와 먹이 사냥 같은 신체 활동도 중요하다. 교육도 중요하다. 이는 사회적, 신체적 활동을 추가하는 좋은 방법이며, 우리와 고양이 사이의 관계를 강화하는 데도 도움이 된다.

- 일부 고양이는 인간 가족과는 사회적 관계를 형성할 수 있지만 손님과는 결코 편안함을 느끼지 못할 수 있다. 이를 억지로 해결하려 하거나 고양이가 혼자 있고 싶을 때 사람들에게 찾아가도록 해서는 안 된다.

- 고양이를 있는 그대로 존중해야 한다. 고양이의 성격은 유전, 이전 경험, 학습 그리고 우리가 통제할 수 없는 많은 것에 의해 형성된다. 고양이는 파티의 중심이든, 수줍은 벽장식 같은 존재든, 만질 수 없는 존재든 그 자체로 두어야 한다. 모든 고양이는 아름답고, 그들만의 방식으로 우리 삶을 풍요롭게 해 준다.

13장

노령묘, 우아하게 나이 들기

나이 든 고양이도
새 교육이 필요하다

줄리아 올브라이트Julia Albright, MA, DVM, DACVB

마거릿 그룬Margaret Gruen, DVM, PhD, DACVB

우르사는 수잔이 간호사로서 경력을 시작하고 새로운 도시에 적응해 가던 시절 만난 첫 반려동물이다. 당시 우르사는 태어난 지 열흘 된 작은 회색 털뭉치였는데, 고양이보다는 오히려 털이 북슬북슬한 곰처럼 보여서 라틴어로 '곰'을 뜻하는 이름을 지어 줬다. 우르사는 수잔의 주요 인생 사건을 함께했다. 학업, 결혼, 자녀 출산 그리고 주를 옮겨 다니는 수차례의 이사까지. 우르사는 생존 의지가 강한 새끼 고양이였고 활발한 두 아이들의 넘치는 애정도 참고 받아 주는 인내심 있고 사랑스러운 고양이였다.

우르사가 노령묘가 되면서 움직이는 데 어려움을 겪는 게 보였다. 계단을 오를 때 걷는 방식이 달라졌고, 소파나 침대에서 수잔과 가까이 있기 위해 뛰어오르긴 했지만 착지할 때 뒷발이 가구에 자주 부딪히곤 했다. 또 밤중에 자주 깨어나 집 안을 돌아다니며 울부짖었는데 누군가를 찾는 것 같았다. 수잔이 부르면 우르사는 다가와 안정을 찾는 듯했지만, 다음날 밤에도 같은 행동을 반복했다. 수잔은 사랑스럽고 적응력 좋고 위안을 주던 자신의 친구에게 무슨 일이 생겼는지 궁금했다.

수잔은 알지 못했지만, 우르사는 나이 든 고양이들이 흔히 겪는 여러 질병을 앓고 있었다. 엉덩이 쪽 관절염, 갑상선 기능 항진증, 고혈압, 신장 질환 그리고 경미한 인지기능저하(치매)가 있었다. 그럼에도 우르사는 여전히 사랑스러운 동반자였으며, 모든 손님과 친구를 큰 소리로 울며 반겼다.

하지만 우르사의 사교성은 인간에게만 해당되었다. 집에 다른 반려동물을 들이려는 시도는 모두 강한 저항에 부딪혔다. 우르사는 힘든 일로부터 도망치지 않고 자신의 공간을 침범하려는 모든 동물에게 맞섰다. 꽤 큰 개들에게조차도 말이다. 한때 수잔이 지역 구조단체에서 새끼 고양이 한 무리를 임시 보호하려 했을 때도 우르사가 공격적으로 반응하는 바람에 결국 돌려보낼 수밖에 없었다. 우르사는 확실히 혼자 있는 걸 더 행복해했다.

우르사가 자신의 노년기를 즐기지 못하는 것 같아 걱정이 된 수잔은 수의사에게 조언을 구했다.

노령묘에 관한 속설과 진실

수의학의 발전으로 우리 고양이들은 더 오래 더 건강하게 살 수 있게 되었다. 그러나 수명이 길어지면서 신체적, 의학적 문제로 인한 여러 행동상의 변화가 나타난다. 보호자들은 이런 변화를 단순한 노화로 치부해 버리곤 하는데 실제로는 불편함이나 질병의 신호일 수 있다.

대부분의 동물과 마찬가지로 고양이도 자신이 아프거나 신체적으로 약해지고 있다는 것을 숨기려 한다. 포식자들에게 취약하게 보이지 않기 위해서다. 그 결과 고양이가 아프다는 것을 알아차리지 못할 때가 많다. 고양이가 노화로 어려움을 겪을 수 있지만, 우리가 예방적으로 필요한 의료를 제공하고, 환경을 관리하며, 그들의 욕구를 잘 이해한다면, 나이 든 고양이들도 노년기를 잘 지낼 수 있다.

몇 살부터 노령묘에 해당될까?

미국고양이수의사회American Association of Feline Practitioners의 노령묘 관리 가이드 라인[26]에 따르면 고양이가 '노령'이 되는 특정 나이는 없다. 저마다 다른 속도로 나이를 먹기 때문이다. 다만 편의상 고양이를 '성숙기 혹은 중년(7~10세)', '노령기(11~14세)', '초고령기(15세 이상)'로 분류한다.

노화 과정은 고양이마다 조금씩 차이가 있지만 전형적으로 나타나는 몇 가지 변화가 있다. 대표적인 것이 근육량 감소와 고양이가 몸을 지탱하는 방식의 변화다. 등 근육이 약해지고 통증이 있는 관절 주변에 근육 위축과 손실이 나타날 수 있다. 이로 인해 움직임이 둔해질 수 있지만 그래도 대부분의 고양이는 노년기에도 활발함을 유지해야 한다.

이런 신체적 변화는 혈액검사로는 나타나지 않기 때문에 다양한 행동적 징후를 인지하게 되면 고양이의 환경을 조정하고 의료 관리를 통해 건강을 유지하도록 도와야 한다.

우리 고양이는 멀쩡한 것 같은데, 굳이 정기적으로 검진받아야 하나?

건강검진으로 초기 단계에 질병을 찾게 되는 경우가 많다. 신체적 징후가 나타나기 훨씬 전에 말이다. 이런 질병 중 많은 경우가 치료 가능하다. 치료는 일찍 시작할수록 좋기 때문에 고양이 의학 전문가들은 7세 이상의 고양이라면 6개월마다 정기 검진을 받을 것을 강력히 권한다.

수의사는 고양이의 전신을 촉진하고 혈액검사를 통해 건강 상태를 점검한다. 보호자는 고양이의 행동, 식욕, 갈증, 화장실 습관, 배변 및 소변, 사회적 상호작용, 수면 패턴, 울음소리, 놀이 욕구, 움직임 등에서 나타나는 미세한 변화까지 수의사에게 알려야 한다. 고양이가 복용 중인 약물과 보충제도 다 언급해야 한다. 이 모든 정보가 고양이의 건강과 복지에 유용한 자료가 된다.

고양이가 잘 먹고 잘 움직인다면 괜찮은 거 아닌가?

꼭 그렇지는 않다. 고양이의 체중, 활동 수준, 수면-각성 주기의 변화는 의학적 문제를 나타내는 경우가 많다. 이러한 변화가 나타나면 바로 수의사와 논의한다. 고양이의 경우, 이런 변화는 종종 오랜 기간에 걸쳐 천천히 이뤄지므로 알아차리기 어려울 수 있다. 고양이가 7세를 넘어서면 고양이의 능력을 지속적으로 관찰하고 기록해 두는 것이 좋다. 그래야 미세한 변화를 감지할 수 있다.

용어 정리

- **인지기능장애 증후군**cognitive dysfunction syndrome(CDS): 인지기능을 담당하는 신경계 일부의 퇴행으로 발생하는 일종의 고양이 치매다. 고양이의 기본적인 의사결정 능력과 전반적인 인식 능력이 점차 감소한다.
- **오프 라벨 사용**off-label use: 약이 원래 허가된 용도와 다르게 사용되는 것. 승인되지 않은 적응증indication, 연령대, 용량 또는 투여 경로로 약물을 사용하는 것을 의미한다. 처방약과 일반의약품 모두 오프 라벨 방식으로 사용될 수 있으나 대부분의 오프 라벨 사용에 대한 연구는 처방약에 초점을 맞추고 있다.
- **감각 저하**sensory decline: 시각, 청각, 후각, 미각, 말초감각 같은 감각이 점차 감소하는 것. 이는 노화의 자연스러운 과정이다.
- **노령묘**senior cat: 10세가 넘은 고양이.
- **초고령묘**geriatric cat: 15세가 넘은 고양이.
- **수면-각성 사이클**sleep-wake cycle: 수면과 각성을 번갈아 나타내는 생물학적 패턴으로, 치매가 있는 고양이는 이 주기가 변한다.

의학적 상태와 그에 따른 행동적 징후

거의 모든 종의 동물이 나이가 들수록 특정 질병을 앓을 가능성이 높아진다. 고양이도 나이가 들수록 여러 만성 질환에 걸릴 확률이 높아지긴 마찬가지다. 좋은 소식은 꾸준한 운동, 적절한 식단, 정신적 자극과 같은 생활 습관의 변화가 이러한 질병들과 관련된 통증과 고통을 상당히 줄일 수 있으며, 경우에 따라서는 문제를 완전히 예방할 수도 있다는 것이다.

이 섹션에서는 노령묘에서 흔히 발생하는 몇 가지 만성 질환에 대해 논의할 것이다. 그런데 특정 질병에만 국한되지 않는 몇 가지 행동적 징후가 있다. 이런 징후를 발견하게 되면 고양이를 수의사에게 데려가야 한다.

- 구토
- 호흡 곤란
- 무기력
- 식욕 부진(음식 거부)
- 활동량의 급격한 감소
- 그루밍 부족

고양이를 수의사에게 데려가는 것이 스트레스가 된다는 사실은 안다. 고양이가 이동장에 익숙해지도록 하는 것 같은 간단한 절차가 이 과정을 훨씬 더 편안하게 만들어 줄 것이다. 이동장 교육에 대한 더 자세한 정보는 부록 A를, 고양이에게 약물을 투여해야 하는 경우는 부록 B를 참고한다.

퇴행성 관절염(골관절염)

퇴행성 관절염(골관절염)은 노령과 관련된 가장 흔한 질병 중 하나다. 10

세가 넘는 고양이 중 80퍼센트 이상이 관절염을 앓지만 통증의 임상 증상을 보이는 경우는 절반 정도에 불과하다. 즉, 고양이가 관절염이 있어도 증상을 보이지 않을 수 있다는 의미다.

고양이의 걸음걸이(걷거나 달리는 방식)에서 변화를 알아차릴 수도 있지만, 대개는 계단을 오르거나 점프할 때의 모습에서 관절염으로 인한 통증 징후를 발견한다. 관절염이 있는 경우 사회적 행동이 변하거나 쓰다듬는 것을 덜 참는다는 보고도 있다. 관절염으로 어떤 능력이 퇴화되는지는 통증이 영향을 미치는 관절 부위에 따라 다르다. 뒷다리에 통증을 느끼면 점프하거나 계단을 오르는 데 어려움이 생기고, 앞다리에 통증이 있으면 뛰어내리거나 계단을 내려가는 데 어려움을 보인다. 관절염은 고양이의 전신과 기분에도 영향을 미칠 수 있다.

관절염과 관련된 통증은 노화의 불가피한 결과가 아니며 치료가 가능한 경우가 많다. 고양이가 집 안에서 더 쉽게 움직일 수 있도록 환경을 바꿔 주는 것도 도움이 된다. 이 장의 뒷부분에서 다룰 '노령묘를 위한 환경 관리' 섹션의 추천 사항은 관절염이 있든 없든 모든 노령묘에게 적용할 수 있다. 하지만 환경 관리는 특히 관절염으로 고통받는 고양이에게 중요하다.

갑상선 기능 항진증

갑상선 기능 항진증은 주로 노령묘에게서 나타나며 진단 시 평균 연령은 12세다. 갑상선 호르몬은 목 울대뼈 아래에 있는 나비 모양의 갑상선에서 생성되는데, 이 호르몬은 단백질, 탄수화물, 지방의 신진대사를 조절하고 체온 유지와 교감 신경계(도주-도피 반응)에도 관여한다.

갑상선 기능 항진증이 있는 고양이는 갑상선 호르몬을 과도하게 생성한다. 원인은 정확히 알려지지 않았지만, 환경, 면역 체계, 영양, 유전 또는 이들 간의 결합과 관련이 있을 수 있다. 사람과 달리 고양이는 갑상선 기능 항진증으로 암이 발생하는 경우는 드물다.

갑상선 기능 항진증을 앓으면 신진대사가 과도하게 활성화된다. 과도한 활동성과 식욕 증가에도 불구하고 체중이 감소하고, 음수량 및 배뇨 증가, 구토, 빠른 심장박동, 정돈되지 않은 털 등 다양한 행동 및 건강상의 변화가 나타난다. 갑상선 기능 항진증이 치료되지 않으면 심장과 신장이 손상될 수도 있다.

갑상선 기능 항진증은 특수 식단이나 갑상선 호르몬의 생산을 줄여 몸에 미치는 손상을 감소시키는 약물로 관리할 수 있다. 갑상선 활동을 영구적으로 감소시키기 위한 수술 및 방사성 요오드 치료도 고려할 수 있다.

만성 신장병

12세 이상의 고양이 중 최대 80퍼센트가 만성 신장병을 앓는 것으로 추정되며 나이가 들수록 더 흔해진다. 신장은 체내 독소를 여과하고, 체액 수준을 조절하며, 전해질 균형을 유지하고, 혈압과 혈액 산소 공급을 조절하는 등의 기능을 수행한다.

만성 신장병은 신장의 여과 기능이나 혈액 공급에 손상이 생겨 신장이 영구적으로 약하거나 중간 정도로 기능을 잃은 상태를 말한다. 만성 신장병(CKD)의 정확한 원인은 대부분 알기 어렵다. 그 이유는 고양이의 몸이 신장 조직이 서서히 손실되더라도 이를 잘 보상하기 때문인데, 약 66퍼센트까지 손상이 진행되어도 티가 나지 않을 수 있다. 하지만 질병이 조기에 발견되어 적절한 약물 치료와 식이 관리를 시작하면, 중등도의 신장 손상은 수년간 잘 관리될 수 있다.

신장병의 징후로는 음수량과 배뇨량의 증가, 식욕 감소, 체중 감소, 에너지 감소 등이 있다. 만성 신장병은 고양이를 세균 감염에 취약하게 만들기 때문에, 이로 인해 고양이가 화장실을 자주 들락날락거리거나, 화장실 밖에서 배뇨하거나, 배뇨 중 울거나, 소변에 혈액이 섞이는 등의 증상을 보일 수 있다. 감염이나 막힘으로 배뇨에 어려움을 겪는 것(배뇨 곤란)은 변비로 오해받을 수 있다.

고혈압

갑상선 기능 항진증과 신장병은 고혈압의 흔한 원인이다. 고혈압이 치료되지 않으면 신장병의 진행 속도가 가속화될 수 있으며, 눈, 심장, 뇌의 심각한 손상으로 이어질 수 있다. 고혈압이 있는 고양이는 종종 과도하게 울거나 여기저기 걸어 다니며 불안해하는 모습을 보인다. 일부 고양이는 시력을 잃고 물건에 부딪히기도 한다. 수의사는 검진, 혈압 측정, 기타 평가를 통해 고혈압을 치료하기 위한 약물을 처방할 수 있다.

심장질환

고양이에서 가장 흔한 심장질환은 비대성 심근병증hypertrophic cardiomyopathy(HCM)으로, 이는 심장벽이 두꺼워지는 질환이다. HCM은 9세 이상 고양이의 약 25퍼센트에서 진단된다. 메인쿤, 랙돌, 브리티시 숏헤어, 스핑크스 같은 특정 품종은 유전적으로 HCM에 걸리기 쉽다. 두꺼워진 심장벽은 수축 기능이 떨어지며, 심장은 온몸에 혈액을 보내기 위해 더 많은 힘을 쓰게 된다. 결국 심장 근육뿐만 아니라 폐와 몸 전체의 혈관도 손상될 수 있다.

경미한 HCM는 몇 년 동안 눈에 띄는 영향을 주지 않는다. 비특이적 징후로는 무기력과 식욕 감소가 있으며, 흔히 보호자들이 호흡 곤란과 헐떡거림을 발견하는 경우가 많다. 이런 증상은 보통 여행, 동물 호텔에서의 숙박 또는 동물병원 방문 같은 스트레스 사건 후에 나타난다. 수의사는 고양이에게 스트레스가 많은 상황과 과도한 운동을 피하도록 권할 수 있으며, 심장의 기능을 더 효율적으로 도와주는 약물을 제공한다.

심장사상충

심장사상충heartworm disease은 사상충dirofilaria immitis이라는 기생충에 의해 발생하며 감염된 모기에 의해 전파된다. 이 질병은 실외에서 생활하는 고양이(그리고 개)뿐만 아니라, 실내에만 있는 고양이에게도 문제가 될 수 있다. 감염된 모기는 고양이에게 심장사상충 유충을 주입하며 이 유충은 이후 몇 개월 동안 성숙하여 심장과 폐로 이동한다. 모든 연령의 고양이가 심장사상충 질병에 걸릴 수 있다.

고양이의 면역 체계는 개에 비해 이런 유충을 제거하는 데 매우 뛰어나지만, 일부 유충은 성충이 될 수 있고, 단 한두 마리의 성충만으로도 심장과 폐에 심각한 폐색이나 손상이 초래될 수 있다. 처음에는 기침이 유일한 증상이지만, 호흡 곤란, 무기력, 구토가 발생할 수 있으며 심지어 갑작스러운 죽음에 이를 수도 있다. 이 질병은 테스트를 통해 진단된다.

고양이가 심장사상충에 감염되지 않도록 예방약을 복용하면 된다. 예방은 쉽지만 치료가 어려운 만큼 모든 고양이에게 예방약이 권장된다.

당뇨병

당뇨병diabetes mellitus은 과체중 및 노령묘(그리고 사람)에게 가장 흔하게 발생하는 질병이다. 인슐린은 췌장에서 생산되는 호르몬으로 신체의 주요 에너지원인 포도당이 세포 속으로 들어가게 한다. 당뇨병에 걸린 고양이는 인슐린 부족이나 인슐린 저항성으로 인해 혈액 내에 과도한 포도당이 축적되며 이로 인해 신체 여러 시스템이 손상될 수 있다.

당뇨병에 걸리면 보통 과도한 배뇨와 음수, 털 상태 불량, 무기력 그리고 뒷다리 약화 같은 증상이 나타난다. 비만은 당뇨병의 위험 요소인데, 이는 세포가 인슐린에 저항하게 되는 직접적인 원인이 되기 때문이다. 인슐린 저항성은 나이가 들면서 증가하는 것으로 보인다.

일부 고양이의 경우, 체중 감량과 함께 저탄수화물, 고단백 식단으로 바꿔서 인슐린과 포도당 수치를 조절할 수 있다. 식단 변경과 함께 경구 약물이 필요할 수 있지만, 모든 경우에 효과가 있는 것은 아니다. 인슐린을 만드는 세포가 심하게 손상된 경우, 장기적으로 인슐린 주사가 필요할 수도 있다. 질병이 빨리 진단되고 생활 습관이 개선될수록 영구적인 손상 위험이 줄어든다.

체중 감소

과도한 체중 및 근육량 감소는 노령묘에게 매우 흔한 현상이다. 이는 갑상선 기능 항진증 같은 다른 질병과 관련 있거나 치아 건강 악화나 후각 감소 같이 식욕 저하를 유발하는 상태와 관련 있을 수 있다.

기저 원인과 상관없이 지나치게 낮은 체중은 노령묘의 사망률 증가와 관련이 있으며, 자체적으로 질병으로 간주되어 특정 치료 계획이 필요하다. 적은 양의 따뜻한 음식을 자주 제공하고, 물에 향미를 추가하며, 수의사에게 처방받을 수 있는 식욕 촉진제를 사용하는 것이 도움이 된다. 이를 통해 마른 고양이를 건강하게 유지하고 수분을 충분히 공급할 수 있다.

치아 및 구강 질환

대부분의 노령묘는 어느 정도 치주(잇몸) 질환이 있다. 타액 속의 미네랄과 상호작용하는 박테리아가 잇몸 위아래에 플라크를 쌓이게 하여 치아 뿌리와 지지 조직에 손상을 주기 때문이다. 신체의 면역 반응은 치아 및 구강 구조에 더 심한 염증과 통증 그리고 손상을 일으킬 수 있다.

치주 질환은 보호자가 쉽게 알아차리지 못할 수 있다. 일반적으로 식욕 저하, 침 흘림, 음식을 입에서 떨어뜨리는 등의 증상이 고양이가 구강 통증을 겪고 있다는 신호일 수 있다. 혹은 얼굴, 머리, 목 주변을 만졌을 때 민감하게 반응하기도 한다. 발치를 포함한 적절한 치료로 고양이의 기분, 활동성, 식욕에 극적인 변화가 생길 수 있다.

보호자는 해마다 치아 스케일링을 받게 하고 구강 관리법 지침을 지켜 더 심각한 관련 질환을 예방해야 한다. 미용실에서 제공하는 비마취 클리닝은 고양이에게 너무 큰 스트레스를 주고 정확한 과정을 거치기 불가능하기 때문에 권장되지 않는다.

감각기능 저하 및 상실

한 가지 이상의 감각이 저하되면 행동에 변화가 생길 수 있다. 시각, 후각, 청각의 상실로 인해 주변 환경을 인식하는 방식이 바뀌면 사람이나 다른 반려동물 그리고 세상의 다른 것들에 다르게 반응하게 된다. 일부 고양이는 감각이 예민하지 않아서 덜 반응하고 더 차분해 보일 수 있지만, 대체로 주변 환경이 다르게 느껴져 두려움이나 불안을 느낀다.

시력이 약해지면 쉽게 놀라고 가끔 물건에 부딪힐 수 있다. 일부는 시력을 잃었을 때 매우 불안해하며 이전보다 더 많이 울기도 한다. 청각이 약해진 고양이는 사람이 방에 들어와도 반응하지 않으며, 만졌을 때 놀라서 하악질하거나 공격적인 반응을 보인다. 후각을 잃어가는 고양이는 음식에 대한 흥미를 잃어 식욕이 감소할 수 있다.

인지기능장애 증후군

일부 고양이들이 밤에 깨는 등 행동에 변화를 보이지만 기저 질환으로 설명되지 않는 경우가 있는데, 인지기능장애 증후군Cognitive Dysfunction Syndrome(CDS)이 원인일 수 있다. CDS는 고양이 치매의 일종으로, 인지기능을 담당하는 신경계 일부가 퇴화해 발생하며, 이로 인해 기본적인 의사 결정 능력과 전반적인 인식 능력이 점진적으로 감소하게 된다.

고양이가 CDS를 앓고 있는지 어떻게 알 수 있을까?

개의 경우, CDS와 관련된 행동 변화를 'DISHA'라는 약어로 설명하고 있다.

- **D**isorientation: 방향 감각 상실
- **I**nteraction changes: 사람이나 다른 동물과의 상호작용 변화
- **S**leep-wake cycle changes: 수면-각성 패턴의 변화
- **H**ouse soiling: 화장실 문제
- **A**ctivity changes and/or Anxiety: 활동 수준의 변화 그리고/또는 불안

비록 노령묘에 대한 연구는 많이 이뤄지지 않았지만, 노령견과 노령묘 사이에 유사점이 있으니 이는 고양이에게도 적용된다고 볼 수 있다.

켈리 모팻과 그녀의 동료들이 수행한 연구에 따르면, 11~14세의 고양이 중 28퍼센트가 노령에 접어들면서 적어도 하나의 행동 문제를 겪으며, 15세 이상의 고양이에서는 이 비율이 50퍼센트 이상으로 증가한다. CDS는 이러한 행동 및 인식 변화의 원인 중 하나일 수 있다.

만약 고양이에게 DISHA 징후 중 하나라도 보인다면 철저한 검사를 받는 것이 중요하다. 다른 의학적 상태도 이러한 증상을 유발할 수 있기 때문이다. 의학적 원인이 없고 동반된 의학적 상태가 잘 관리되고 있다면 CDS를 진단할 수 있다.

자기공명영상(MRI)이나 컴퓨터단층촬영(CT)으로 인지저하의 근본 원인일 수 있는 다른 뇌 문제를 배제할 수는 있지만, CDS를 진단할 수는 없

다. 현재로서는 고양이의 행동 변화가 가장 중요한 진단 도구다.

CDS의 원인은 무엇인가?

개와 사람 모두에게서, 학습 장애 및 기타 행동상 변화가 뇌의 퇴행성 손상 정도와 직접적 관련이 있음이 밝혀졌다. 연구자들은 고양이에게도 동일한 원리가 적용된다고 가정하며, 제한적인 인지 테스트로 이를 확인했다. 예상했던 대로, 인지 연구에서 노령묘는 많은 학습 과제를 젊은 고양이들만큼 잘 수행하지 못했다.

뇌 신경세포의 손실 외에도 인지저하를 겪는 고양이(그리고 개)들은 뇌 조직에 변화가 일어나는데, 특히 베타-아밀로이드 플라크가 축적된다. 이는 알츠하이머병을 앓는 인간의 뇌에서 발생하는 변화와 놀라울 정도로 유사하다. 세포가 에너지를 생성하고 기본적인 기능을 수행하는 동안, 시간이 지나면서 체내 여러 세포에 손상을 일으키는 노폐물을 만들어낸다. 특히, 뇌 조직은 산화적 손상에 취약한데 신경세포와 혈관 주변의 베타-아밀로이드 플라크가 이런 구조들의 기능 상실을 초래한다.

인지기능을 담당하는 신경세포가 손상되어 도파민과 아세틸콜린과 같은 중요한 신경전달물질을 더 이상 분비되지 않으면서 인지 변화가 나타난다. 또한 뇌 세포가 노화되면서 세포 노폐물을 처리하는 방식에도 변화가 생긴다.

도움이 될 수 있는 약물

고양이에 대한 치료법은 거의 연구되지 않았기 때문에 개와 인간에 대한 연구 결과를 바탕으로 추정해야 한다. 인지저하를 치료하는 많은 방법은 남아 있는 신경세포와 신경전달물질의 수명을 연장하는 데 도움이 된다. 이 질병의 영향을 치료하거나 되돌릴 수는 없지만, 그 진행을 늦추고 관련된 일부 증상을 완화할 수는 있다.

수의사는 고양이의 인지적 증상과 다른 건강 문제의 성격에 따라 불안을 줄이거나 진정 효과를 주는 약물을 처방할 수 있다. 다음 약들은 고양이 CDS 치료에 사용되는데, 반드시 수의사의 지도하에 복용해야 한다. 용량 조정뿐만 아니라 복용 중단도 마찬가지다.

- 셀레길린Selegiline은 개의 CDS 치료를 위해 승인된 유일한 약물이며, 고양이에게는 허가 외off-label 용도로 사용된다. 이 약물은 MAO-B 억제제라고 불리는 약물 그룹에 속하며, 뇌에서 도파민(운동 조절에 필요한 자연 물질)의 양을 증가시킨다. 또한 자유 라디칼(독성이 있는 반응성 분자)의 생성을 줄이고, 자유 라디칼 제거 기능을 촉진할 수 있지만, 고양이의 임상 시험으로는 평가되지 않았다. 증상의 개선이나 안정화는 6~8주가 걸릴 수 있다.
- 벤조디아제핀Benzodiazepines은 불안과 불면증 치료를 위해 인간에게 처방되는 약물인데, 야간에 깨는 문제를 가진 고양이에게 유용할 수 있다. 부작용으로는 무기력이나 활동성 증가, 울음소리 증가 같은 특이 반응이 나타날 수 있으며 간 기능 변화도 일으킬 수 있다.

영양 보충제

일부 영양 보충제는 CDS의 진행을 늦추고, 경미하게 손상된 인지기능을 향상시키며 고양이를 진정시키는 데 도움이 된다고 알려져 있다. 이 보충제들은 종종 씹어 먹는 간식 형태나 사료에 섞어 먹일 수 있는 분말 형태로 나온다. 보충제는 처방전 없이도 구할 수 있지만 복용 전 수의사와 상의하는 것이 좋다. 수의사는 최신 연구와 권장 사용법, 복용량에 대해 잘 알고 있다.

- 세니라이프Senilife 같은 보충제에는 아미노산인 포스파티딜세린 phosphatidylserine, 식물 성분인 은행나무 추출물ginkgo biloba, 레스베라트롤resveratrol, 비타민 B6 및 E가 포함되어 있다. 이런 성분들은 세포막 기능을 향상시키고 자유 라디칼로 인한 산화 손상을 줄이는 데 도움을 줄 수 있다.

- S-아데노실메티오닌SAMe이라는 아미노산은 세포막을 유지하고 세포 기능을 조절하는 데 도움을 줄 수 있다. SAMe는 우울증, 관절염, 간 질환 치료에 사용되었는데, 개리 랜드버그Gary Landsberg가 속한 연구진의 연구 결과에 따르면, SAMe 보충제가 경미하게 손상된 노령 고양이의 인지 실행 기능을 향상시킬 수 있다. 특히 인지저하의 후기 단계보다는 초기 단계에 있는 고양이에서 더 성공적이었다.

- 알파-카소제핀Alpha-casozepine(상품명 질켄Zylkene)은 우유에 있는 알파-S1-카세인 단백질에서 유래한 아미노산 사슬이다. 작용 기전은 완전히 밝혀지지 않았지만, 알파-카소제핀은 신경세포 간의 충돌을 차단하는 신경전달물질인 GABA와 구조적으로 유사한 것으로 보인다. 알파-카소제핀은 고양이의 불안 치료에 효과적인 것으로 입증되었다. CDS 치료를 위한 평가는 이루어지지 않았지만 가벼운 진정 작용에 효과적일 수 있다.

신체적, 정신적 건강 유지하기
_ 놀이와 자극

노령묘의 신체적·정신적 건강을 유지하는 것부터 시작한다. 흔히들 나이 든 고양이는 놀이에 별로 관심이 없다고 여기지만, 스스로 놀이를 시작하지 않고 예전만큼 자주 놀지 않을 뿐, 격려하면 여전히 놀이에 참여하곤 한다. 신체 활동은 고양이의 건강한 체중 유지에 필수적이며, 일부 질병을 예방하고 관절에 가해지는 압력을 줄이는 데도 효과적이다.

막대 장난감, 레이저 포인터, 작은 공이나 다른 장난감들로 노령묘를 놀이에 참여시킬 수 있다. 고양이마다 좋아하는 장난감이 다르니, 놀이를 포기하기 전에 여러 장난감을 시도해본다. 새로운 장난감을 준비하거나 기존 장난감을 교체하면 어떤 고양이는 혼자서도 놀이에 참여할 수 있다. 짧은 놀이 시간도 고양이와 상호작용하는 훌륭한 방법이다. 고양이가 옆으로 누워 있거나 등을 대고 있을 때 놀게 하면 고양이가 몸을 많이 쓰지 않아도 된다.

먹이 급여 장난감을 주면 고양이가 낮 시간을 바쁘게 몰두하며 보낼 수 있다. 다른 장에서 논의한 바와 같이, 이런 장난감은 만들기도 쉽고 시중에서 구입하기도 쉽다. 먹이 급여 장난감이 전반적인 활동성을 크게 증가시키지는 못할 수 있지만 정신적 자극을 주는 건 확실하다.

다른 형태의 시각적, 촉각적 자극도 노령묘에게 자극이 될 수 있다. 새 모이통이나 나비 덤불은 날아다니는 생물을 끌어들여 시각적 자극을 주며, 고양이에게 높은 장소에 올라가고자 하는 동기를 부여한다.

고양이의 휴식 장소 근처에 기둥형 스크래처와 발톱 관리 도구를 배치해, 고양이가 일어날 때 스크래칭하고 그루밍할 수 있도록 한다. 3장과 11장에서 논의한 것처럼, 스크래처는 사이잘삼과 골판지 등 다양한 재질이 있으며, 모양, 크기, 구성도 다양하다. 노령묘들은 수직형 스크래처 기둥보다는 수평 표면에서 스크래칭하는 걸 선호할 수 있다. 다양한 옵션을 제공하면, 특히 여러 마리의 고양이를 키우는 경우, 고양이의 변화하는 선호도에 맞출 수 있다.

노령묘를 위한 환경 관리

노령묘가 이동 능력이 변하더라도 계속해서 접근할 수 있는 전용 공간을 마련해 주는 것이 무엇보다 중요하다. 고양이는 음식, 물, 좋아하는 휴식 장소, 화장실에 쉽게 접근할 수 있어야 한다. 또한 예전에는 우리가 주변에 있는 것을 신경 쓰지 않았더라도, 나이가 들어서는 이러한 것들을 이용할 때 방해받지 않기를 원할 수 있음도 기억한다.

물그릇

나이 든 고양이가 겪는 많은 의학적 문제에는 물 섭취량의 변화(대개 증가)가 동반되므로 추가 물그릇을 제공해 필요한 물을 충분히 섭취할 수 있도록 한다. 일부 고양이는 물 분수를 좋아하며 흐르는 물을 더 편하게 마신다. 이런 고양이들은 수도꼭지에서 물이 나오면 올라가 핥으려 한다.

그렇다고 모든 고양이가 흐르는 물을 좋아하는 건 아니다. 크리스토퍼 파첼Christopher Pachel이 보호소의 고양이들을 대상으로 흐르는 물과 흐르지 않는 물 분수에 대한 선호도를 조사한 결과, 22퍼센트의 고양이가 두 종류를 다 이용했고, 44퍼센트는 흐르지 않는 물만 이용했다. 마사 클린 Martha Cline의 테네시 대학 연구진이 진행한 또 다른 연구에서도 유사한 결과가 나왔으며, 양쪽 고양이들의 체내 수분량이나 소변량에는 차이가 없었다.

이런 연구들은 개별적 선호도가 중요하다는 것을 상기시켜 준다. 만약 우리 고양이가 수도꼭지에서 물을 마시기를 기다리는 고양이라면 물 분수가 좋은 선택일 것이다.

고양이가 흐르는 물을 좋아한다면, 물 분수가 수분을
충분히 섭취하는 데 도움이 될 것이다.

© Andrea Y. Tu

휴식 장소

높은 곳에 있는 휴식 장소는 노령묘를 포함한 대부분의 고양이에게 중
요하다. 많은 고양이가 창틀, 캣타워 위, 소파나 의자 등받이 위에 앉기를
좋아한다. 하지만 나이가 들면 이런 장소에 접근하는 것이 어려워질 수 있
다. 많은 노령묘가 한 번에 높이 뛰어오르기보다는 여러 번에 걸쳐 뛰어오
르기를 선호하므로, 상자 등을 전략적으로 배치해 원하는 장소까지 편하
게 오를 수 있도록 돕는다. 반려동물 계단이나 경사로도 유용하다.

포터는 이전 것보다 더 낮고 접근하기 쉬운 새 기둥형
스크래처와 캣타워를 즐기고 있다.

© Debra F. Horwitz

추가로 바닥에 부드러운 휴식 장소를 제공해 준다. 예를 들어, 우르사가
나이 들면서 좋아했던 장소 중 하나는 거실에 놓인 따뜻한 반려동물용 침

대였다. 고양이가 선호하는 장소를 계속 주시하여 여전히 그곳에 접근할
수 있는지 확인한다.

포터의 고양이 침대는 바닥에 있는 근처 난방 환기구로 따
뜻하게 유지된다. *© Debra F. Horwitz*

화장실 사용 문제

노령묘가 화장실 사용에 어려움을 겪는 경우, 특히 오랫동안 화장실 사
용에 깐깐했던 고양이라면 의학적 원인부터 찾아본다. 노령묘에게 흔히
발생하는 의학적 문제의 많은 부분이 물 섭취량과 소변량의 증가와 관련
이 있으며, 이는 화장실에서 발견되는 덩어리의 크기와 개수 증가로 파악
할 수 있다. 고양이는 개인적으로 선호하는 화장실 위생 상태가 있고, 특히
덩어리 수가 늘어나면 화장실을 피할 수 있다. 따라서 화장실의 수를 늘리거
나 더 자주 청소해 노령묘가 화장실을 사용하는 데 거부감이 없도록 한다.

화장실의 위치나 형태를 변경해야 하는 경우도 있다. 일부 노령묘는 출
입구가 높은 화장실을 사용하기 어려울 수 있다. 또한 자세를 유지하는 데
어려움을 겪는 고양이는 화장실 가장자리 너머에까지 소변을 볼 수 있다.
우르사도 그랬다. 우르사는 웅크린 상태로 소변을 보기 시작하다가도 그
자세를 유지하기 어려워 도중에 일어서곤 했다.

이 문제에 대한 해결책이 있다. 낮은 입구와 높은 뒤쪽 및 측면을 가진
화장실이 시중에 판매되고 있고, 높이가 높은 플라스틱 리빙 박스를 구입
해 한쪽 면을 잘라 만들 수도 있다. 이런 화장실은 고양이가 쉽게 들어가서

소변을 보고 나올 수 있다(특수 상황에 맞춰 화장실을 수정하는 아이디어는 8장 참고).

고양이는 자신이 가장 많이 시간을 보내는 핵심 영역, 즉 전체 시간의 75퍼센트를 보내는 곳에 있는 화장실을 더 자주 사용한다. 시간이 지남에 따라 그 영역은 변경되거나 사용 시간이 단축될 수 있으니, 이에 따라 화장실 위치를 변경하거나 더 추가한다. 노령묘는 화장실을 사용하기 위해 지하실로 내려가거나 계단을 올라가기 힘들다. 젊었을 때는 괜찮았더라도 노령묘에게는 무리일 수 있다.

사회적 변화

고양이가 가정에서 더 오래 살수록, 새로운 반려동물의 추가나 사망 같은 사회적 변화를 경험할 가능성이 높아진다. 고양이는 이런 사회적 변화에 다양한 반응을 보이며, 고양이가 어떻게 반응할지 이해하려면 먼저 고양이의 가장 가까운 유전적 조상들의 생활 방식과 행동을 살펴봐야 한다.

9장에서 보았듯이, 길들여진 고양이는 서로의 신체적 근접성을 견딜 수 있는 능력을 진화시켰고, 인간의 집단 거주지가 만든 집중적 식량 공급원을 최대한 활용했다. 집단생활은 아마도 혈연관계의 암컷들이 협력적으로 새끼를 키우면서 진화했을 것이다.

일부 고양이 행동학자들은 현대 고양이의 기본 성향이 고양이의 조상처럼 독립적이고 영토 중심적이라고 말하지만, 민감한 사회화 시기(약 2~7주) 동안 다른 고양이와 적절히 상호작용한다면 함께 조화롭게 생활할 수 있다. 연구에 따르면, 사회성에는 유전적 요소도 작용한다. 일부 고양이는 초기 사회화가 부족해도 사교적이 되고, 어떤 고양이들은 적절한 초기 사회적 노출에도 불구하고 신경질적이거나 비사교적이 된다.

다양한 이유로 많은 사람이 집에 여러 마리의 고양이를 들이기를 원한다. 고양이에게 다른 고양이와의 사회적 관계가 이로울 거라는 이유도 그 중 하나인데 이는 잘못된 생각이다. 적절한 유전자, 성격, 생애 초기 사회적 노출 기회를 가진 고양이만이 다른 고양이와 함께하는 삶을 즐길 수 있다. 많은 고양이가 다른 고양이의 존재를 견디는 법을 배울 수 있지만, 일부 고양이는 혼자일 때 더 편안함을 느끼며, 어릴 때 이후에 만나는 모든 고양이를 매우 적대적으로 대하며 이들의 존재에 극도로 스트레스를 받을 수 있다.

기존의 고양이가 새 고양이에게 어떻게 반응할지 예측하는 것은 어렵다. 예전에 다른 동료와 잘 지냈다고 해서 새 고양이나 새끼 고양이와도 행복할 것이라 보장할 수 없다. 새로운 고양이가 집에 들어오는 것은 스트레스를 유발하며, 변화에 적응하기 어려운 노령묘에게 이는 더 큰 문제가 될 수 있다.

노령묘가 있을 때 새로운 성묘 고양이를 들이는 것은 위험하다. 새끼 고양이를 들이는 것은 실패 가능성이 더 높다. 에너지 수준이 높은 새끼 고양이는 노령묘에게는 몹시 성가시고 고통스러운 존재가 될 수 있다.

노령묘는 아마도 새로운 동반자를 갈망하지 않으며, 활발한 새끼 고양이를 반기지도 않을 것이다.
© Craig Zeichner

디코딩 유어 캣

한밤중에 우는 이유와 대처법

노령묘의 보호자들이 가장 흔히 하는 불만 중 하나는 고양이가 밤에 돌아다니며 크게 울어 대는 것이다. 결국 모든 가족이 깨고 만다. 이런 행동에는 두 가지 이유가 있다.

첫째, 인지기능저하나 시력 손실 같은 신체적 변화로 고양이가 방향 감각을 상실하고 몹시 불안해하는 것일 수 있다. 인지기능저하의 흔한 특징 중 하나는 수면-각성 주기의 변화다. 이런 고양이들은 낮 동안 더 많이 자거나, 수면 패턴에 다른 변화가 나타날 수 있다. 이런 변화가 방향 감각 상실과 함께 나타날 경우, 고양이는 새벽 시간대에 자신의 위치를 파악하기 위해 울부짖을 수 있다. 이 경우 고양이에게는 야간 조명이 필요할 수 있다.

둘째, 우리가 이 행동에 반응하는 방식이 그 행동을 강화했을 수 있다. 만약 고양이가 새벽 3시에 울기 시작하면, 많은 보호자가 울음을 그치게 하려고 무엇이든 할 것이다. 대답하거나, 일어나서 고양이를 확인하거나 상호작용하거나 심지어 먹이도 준다. 이런 긍정적인 피드백은 고양이가 그 행동을 반복하게 만들 수 있다. 당연히 이는 우리에게 달갑지 않다.

만약 밤에 깨거나 울기 시작한다면 고양이에게 허기와 갈증을 느끼게 하는 의학적 문제가 생긴 것일 수 있으므로 신체검사나 혈액검사로 확인해야 한다. 고혈압, 갑상선 기능 항진증, 관절염이나 치아 질환으로 인한 통증, 감각 저하, 인지기능저하 같은 의학적 상태가 야간 각성 및 울음과 관련 있는 것으로 알려져 있다. 또, 나이가 들수록 특정 약물에 다르게 반응할 수 있으므로 고양이가 복용하는 모든 약물과 보충제를 수의사에게 알리는 것이 좋다. 이러한 문제들이 모두 해결된 후에야, 비로소 야간 각성의 패턴을 깨기 위한 작업을 시작할 수 있다.

고양이의 수면-각성 주기를 다시 정상적으로 만들려면 성묘 시절의 활동 패턴을 알아야 한다. 모든 연령대의 고양이가 낮에 내내 자는 것처럼 보이지만, 고양이의 활동 패턴에 대한 연구에 따르면, 실내 고양이의 활동 패턴은 실외 활동을 하는 고양이의 활동 패턴과 다르며, 예측 가능한 특징이 있다.

역사적으로 고양이들은 주로 새벽과 황혼에 활동하는 박명박모성 동물로 여겨졌다. 이 시간대에 활동적인 먹이를 찾는 데 편리했기 때문이다. 그러나 더 이상 사냥에 의존하지 않는 실내 고양이들은 아침과 저녁에 활동이 가장 활발하고 낮에는 주로 잠을 자는, 주행성 패턴에 적응한 것으로 보인다. 이 패턴은 우리의 일상생활 패턴과 매우 유사하다. 고양이는 우리가 아침에 일어나 직장이나 학교에 갈 준비를 하는 시간대에 활동이 급격히 증가하고(짧지만 집중된 활동 시간), 낮 동안 우리가 직장이나 학교에 있는 동안에는 잠을 자며, 이후 저녁에 집에 와서 잠들기 전까지 활동이 늘면서(더 긴 활동 시간) 하루가 마무리된다.

이 패턴이 변경되면, 고양이는 주로 활동적이어야 할 시간대에 더 많이 자고 우리가 자야 할 때 더 많이 깨어 있게 된다. 많은 고양이가 밤에 어느 정도 활동할 수 있고 잠자리를 바꾸거나 물을 마시러 갈 수 있지만 이는 상대적으로 짧고 일시적이다. 밤에 돌아다니거나 반복적으로 깨는 것은 성묘의 일반적인 활동 패턴이 아니다.

이런 행동에 대처하는 방법은 부분적으로 고양이가 어떤 행동을 하고 있는지와 어떤 패턴이 형성되었는지에 따라 달라진다. 예를 들어, 보호자가 한밤중에 일어나 고양이에게 먹이를 주는 습관이 생긴 상태라면, 취침 전 간식을 주거나 원격 또는 자동 급식기를 사용할 것을 권장한다. 급식기는 고양이가 보통 깨는 시간보다 조금 이르게 설정해 둔다. 즉, 고양이가 새벽 4시에 일어나 먹이를 찾는 경우, 3시 30분에 먹이가 제공되도록 자동 급식기를 설정해 두면 더 이상 먹이를 달라고 보호자를 깨울 필요가 없어진다.

고양이가 쉬고 싶어 하는 장소를 더 매력적이고 편안하게 만들어 주는 것도 도움이 된다. 따뜻한 반려동물 침대를 추가하거나, 고양이가 쉬고 싶어 하는 장소에 쉽게 접근할 수 있도록 해 준다. 일부 고양이의 경우, 밤에 자신만의 방을 만들어 주는 것도 좋다. 물, 편안한 침대, 먹이, 장난감, 쉽게 드나들 수 있는 화장실을 갖춘 별도의 방은 특정 상황에서 좋은 선택이 될 수 있다. 밤에 고양이를 따로 두는 게 마음에 걸릴 수 있지만, 반복적인 야간 각성은 인간과 고양이 간의 유대감을 손상시킬 수 있으므로, 이런 선택을 고려하는 것이 관계 유지에 도움이 될 수 있다.

고양이가 인지기능저하를 앓고 있다면, 수의사와 상담해 수면-각성 주기를 재설정하는 데 도움이 되는 약물이나 보충제를 사용한다. 일부 약물은 주간 각성을 증가시키고(셀레길린), 또 다른 약물은 야간 수면을 향상시키는(질켄) 작용을 한다.

중요 포인트

사랑하는 동반자가 나이 들어가는 모습을 지켜보는 것은 쉬운 일이 아니다. 초기 징후는 미세할 수 있다. 걷거나 점프할 때 고양이 특유의 우아함이 사라지거나, 체형이 변하거나, 기분이나 사회적 상호작용에 변화가 생길 수 있다. 우리는 고양이의 최고의 보호자이며 이런 변화를 가장 먼저 알아차릴 수 있는 사람이다. 고양이는 대개 병원에서는 이런 징후를 드러내지 않기 때문에 이런 초기 변화를 수의사에게 보고하는 것은 우리의 역할이다.

많은 건강 문제는 조기에 발견하고 치료하면 진행을 늦추거나 치료할 수 있다. 관절염과 관련된 통증을 치료하면 고양이가 활동적으로 지낼 수 있고, 건강한 체중과 근육량을 유지하며 삶의 질을 개선할 수 있다. 고양이들은 놀랍게도 노령기와 초고령기에도 여전히 많은 것을 잘 해낼 수 있다.

그렇지만 노화 자체를 막을 수는 없다. 이 장에서 논의한 많은 질환은 만성적이며 진행성이다. 하지만 우리가 고양이의 행동을 관찰하고 그들의 변화하는 욕구에 민감하게 대처한다면, 이 놀라운 생명체들이 우아하게 나이 들어갈 수 있도록 도울 수 있다. 18세가 된 고양이는, 아무리 통증 관리를 잘하더라도 더 이상 냉장고 꼭대기로 점프할 수 없을 수 있다. 하지만 만약 고양이에게 냉장고 꼭대기에 올라가는 것이 중요하다면, 그들이 그곳에 올라갈 수 있도록 환경을 조정할 수 있다.

요점 정리

- 행동 변화는 노령묘에서 잠재적 질환의 징후일 수 있다.
- 만성 질환의 조기 진단과 치료는 고양이가 더 건강한 삶을 오래도록 누릴 수 있게 한다.
- 치료되지 않은 통증은 노령묘의 행동 변화에 큰 영향을 미칠 수 있다. 이런 변화는 대개 '그냥 나이 들어서'라고 생각되지만, 통증의 원인을 치료하면 고양이를 더 편안하게 만들어 줄 수 있다.
- 인지기능저하증후군(CDS)은 사람의 알츠하이머병과 유사한 뇌의 퇴행성 질환으로, 고양이에게 과소 진단되는 경우가 많다. 약물과 보충제가 CDS의 증상을 완화하는 데 도움을 줄 수 있다.
- 환경 수정은 간단히 구현할 수 있으며, 고양이가 좋아하는 장소와 활동에 접근할 수 있도록 하여 고양이의 삶의 질을 향상시킨다.
- 고양이의 사회적 욕구 정도는 매우 다양하며, 나이 든 고양이의 환경에 새 고양이를 추가할지 여부는 각 고양이의 역사를 고려해 결정해야 한다. 노령묘는 에너지 넘치는 새끼 고양이가 오는 것을 좋아하지 않을 가능성이 크다.

잘못된 속설과 편견이
고양이와의 유대를 약화시키고 있다

이 책은 출간되자마자 반려동물 가족과 전문가들에게 극찬을 받은《디코딩 유어 도그》이후 미국수의행동학회가 펴낸 두 번째 책이다.《디코딩 유어 도그》출간 이후 고양이 관련 책은 언제 나오느냐는 문의를 많이 받았다.《디코딩 유어 도그》에 쏟아진 유래 없는 관심에 고무된 우리는 미국에서 가장 인기 있는 반려동물, 고양이에 대한 책 역시 내야겠다고 결심하고 즉시 작업에 착수했다. 우리의 목표는 길들여진 고양이에 대한 정보를 최대한 광범위하게 담되, 수의행동학자로서 현장에서 얻은 경험과 지식을 아낌없이 나누는 것이었다.《디코딩 유어 도그》와 마찬가지로 그동안 널리 퍼진 그릇된 편견과 오류를 바로잡고 고양이와 가족 간의 유대를 강화하여 고양이의 복지와 행복에 기여하고자 했다.

고양이는 수천 년간 인간 사회에 편입되어 살아왔다. 때로는 가까이서, 때로는 멀리서, 사람과 도움을 주고받으며 자신의 역할을 했다. 길거리를 벗어나 우리 침실과 거실로 들어온 고양이는 인간의 삶에서도 큰 자리를 차지하고 있다. 하지만 서로 다른 종인 인간과 고양이가 한 공간에서 공존하는 것은 결코 쉬운 일이 아니다. 우리는 고양이가 그저 자연스럽게 사람과 잘 지내는 동물이라고 생각하기 쉽지만 고양이에게는 우리가 예상하지 못하는 고양이만의 욕구와 감정이 있으며 실내 환경은 고양이의 기본적인 욕구를 충분히 충족시켜 준다고 보기 어렵다. 이로 인해 실내에서 살아가는 고양이는 인간뿐 아니라 함께 공간을 공유하는 다른 동물, 심지어 다른 고양이들과도 갈등을 겪기 쉽다. 하지만 이런 차이를 이해하고 고양이를 배려하는 환경을 조성해 준다면 이런 갈등을 최소화할 수 있다. 이는 비단 고양이만을 위한 것이 아니라 우리 인간을 위한 것이기도 하다.

고양이는 원래 자급자족하는 동물이다. 밖에 사는 고양이들은 상당 시간을 사냥에 투자해 작은 먹이를 여러 차례 잡아먹으며 하루하루 살아간다. 다양한 넓이의 영역에서 대규모 혹은 소규모 집단을 형성하기도 하고, 앞발과 얼굴, 소변 등을 도구로 마킹하여 서로 소통하기도 한다. 바깥에는 이렇게 마킹할 곳도, 사냥할 대상도 풍부하지만 동시에 포식자나 자동차, 악의적인 인간 같은 위험 요소도 많다. 실내에서 살아가는 고양이는 안전이 보장되는 반면, 사냥 욕구나 영역 표시 욕구, 넓은 환경에서 자유롭게 뛰어다니고 싶은 욕구는 충족하기 어렵다. 그렇기에 여러 행동 문제나 바람직하지 않은 상황을 예방하기 위해서는 반려묘들의 본능과 욕구를 채워 줄 만한 환경을 조성하고 그들의 본성을 이해하는 것이 무엇보다 중요하다. 우리는 이에 필요한 정보와 지식을 전달하고자 이 책을 집필했다.

새끼 고양이를 노령기에 이르기까지 무탈하게 기르려면, 정신적 건강과 육체적 건강 모두에 상당한 노력을 기울여야 한다. 아무쪼록 고양이를 이해하고, 그들의 언어를 '듣고', 고양이를 위한 환경을 조성해 다 함께 오래오래 행복하게 지내는 데 이 책이 도움이 되었으면 좋겠다. 때로는 가정에서 혼자 해결하기 힘든 문제가 생길 수도 있다. 고양이의 건강과 행동에 관한 고민이 있다면 주저 말고 수의사를 비롯한 전문가의 도움을 요청하기를 권한다.

이 훌륭한 결과물을 빚어 내는 과정에 함께해 준 동료들에게 감사의 말

 디코딩 유어 캣

을 전한다. 이토록 많은 이가 힘을 모아 준 덕분에 고양이 가족들의 삶이 한층 행복하고 편안해질 수 있으리라 믿어 의심치 않는다. 우리의 모토는 '인간과 동물이 함께 행복한 세상'이다. 그 세상에 이르는 데 이 책이 조금이라도 보탬이 된다면 더 바랄 것이 없겠다.

메간 E. 헤론, DVM, DACVB

데브라 F. 호위츠, DVM, DACVB

카를로 시라쿠사, DVM, PhD, DACVB, DECAWBM

이동장 좋아하게 가르치는 법

리사 라도스타Lisa Radosta DVM, DACVB

고양이는 대부분 이동장을 싫어하며 그 이유는 명확하다. 장거리 차량 이동이 필요하거나 동물병원에 가는 등 고양이 입장에서는 부정적인 일이 벌어지기 직전에 이동장에 들어가기 때문이다. 고양이는 단 한 번의 부정적인 경험만으로도 이동장을 그와 짝지어 부정적으로 인식해 버린다. 하지만 교육을 통해 이런 인식을 바꿀 수 있다.

우선 우리 고양이에게 맞는 이동장을 선택한다. 대체로 플라스틱 재질로 뚜껑이 분리되는 제품을 가장 많이 선택한다. 이런 제품을 사용할 경우 고양이를 안아서 꺼내기 편하고 고양이가 그 안에 있는 상태에서 수의사가 진찰할 수 있다. 그럼 다음의 항목에 주의해서 고양이가 이동장을 좋아하도록 가르쳐 보자.

해야 할 것:

- 이동장을 깨끗이 청소한 다음 고양이가 자주 머무는 곳에 둔다.
- 뚜껑 분리형이면 뚜껑을 제거하고, 문도 떼어 둔 채 고양이가 이를 편안하게 여길 수 있게 1~2주 정도 그대로 둔다. 시간이 지나면 고양이가 그 안에서 쉴 수도 있다.

- 고양이 침구나 쿠션을 안에 넣어 둔다.
- 고양이가 좋아하는 장난감이나 간식을 넣어 두거나 밥을 그 안에 주면 조금씩 이동장을 긍정적으로 생각하게 될 것이다.
- 소파나 의자, 바닥이 넓은 창가와 같이 고양이가 좋아하는 높은 수직 공간 중 안정적인 장소가 있다면 그곳에 이동장을 놓는 것도 좋다.
- 클리커 트레이닝이나 루어링luring을 활용해 이동장에 들어가는 교육을 해 본다.
- 이동장 안으로 들어가게 하기 30분 전, 내부에 합성 페로몬 스프레이를 뿌려 둔다.
- 이동장으로 사용할 일이 있다면 미리 바닥에 부드러운 방석을 깔아 둔다.
- 이동장 안에 있는 걸 편안하게 여기게 되면, 실제 자동차로 짧게 이동해 본다. 이때 맛있는 간식 등을 이용해 최대한 긍정적인 인식을 유지하게끔 한다.
- 필요하다면 수건이나 스펀지 등을 이용해 이동장이 차 안에서 기울어지지 않고 최대한 안정적으로 있을 수 있게 조치한다.
- 사용하고 나면 향이 없는 세제 등으로 내부를 깨끗이 청소해 둔다.

하지 말아야 할 것:
- 동물병원에 간다고 이동장을 꺼내어 강제로 들어가게 하지 않는다.
- 어디에 가야 할 때만 이동장을 꺼내지 않는다.
- 진찰실에서 이동장을 기울여 강제로 고양이를 밖으로 꺼내지 않는다.

고양이가 지난 경험으로 이미 이동장에 부정적인 감정을 갖게끔 조건화된 상태라면, 둔감화 및 고전적 역조건화를 통해 이런 감정 상태를 바꿔

준다. 둔감화 및 고전적 역조건화는 고양이를 자극(이동장)에 노출시킬 때
긍정적인 자극(간식)을 함께 짝지어 주어 감정 상태를 서서히 바꾸는 것이
다(더 자세한 정보는 6장 참고).

항상 이동장을 열어 두고 편안한 장소로 꾸며 주면 그 안에서 쉬고 잠도 자면서 점차 긍정적인 인식을
갖게 될 것이다. ©Carlo Siracusa

고양이 약 먹이는 법

고양이가 늘 건강하기를 바라지만 이는 현실적으로 이루어지기 힘든 소망이다. 언젠가는 약을 먹여야 할 때가 온다. 약에 따라 다르지만 일반적으로는 정제나 시럽 형태의 약을 입으로 먹이는 경구 투여 방식이 가장 흔하다. 그런데 고양이는 천성적으로 새로운 것을 경계하며 피하고자 하는 성향이 있기에 이런 약을 투여하기 위해서는 약간의 준비 과정이 필요하다.

주의

- 고양이가 자고 있을 때 안아 들어 약을 먹이는 일은 절대 금물이다. 이런 경험을 하면 고양이는 쉬고 있을 때도 예민해지고 누군가 다가오는 낌새를 느끼면 불안해진다.
- 고양이가 화장실에 앉아 있을 때 약을 먹이겠다고 안아 드는 일 역시 피해야 한다. 자칫 화장실 사용을 거부하게 되고 대소변 습관이 흐트러질 수 있다.
- 편하게 먹이겠다는 생각으로 정규 식단에 약을 추가하고자 하는 충동을 느낄 수 있다. 하지만 어떤 약은 쓴맛이 나므로 밥조차 안 먹는 결과로 이어지기도 하므로 주의해야 한다.

- 억지로 정제나 시럽을 목 안에 집어넣어 먹게 해서는 안 된다. 강압적으로 약을 투여하면 다음부터 고양이는 여러분에게 잡히지 않으려 달아날 것이다.

시작하기

- 약 먹이기 교육은 가능하다면 새끼일 때 혹은 성장기일 때 시작하면 가장 좋지만 성묘도 얼마든지 할 수 있다.
- 고양이를 잡으러 다니기보다 부르면 신나게 오게끔 먼저 가르친다.
- 다양한 간식과 캔사료 등을 급여하면서 고양이가 특히 좋아하는 게 무엇인지 파악해 둔다. 이런 간식은 평소에 먹는 주식 말고 특별할 때만 주는 간식 중에서 고르고, 일주일에 한두 번 정도 주면서 계속 좋아하게 만든다.
- 집에 고양이가 여럿이라면 각자 따로 시간을 정해 간식을 주어야 한다.
- 주변이 정돈된 높은 장소를 골라 고양이를 부르면 그곳에 오게 가르치고, 그곳에서 특별 선물을 제공한다. 예를 들어, 간식, 그루밍 또는 조금 더 오래 쓰다듬기 등을 해 줄 수 있다. '간식 시간' 같은 단어 신호를 사용해 그 장소로 부른다. 가끔씩은 특별한 간식을 준다.
- 언제든 부르면 즐겁게 그 장소로 올 정도가 되면, 이제 약을 줄 준비가 되었다!

약 투여하기

- 약을 먹이는 가장 쉬운 방법은 맛있는 음식에 숨겨서 주는 것이다. 그리니즈 필 포켓Greenies Pill Pocket이 가장 유용하다. 굳이 다른 방법을 시도할 필요도 없다. 여러 맛이 있으므로 다양하게 구입해서 고양이가 가장 좋아하는 제품을 찾는다.

- 처음에는 약 없이 그리니즈 필 포켓만 주는 연습을 하되, 약을 안에 넣은 것처럼 입구를 봉해서 준다. 안에 건사료 알갱이나 칩 간식처럼 뭔가 바삭한 음식을 넣어서 주는 것도 좋다. 이런 식으로 연습하면 실제 약을 넣었을 때도 비슷한 식감으로 느낄 가능성이 있다.
- 또 다른 방법은 정제를 빻아서 맛있는 간식에 섞어 주는 것이다. 다만 수의사나 약사에게 약을 가루로 만들어 투여해도 되는지 확인해야 한다.
  - 사람이 먹는 음식도 좋다. 생선 기반 제품이나 닭고기 이유식 등이 유용하다.
  - 치즈 스프레드나 튜브 영양제 등도 그 질감 덕분에 가루약을 숨기기 좋다. 다만, 고양이가 먹어도 되는지 원재료를 확인한다.
  - 평소 밥으로 먹는 캔사료나 습식 제품에 약을 섞지는 말자. 자칫 식사 자체를 거부할 수도 있다.
- 약을 섞은 음식을 먹고 나면 반드시 맛있는 간식으로 보상해 준다. 놀이를 좋아한다면 간식을 준 후 잠시 놀아 주는 것도 좋다.
- 놀이와 결합한 새로운 시도로, 간식으로 점 잇기를 하는 방법이 있다. 예를 들어 접시에 약이 없는 간식, 약이 든 간식, 약이 없는 간식, 약이 든 간식을 일렬로 놓아 순서대로 먹게 하는 것이다. 약이 들어 있는 간식의 자리를 매번 바꾸는 것도 도움이 된다.
- 어떤 고양이는 주사기 형태의 알약 투여기에 잘 적응하며, 연질 캡슐 형태의 알약을 잘 삼킨다.
- 맛있는 츄어블 정이나 향이 첨가된 시럽 형태로 나온 약도 있다.
- 약에 따라 적절한 투여 방법이 있으니 언제나 수의사와 상담한다.

고양이와 개 서로 소개하는 법

개와 고양이는 만화에서는 견원지간처럼 묘사되는 경우가 많지만, 실제로는 얼마든지 잘 지낼 수 있다. 고양이끼리 처음 만날 때와 마찬가지로 첫인상이 중요하다. 새 가족을 데려오기 전 첫 만남을 미리 계획하고, 흥분과 두려움, 불안, 공격성을 나타내는 개와 고양이 보디랭귀지를 이해하면 이 과정을 최대한 부드럽게 진행할 수 있다.

일반적인 안전 규칙

- 개가 고양이를 향해 공격성을 보인 이력이 있다면 고양이가 있는 장소에 데려오기 전 먼저 수의행동학자와 상담한다. 소개 과정을 시작하기 전에 개는 '앉아', '엎드려', '날 봐' 같은 기본적인 교육이 되어 있어야 한다.

- 해당 동물을 통제할 수 있는 성인이 현장에 반드시 있어야 한다. 두 마리가 만나는 자리이니 사람도 최소 두 명이 필요하다.

- 고양이와 개 모두 좋아하는 간식을 미리 준비해 둔다. 평소에 먹는 주식이나 간식이 아닌, 정말 좋아하는 특별한 간식이어야 한다.

- 새 강아지 친구를 집에 데려오기 전, 고양이가 원할 경우 언제든지 피

할 수 있는 공간과 장소가 마련되어 있는지 미리 확인한다. 이곳은 개가 닿거나 들어갈 수 없어야 한다. 이런 공간은 높은 곳에 만들어 주면 좋다.

- 개는 줄을 매야 하고 줄은 반드시 성인이 잡고 있어야 한다.
- 고양이는 자유롭게 돌아다니게 두어도 좋다. 아니면 개와 마찬가지로 하네스를 착용한 뒤 잡고 있어도 좋다.
- 개가 멋대로 고양이를 쫓아 뛰어다니거나 입으로 물어 올리게 해서는 절대 안 된다.
- 만일 이 과정 중 개가 과하게 흥분하거나, 침을 흘리거나, 고양이를 노려보거나, 고양이가 있는 쪽으로 튀어나가려 한다면, 즉시 중단하고 전문가에게 도움을 요청한다.

집에 고양이가 있는데 개를 데려오는 경우

- 처음 데려온 직후 그대로 개를 풀어놓아서는 안 된다. 일단 방에 넣고 안전문 등을 이용해 공간을 분리하거나 아니면 문을 닫아 두고 시작한다.
- 고양이가 편하게 주변을 돌아다니고 안전문 근처까지 가서 조사할 때까지 시간을 준다. 이 과정 내내 공간은 분리해야 한다.
- 고양이가 자신의 속도에 맞춰 새 가족을 관찰하고 판단할 수 있게 배려해 준다.
- 고양이가 개를 무서워하지 않고 안전문에 접근해 뺨이나 몸을 비빈다면 다음 단계로 진행해도 된다.

집에 개가 있는데 고양이를 데려오는 경우

- 처음 데려오자마자 그대로 고양이를 풀어놓아서는 안 된다. 일단 먹

이와 화장실, 높은 자리, 기둥형 스크래처, 숨을 공간 등이 마련된 방에 두고, 처음에는 문을 닫아 둔다.

- 하루 이틀 정도 지나 고양이가 어느 정도 안정된 것처럼 보이면, 닫힌 문 양쪽에서 고양이와 개에게 간식을 준다.
- 개가 내는 소리와 냄새에 고양이가 하악질을 하거나 으르렁대지 않으면 문을 열어두되, 안전문을 높게 이중으로 설치해 공간은 여전히 분리한다.
- 안전문을 사이에 둔 채 약간의 거리를 두고 고양이와 개에게 각각 간식을 준다. 틈날 때마다 여러 차례 시도한다.
- 고양이가 개를 무서워하지 않고 안전문에 접근해 뺨이나 몸을 비빈다면 다음 단계로 진행해도 된다.

통제된 상태에서 만나게 하기

- 개에게 리드줄을 채우고 고양이가 있는 방으로 간다. 새로 온 가족이 고양이일 경우 이 단계는 고양이 공간(안전한 방)이 아닌 다른 방에서 진행해야 한다.
- 고양이가 달아나지 않고 그대로 있다면 개와 함께 천천히 방 안을 걸어 본다. 이때 줄이 팽팽해지면 불필요한 긴장감이 개에게 전달될 수 있으니 줄을 당기지 않는다.
- 개가 고양이를 향해 짖거나 달려들려 하면 제지한다.
- 개가 고양이에게 너무 정신이 팔려 있는 것 같다면, 보호자 나름의 '집중' 교육을 이용해 주의를 끌고, '앉아' 등 보상이 따르는 기본 교육을 시도한다.
- 개가 차분하게 있거나 집중하면 칭찬하고 보상해 준다. 이를 통해 개는 고양이와 긍정적인 결과를 짝지을 수 있을 것이다.

- 고양이 역시 차분히 있다면 칭찬하고 보상해 준다. 역시 개와 긍정적인 결과를 짝지을 수 있게 된다.

- 고양이와 개 모두 차분하면 서로의 거리를 유지하고, 어느 한쪽이 흥분하거나 불안해하면 거리를 벌린다.

- 고양이가 개에게 하악질을 하거나 앞발로 후려치거나 으르렁댈 수 있다. 이는 강한 두려움 때문이므로 혼내서는 안 된다. 이런 상황에서 벌을 주면 개의 존재와 벌을 연관시킬 수 있다. 그 대신 개를 더 멀리 이동시켜 하악질이나 으르렁거림이 멈출 때까지 기다린다. 고양이가 계속해서 두려워한다면, 며칠 더 안전문을 사이에 두고 양쪽에서 간식을 주는 단계로 돌아간다.

- 양쪽 모두가 편안하게 서로를 대할 때까지 이를 반복한다.

- 나중에 둘만 있어도 괜찮겠다는 확신이 들기 전까지는 우리가 집에 없을 때 개가 마음대로 고양이가 있는 곳에 가지 못하게 조치를 취해 둔다. 둘만 있을 때는 격리해 두는 것이 가장 안전하다.

- 대부분의 고양이와 개는 시간이 흐르면 결국 서로에게 적응하고 평화롭게 지내는 법을 배우지만, 그럼에도 개는 기본적으로 고양이의 천적이라는 사실을 잊지 말아야 한다. 특히 초기에는 더욱더 유심히 관찰해야 혹시 모를 문제를 예방할 수 있다. 때로는 시간이 지나도 둘 사이가 우리가 바라는 만큼 좋아지지 않을 수도 있으며, 최악의 경우 서로의 안전을 위해 분리가 필요할 수도 있다.

전문 기관

미국수의행동학회American College of Veterinary Behaviorists(ACVB)

www.dacvb.org

수의행동학 자격을 취득한 수의사들이 만든 단체다. 해당 자격이 있는 수의사만 학회 회원이 될 수 있으며, 이름 뒤에 '미국수의행동학회원DACVB'임을 표기할 수 있다. 과학을 바탕으로 한 체계적인 행동학 연구와 지식 전달을 통해 수의학적 건강뿐 아니라 행동학적 복지를 널리 전파하는 것을 모토로 삼고 있으며, 현장에서 반려동물 가족이나 여러 동물 전문가와 면밀히 소통하며 전반적인 동물복지 향상을 위해 항상 힘쓴다.

미국동물행동수의사협회American Veterinary Society of Animal Behavior(AVSAB)

http://avsab.org

수의사와 연구 전문가들이 모여 만든 단체로, 동물 행동을 연구하며 그 이해도를 높이는 것을 주된 목적으로 한다. 모든 동물의 삶의 질을 높이는 동시에 동물과 인간의 유대를 강화하려 노력하고 있다. 여러 중요한 이슈가 있을 때 홈페이지에 입장문을 올리기도 한다. 홈페이지에서 전국 각지의 수의사 관련 정보를 찾아볼 수 있다.

동물행동학회Animal Behavior Society(ABS)

www.animalbehaviorsociety.org

과학적으로 동물행동학을 연구하며 반려동물뿐만 아니라 목장이나 동물원, 실험실, 야생 등지의 동물까지 광범위하게 응용동물행동학을 다룬다. 홈페이지에 학회 기준에 부합하는 공인 응용동물행동학자(CAAB)와 준응용동물행동학자(ACAAB) 회원 명단이 공개되어 있다. 이 회원들은 일반 대중이나 다양한 분야의 전문가들에게 상담 서비스를 제공한다.

수의행동테크니션협회Society of Veterinary Behavior Technicians(SVBT)

www.svbt.org

과학에 기반을 둔 동물 교육과 관리 및 행동 수정 기법을 연구하고 이를 널리 알릴 목적으로 설립되었다. 전 세계 수의테크니션 네트워크를 구축하고 이들의 경험과 지식을 공유하며 수의학 발전 및 동물복지 향상에 큰 역할을 하고 있다.

수의행동테크니션 아카데미 Academy of Veterinary Behavior Technicians(AVBT)

www.avbt.net

수의테크니션에게 동물행동학을 소개하고 교육 프로그램을 통해 수의테크니션 전문가veterinary technician specialists(VTSs) 자격을 부여하는 기관이다. 아카데미 과정을 수료한 수의테크니션 전문가는 과학적이고 인도주의적인 행동 수정 기법을 통해 문제를 예방하고 동물을 교육하며 관리한다.

미국고양이수의사회American Association of Feline Practitioners(AAFP)

https://catfriendly.com

과학적 근거를 바탕으로 한 끊임없는 교육 및 연구를 통해 고양이들의 건강과 복지 증진을 추구하는 기관이다. 회원들의 연구 자료와 논문 등이 담긴 〈고양이 의학과 수술 저널Journal of Feline Medicine and Surgery〉을 정기적으로 발간한다.

미국동물병원협회American Animal Hospital Association(AAHA)

www.aaha.org

미국과 캐나다 전역의 소규모 동물병원 중 협회의 기준을 충족하는 병원을 선정하여 네트워크를 구축하는 기관이다. 홈페이지에 동물 관련 소식과 전문가 칼럼, 유용한 영상, 아이와 함께할 수 있는 활동 등이 소개되어 있다.

미국동물학대방지협회American Society for the Prevention of Cruelty to Animals(ASPCA)

www.aspca.org

홈페이지를 통해 동물 입법 관련 글, 보호소 지원, 행동 칼럼, 기타 동물복지를 다룬 자료를 제공한다. 이 외에도 독극물 통제 센터(https://www.aspcapro.org/topics-animal-health/toxicology-poison-control)와 독성 화초 데이터베이스(https://www.aspca.org/pet-care/animal-poison-control/toxic-and-non-toxic-plants)를 운영한다.

미국수의사회American Veterinary Medical Association(AVMA)

www.avma.org

홈페이지에 펫푸드 리콜이나 수의학 관련 최신 소식 등을 올리며 팟캐스트도 진행한다.

온라인 자료

DACVB 고양이 보디랭귀지 팁

https://cdn.ymaws.com/sites/dacvb.site-ym.com/resource/resmgr/docs/Tip2-Feline_body_language.pdf

AAFP 고양이를 위한 가정 환경 만들기

고양이 식사 급여: https://catfriendly.com/be-a-cat-friendly-caregiver/how-to-feed-a-cat/

노령묘를 위한 10가지 팁: https://catfriendly.com/cat-care-at-home/senior-care/10-tips/

AAFP와 ISFM 가이드라인

고양이 환경 요구 가이드라인: http://journals.sagepub.com/doi/pdf/10.1177/1098612X13477537

고양이 다루기 가이드라인: https://journals.sagepub.com/doi/pdf/10.1016/j.jfms.2011.03.012

고양이 대소변 문제 진단 및 해결 가이드라인: https://journals.sagepub.com/doi/pdf/10.1177/1098612X14539092

미국고양이수의사회 노령묘 관리 가이드라인: https://journals.sagepub.com/doi/pdf/10.1016/j.jfms.2009.07.011

카렌 프라이어 클리커 트레이닝
https://clickertraining.com/cat-training?source=navbar

피어프리펫
https://fearfreepets.com
온라인과 오프라인 양쪽에서 수의학 관련 종사자나 반려동물 가족에게 필요한 교육을 제공한다. 반려동물의 건강과 정서 관리 관련 정보를 얻을 수 있으며, 무료와 유료 두 종류의 멤버십 제도가 있어 비용을 지불하면 좀 더 광범위하고 깊이 있는 내용의 칼럼과 팁을 얻을 수 있다. 피어프리펫 교육 과정을 이수한 동물병원 종사자와 해당 병원에 관련 인증서를 발급한다.

커미티드 투 클로
www.committedtoclaws.com
고양이 신체와 정서 건강에 발톱이 미치는 영향을 강조하고 적절한 관리 방법과 교육법을 알리는 단체로, 올바른 교육과 인도적 관리를 통해 발톱 제거 수술의 비율을 줄이는 것을 가장 큰 목적으로 한다. 홈페이지를 통해 수술 외적인 방법으로 긁고자 하는 고양이의 욕구를 해결하고, 개체별로 적합한 도구를 선택하거나 배치하는 방법 등을 소개한다.

기타 참고 문헌

Bradshaw, John. Cat Sense. New York: Basic Books, 2013.
Bradshaw, John, and Sarah Ellis. The Trainable Cat. New York: Basic Books, 2017.
Kirkham, Lewis. Tell Your Cat You're Pregnant. Melbourne, Australia: Little Creatures Publishing, 2015.
Pryor, Karen. Clicker Training for Cats. Waltham, MA: Sunshine Books, 2003.

메간 E. 헤론

오랜 시간 연구하고 집필한 이 책이 드디어 출간되다니 꿈만 같다. 우선 앞서 출간된《디코딩 유어 도그》의 편집과 제작에 힘써 준 데브라 호위츠와 존 시리바시에게 고마움을 전한다. 데브라는 또한 이 책의 제작 과정 내내 모두에게 조언을 아끼지 않았으며, 지치지 않고 계속 작업을 이어갈 수 있게 독려해 주었다. 동료 편집위원인 카를로 시라쿠사Carlo Siracusa에게도 고마움을 전한다. 항상 독특한 관점으로 주제를 바라보고, 누구보다 깊은 경험으로 이 책의 완성에 큰 역할을 해 준 그에게 진심으로 고맙다는 말을 하고 싶다. 우리 셋 모두 엄청 바쁜 삶을 살기에 이런 프로젝트가 가능할 거라고는 상상도 하지 못했는데, 결국 힘을 합쳐 해낼 수 있었다.

우리가 이 책을 내려 하는 이유를 명확히 이해하고, 우리를 성심성의껏 도와준 폴리오 리터러리 매니지먼트의 제프 클라인먼에게도 감사의 말을 전한다. 제프는 언제 어디서든 궁금한 걸 물어보면 단 한 순간도 귀찮아하지 않고 지체 없이 답을 해 주었다. 호튼 미플린 하코트는《디코딩 유어 도그》의 첫 페이지부터 우리를 믿고 지지해 주었으며, 이 책 역시 두 팔 벌려 환영해 주었다. 새라 곽이 이끄는 편집 팀은 매 페이지에 마법을 불어넣어 밋밋한 원고를 한 편의 작품으로 탈바꿈시켰다. 수의행동학회 내에서 치어리더 역할을 해 준 스티브 데일에게도 고맙다는 말을 전한다. 두 권의 책이 세상에 나오는 데 스티브의 역할이 정말 컸다. 온 세상 반려동물을 사랑하고 아끼는 그를 보며 배운 것도 많다.

개인적으로, 돌아가신 린다 로드에게 무한한 감사의 말씀을 드리고 싶다. 토드는 내가 수의사의 길을 걷게끔 영감을 주었고, 삶의 가치와 의미를 찾을 수 있게 항상 응원해 주었다. 아무것도 모르는 사회 초년생이었던 내가 이 자리까지 오게 된 건 로드 덕분이다. 내게 바른 영어를 가르쳐 주고 지금의 수의 행동학자가 되게 이끌어 준 수의행동학자 일라나 레이즈너에게도 감사의 말을 전한다.

언제나 용기를 북돋아 준 남편 조시 블랙에게 정말이지 너무나도 고맙다고 말하고 싶다. 조시는 내 삶의 원동력이며, 얼굴에서 웃음이 떠나지 않게 해 주는 사람이다. 또한 누구보다 예쁘고 강인한 두 딸, 로완과 아멜리아가 앞으로도 계속 예쁘고 강인한 여성으로 자라나길 소망한다. 마지막으로, 그동안 내 삶을 거쳐간 모든 고양이 친구에게 특별히 고맙다는 말을 하고 싶다. 보보, 새시, 케이티, 캐미, 르판토, 모코, 프리모, 준버그, 그리고 누구보다 개성 강했던 지라드 비글스워스. 모두 자기만의 방식으로 특별한 고양이였으며, 이들이 없었다면 이 책은 결코 세상에 나오지 못했을 것이다.

데브라 F. 호위츠

첫 책 《디코딩 유어 도그》를 펴낸 건 편집위원이었던 나뿐만 아니라 미국수의행동학회에도 무척 고무적인 경험이었다. 출간한 지 얼마 안 돼 사람들은 고양이를 다룬 책에 대한 열망을 드러냈다. 회원 여러분 덕분에 이 책의 출간 과정에 함께할 수 있었다. 이렇게 훌륭한 또 한 권의 책이 나오기까지는 공동 편집위원이자 친구이자 학회 동료인 메간 헤론과 카를로 시라쿠사의 역할이 컸다. 우리 셋은 이 책에 과학적이고 객관적인 지식과 현장 경험뿐만 아니라, 가족으로서의 고양이를 향한 사랑 역시 담고자 했다. 각 장의 집필에 참여한 재능 넘치는 동료 수의행동학자들 역시 고양이를 기르는 사람들에게 실질적인 도움을 줄 수 있도록 최대한 교육적인 내용을 꼭꼭 눌러 담으려 애써 주었다. 이 책의 출간을 위해 애써 준 제프 클라인먼과 호튼 미플린 하코트에게도 감사의 말을 전한다.

나는 고양이를 무척 사랑했던 아버지 덕분에 어렸을 때부터 고양이와 함께했다. 내가 기억하는 첫 반려동물은 '마오'라는 이름의 고양이였다(마오는 중국어로 고양이라는 뜻이다). 이후 수많은 고양이가 나와 함께했다. 그 모두가 내게는 고양이를 가르쳐 준 선생님이었고, 모두가 각자 다른 개성을 지닌 특별한 존재였다. 이 책을 통해 고양이를 향한 나의 사랑과 추억을 다른 이들과 공유할 수 있어 무척 행복했다.

남편 유진도 고양이를 정말 좋아했다. 유진은 분명 이 책의 출간을 누구보다도 기뻐하고 누구보다도 좋아했을 것이다. 평생 나의 길을 믿고 응원해 주었던 그의 빈자리가 이럴 때 더 크게 느껴진다. 남편과 나만큼이나 동물을 사랑하는 아들딸 제프, 로라, 벤에게도 고맙다고 전하고 싶다. 나는 수의학과 전문가·비전문가 교육에 평생을 바쳤다. 내가 사랑하는 일을 계속할 수 있다는 사실에 항상 감사한다.

카를로 시라쿠사

어릴 적부터 키워온 고양이를 향한 사랑과 열정으로 이런 멋진 책을 내게 되어 기쁘다. 내게 이런 기회를 준 미국수의행동학회에 고맙다는 말을 전한다. 학회를 대표할 자격이 주어지는 것은 정말 뿌듯한 일이다. 공동 편집위원이자 친구인 데브라 호위츠와 메간 헤론 역시 언급하지 않을 수 없다. 메간은 처음부터 나를 믿고 이 책의 제작에 함께해 달라고 요청했고, 데브라는 편집위원으로서 경험이 부족한 나를 이끌어 주었다. 두 사람과 협업할 수 있어 정말 기뻤다.

폴리오 리터러리 매니지먼트의 에이전트 제프 클라인먼은 처음부터 우리를 믿어 주었고, 프로젝트를 끝까지 완주할 수 있게 도와주었다. 이 분야의 진짜 전문가인 그가 없었다면 이 책은 결코 빛을 보지 못했을 것이다. 이 책의 출간을 결정해 준 호튼 미플린 하코트에게도 깊은 감사의 말을 전한다. 이들은 이 책이 평범한 고양이 책이 아니며, 여러 공인 수의행동학자들의 집단 지성이 집약된 책이 될 것임을 믿어 의심치 않고 모든 것을 우리에게 맡겨 주었다.

내 가족에게도 고맙다는 말을 하고 싶다. 이들은 지금 함께 지내는 칼리코 엘사를 비롯해 고양이를 향한 나의 사랑을 공유해 주었으며, 항상 나의 열정과 노력을 믿고 응원해 주었다.

그동안 나를 이끌고 가르쳐 준 수많은 스승이 없었다면 지금의 나는 없었을 것이다. 마리아 그라치아 페니시, 호메 파조, 자비에르 만테카, 주제프 파스토르, 패트릭 파자, 대니얼 밀스, 제임스 서펠, 일라나 레이즈너, 그리고 이름을 언급하지는 못했지만 지금껏 내게 지식과 생각을 공유해 준 모든 분에게 감사하다는 말씀을 전한다.

메간 E. 헤론

오하이오 주립대 수의학과 부교수이자 수의학센터 행동의학 서비스 부서장. 사람이나 다른 동물에게 심한 공격성을 보이는 사례, 분리불안, 대소변 문제, 두려움, 공포증, 강박 행동, 인지기능장애 같은 고양이나 개의 행동 문제를 다루며, 필요한 약물 처방 관련 서비스를 제공한다. 동물 행동과 문제 예방, 치료 전략 등 다양한 분야에 걸쳐 강의를 하는 동시에 장래 수의행동학자가 될 행동의학 수련의를 지도하는 등 후학 양성에도 힘쓰고 있다.

애리조나 주립대에서 동물학을 전공한 후, 오하이오 주립대 수의학과에서 수의학을 공부했다. 처음에는 개와 고양이 양쪽 모두를 다루는 일반 수의사의 길을 걸었으나 이후 펜실베이니아 대학의학과에서 3년간 행동의학 수련의 생활을 마친 뒤 수의행동학 쪽으로 방향을 전환했다. 미국수의행동학회 공인 멤버로, 콜럼버스와 필라델피아 양쪽 지역 보호소와 구조단체와도 긴밀히 협력하며 조력을 아끼지 않으며, 보호소 동물의 문제 행동 예방과 삶의 질 및 입양률 향상을 위해 최선을 다한다. 또한 미국수의사회 저널 및 응용동물학, 반려동물 수의학 토픽, 컴펜디엄, 북미소동물수의사회, 수의행동학 저널 등에 칼럼을 기고한 바 있다.

헤론은 전 세계를 돌아다니며 수의사와 동물 관련 종사자, 반려동물 가족 등에게 자신의 경험과 지식을 나누는 것을 주저하지 않으며, 언제나 교육적이며 동시에 과학적인 정보를 전파하고자 애쓴다. 현재 오하이오 콜럼버스에서 남편 조시와 딸 로완, 아멜리아, 세상에서 제일 게으른 프렌치불독 네로, 용감한 치와와 윌렛, 활기 넘치는 고양이 준버그와 함께 산다. 함께 사진을 촬영한 스핑크스 지라드 비글 스워스는 안타깝게도 이 책 출간을 불과 얼마 앞두고 세상을 떠났다.

메간 E. 헤론Meghan E. Herron, DVM, DACVB

© Penney Adams/Adler House Photography

데브라 F. 호위츠

현 미국수의행동학회 회원으로 30년 이상 반려동물 행동 문제를 연구하고 다뤄온 베테랑이다. 미시건 주립대 수의학과를 졸업했고, 2012년 제57회 퓨리나 프로플랜 쇼독 어워드 행사에서 체바 애니멀 헬스 올해의 수의사상을 수상한 바 있으며, 2012년과 2014년에는 북미 수의학 컨퍼런스 소동물 부문 올해의 연사상을 받았다.

국내외를 막론하고 다양한 수의학 행사에서 강연을 한다. 참석한 주요 행사로는 북미 수의학 컨퍼런스와 서부 수의학 컨퍼런스, 미국동물병원협회 연례회의, 미국수의사회 연례 컨벤션, 호주 수의사회, 마드리드 수의사회 등이 있다. 미국수의사

데브라 F. 호위츠Debra F. Horwitz, DVM, DACVB

© Courtesy of Debra F. Horwitz

회 저널, 수의학 포럼, 컴펜디엄, 미국동물병원협회 저널, NAVC 임상의 브리프 등에 칼럼을 기고했으며, 반려동물 가족을 위한 책도 여러 권 집필했다. 현재 동물 행동과 건강, 복지 관련 여러 단체나 기관, 기업에서 자문위원을 맡아 활동 중이며, 라디오와 TV 등 지식을 전파할 수 있는 곳이라면 전국 어디든 가리지 않고 자신의 목소리를 전하려 애쓰고 있다.

미국수의행동학회 내에서도 수많은 위원회는 물론 여러 수의학 단체에서 활발히 활동하고 있다. 그 외에도 인간-동물 유대 위원회, 그레이터 세인트루이스 수의사회, 미주리 수의사회, 미국수의사회 등의 단체에 속해 있다. 미주리 인도주의회의 문제 행동 관리 담당자들과 소비자 보호청의 네슬레 퓨리나 펫케어 직원들을 교육하기도 했다.

카를로 시라쿠사

이탈리아 메시나 대학에서 수의학 박사 학위를, 스페인 바르셀로나 자치대학에서 전후 기간 개가 받는 스트레스와 페로몬 요법의 효과를 다룬 논문으로 박사 학위를 취득했다. 펜실베이니아 대학 수의학과에서 동물 행동으로 수련의 과정을 거친 뒤 부교수로서 임상 동물 행동과 복지를 강의하는 동시에 동물 행동 서비스 부서장 자리를 역임하고 있다.

현재 미국수의행동학회 회장이며, 유럽동물복지행동의학회 공인 회원이다. 오랜 세월 현장과 연구실을 오가며 개과 동물의 스트레스 진단 및 통제, 개와 고양이의 기질 평가, 문제 행동의 관련 요소 및 치료 결과, 질병이 개의 행동과 인지에 미치는 영향 등을 연구했다.

카를로 시라쿠사, DVM, PhD, DACVB, DECAWBM

© *John Donges/PennVet*

한때 페르시안, 브리티시 숏헤어, 스코티시 폴드를 브리딩하는 일도 했으며, 현재는 아내와 칼리코 길들여진 숏헤어 엘사와 함께 산다.

주석

1 언제나 뚱한 표정을 하고 있어 인터넷에서 큰 인기를 얻은 고양이.

2 순간적으로 심한 스트레스와 맞닥뜨렸을 때 그 대상과 싸우거나 달아나거나 둘 중 하나를 선택하는 반사적 반응.

3 특정 자극에 대한 행동의 결과가 다시 자극의 빈도나 강도를 강화하는 현상. 양성 피드백 루프라고도 한다.

4 북미에 서식하는 중소형의 고양잇과 동물.

5 www.purina.com/cats/cat-breeds - 지은이주

6 해외의 경우 반려동물을 길에 버리지 않고 보호소에서 서류를 작성하고 양육을 포기하는 경우가 많다.

7 cat과 patio의 합성어. 파티오는 위쪽이 트인 건물 내의 뜰을 말한다.

8 야행성과는 다르다.

9 https://www.aspca.org/pet-care/animal-poison-control/toxic-and-non-toxic-plants.

10 특정한 구조가 있는 양식 .

11 문틈 아래로 들어오는 찬바람을 막아 주는 도구.

12 http://journals.sagepub.com/doi/pdf/10.1177/1098612X13477537

13 Positive와 negative는 흔히 긍정적, 부정적으로 번역되는데 정확한 의미는 플러스(+)와 마이너스(-)로 정적, 부적 또는 양적, 음적으로 번역하는 것이 더 정확하다.

14 네이버후드 캣츠Neighborhood Cats는 야생 고양이를 정원과 마당에서 쫓아내는 몇 가지 인도적이고 효과적인 전략을 웹사이트에 제공하고 있다. 'Keeping Cats out of Gardens and Yards' 참고.

15 비승인off label 처방이 돼야 한다.

16 https://journals.sagepub.com/doi/pdf/10.1177/1098612X14539092

17 계획하에 진행하는 연구[전향적 연구]가 아닌, 결과를 두고 역으로 추적하여 분석하는 연구 방법.

18 www.neighborhoodcats.org/how-to-tnr/colony-care/keeping-cats-out-of-gardens-and-yards-2

19 샴과 같은 무늬 패턴을 가진 중장모종의 고양이 품종 - 옮긴이주

20 http://indoorpet.osu.edu

21 출처: Karen L. Overall, "Medical Differentials with Potential Behavioral Manifestations," Veterinary Clinics of North America: Small Animal Practice 33, no. 2 (2003): 213-29

22 https://www.youtube.com/user/PositiveCattitudes나 https://www.clickertraining.com/에서 고양이 교육 관련 팁을 얻을 수 있다.

23 Purr...fect Fence, www.purrfectfence.com; Coyote Roller, https://coyoteroller.com; 및 Oscillot, https://oscillot.com.au 참고.

24 www.aspca.org/pet-care/animal-poison-control/toxic-and-non-toxic-plants

25 특히 고양이를 위해 제작된 두 가지 옵션은 Music for Cats 웹사이트[www.musicforcats.com]와 Through a Cat's Ear라는 CD/MP3 시리즈가 있다.

26 https://journals.sagepub.com/doi/pdf/10.1016/j.jfms.2009.07.011

페티앙북스

검증된 학문과 석학들의 고전을 엄선해 전하는 반려동물 지식의 기준, 페티앙북스 Since 2001

디코딩 유어 캣
과학으로 반려묘를 해석하다

초판 1쇄 인쇄 2026년 1월 20일
초판 1쇄 발행 2026년 1월 27일

지은이 | 미국수의행동학회(ACVB)
옮긴이 | 임태현
발행인 | 김소희
발행처 | 페티앙북스
편집고문 | 박현종
편집 | 김소희
교정 교열 | 정재은
디자인 | 디디앤 김다은
마케팅 | 김하연, 김도연

주소 | 서울시 서초구 반포대로 122 107호
전화 | 02.584.3598 팩스 | 02.584.3599
이메일 | petianbooks@gmail.com
블로그 | www.PetianBooks.com
인스타그램 | www.instagram.com/PetianBooks
ISBN | 979-11-994822-2-7 (03490)